ジェイコブズ対モーゼス

ニューヨーク都市計画をめぐる闘い

アンソニー・フリント 著　渡邉泰彦 訳

鹿島出版会

ジェイコブズ対モーゼス

ニューヨーク都市計画をめぐる闘い　目次

序章

混乱と秩序

ローワーマンハッタン・エクスプレスウェイの公聴会で、州政府の役人に背を向けた壇上の女王、ジェイン・ジェイコブズ

公聴会はもう始まっていた。彼女は発言者リストに名前を書き入れ、講堂へと向かった。鉤鼻《かぎばな》に太い黒縁眼鏡をかけ、ひときわ目立つ白い髪を勢いよく振って通路を進むと、拍手がさざ波のように沸き起こった。これに応えながら、彼女は最前列に陣取った。

拍手で迎えられたのはジェイン・ジェイコブズ、五十一歳の著作家にして市民運動家。『アメリカ大都市の死と生』の著者であり、近隣破壊をまねく都市再生事業と闘う人としてその名を全国にとどろかせていた。爽やかな春の日の夕、ローワーイーストサイド、リトルイタリー、グリニッジ・ビレッジ、そしてのちにソーホーと呼ばれる地域の住民二百人あまりが高校の講堂に集まり、ローワーマンハッタン・エクスプレスウェイ計画の公聴会に臨んだ。彼らは並べられた折りたたみ式の椅子に思い思いに腰かけ、配られたパンフレットを扇子代わりにあおぎながら、演壇の前でマイクに向かって発言する人を首をのばして見つめていた。

一九六八年四月十日、この集会はニューヨーク州運輸局職員からの呼びかけで催された。当局職員は、ローワーマンハッタン・エクスプレスウェイが実現すれば、マンハッタン市内の交通渋滞が緩和されるうえに、ニュージャージーからロングアイランドへ通り抜ける車両の輸送効率がよくなると考えていた。高架式、十車線もあるこの高速道路は混雑する一般道の頭上に立つ予定であった。しかしその基礎は、四世紀も前にオランダ人が定住して以来の密集市街区を横切るのである。それゆえ、市の当局者たちですら、事業推進にあたっては途方もなく高い代償を覚悟すべきだと考えていた。なにせ立ち退き世帯二千二百、取り壊し建物四百棟、配置換え店舗八百以上という規模なのだ。

表向きこの集会は事業計画についての民意を問う目的で開かれた。だが、急に日程が組まれたのはほかでもない。政府にとって不都合な、より厳しい法案ができる前に、素早く証言を集め終えてしまおうという意図があったのだ。ここ数年、強い反対を表明してきた近隣住民は、今宵またもや申し立てをしなければならないことにいら立っていた。この集会では、そもそもマイクが聴衆に向けられていて、住民が本来陳述すべき当局者に向けられてはいなかった。そのやり方からしても州職員がおざなりの対応をしていることは明らかだった。

速記タイピストがリズムよく動かしている手をとめるのを見計らって、職員は発言者を頻繁にさえぎりタイムリミットを告げた。大気汚染について発言していた男性が、早めに切り上げるようせきたてられたとき、ついに聴衆は当局職員に向かって大声で質問をぶつけはじめた。提案内容はどこが変わったのか？　最新版道路計画には、どこかましな点があるのか？　運輸局の人間は肩をすくめた。しょせん彼らはその場しのぎで、最低限の情報の提供と、証言聴取、あるいはただ陳述が行われた事実をのちの証拠にするためだけに、ここにいるにすぎなかった。集まった人々は「ジェインの番だ、ジェインの番だ」と大声で繰り返した。

講堂のほぼ中央の席からジェイン・ジェイコブズは立ち上がり、演壇へ上った。「このマイクの向きはおかしいですね」。彼女は辛辣な調子で話を始めた。冷静な表情からはなんの感情も窺えなかった。「通常、公聴会での意見陳述は、聴衆にではなく当局者に向けて行われるものです」

議長を務めるニューヨーク州運輸局のジョン・トスが壇上であたふたとマイクの向きを変えた。だがジェイコブズはすぐもとに戻した。

「ご親切にどうも。でもわたしはあえて友人たちに向けて話をしたいと思います」。ジェイコブズはそう言った。「なにしろ、今夜はずっとこうして仲間内で談合してきたのですから」。会場は大笑いとなった。

ひと息入れて、ジェイコブズは続けた。「いったい、今のご時世にどこの政府が二千もの世帯を打ち壊そうなどと考えるのでしょうか。街は失業者であふれているのに、このうえさらに低賃金労働者から、職を奪うとでもいうのでしょうか。正気の沙汰とは思えませんね」。エクスプレスウェイは、多くの家庭、店舗、工場そして歴史的建造物を破壊する。要するに、近隣全体をあますところなく破壊するのだ。誰もそんなことを願ってはいない、と彼女は言い切った。にもかかわらず当局は聞く耳を持たない、まるで現実がわかっていないのだ。

「市はとんでもない患者に乗っ取られた精神病院[*1]のような有り様です。エクスプレスウェイがつくられたら、大混乱をきたすでしょう」と彼女は警告した。その場にいる職員は、しょせん使い走りなのだから、彼らが正しいメッセージを上司に持ち帰るよう念押ししなければいけない。つまり、我々住民は高速道路建設を支持していないというメッセージだ。それも言葉だけではなく、デモンストレーション、抗議行進によるメッセージだと彼女は言った。ジェイコブズが声をかけると、五十人ほどが壇上に歩み寄ってきた。何人かはプラカードを掲げていた。

トスは抗議団の先頭が演壇に足をかけた瞬間、席から立ち上がった。「ここまで上がることは許されない。壇上に近づくな！」

「演壇を横切って、あちら側に下りるだけですよ」。ジェイコブズはすねた子供を諭すかのように静かに応じた。

「この女を逮捕しろ！」逆上したトスは会場に配備されていた警官に向かって叫んだ。

ジェイコブズを先頭に群衆が壇上に上ったとき、タイピストは速記タイプを持ち上げて胸にしっかりと抱きかかえながら、自分は州政府の職員ではないから、エクスプレスウェイとはなんの関係もなく、この新品の機械は自前で買ったばかりなのだと叫んでいた。彼女はデモ行進者を避けようとして、あいているほうの手をふいに突き出し、ジェイコブズをはたいてしまった。乱暴に押したというよりはちょっと突いたぐらいのことだったが、パトロール巡査が割って入った。

「ジェイコブズさん、座ってくれませんか」。彼は演壇の後方にあった折りたたみの椅子を指差した。彼女は後ろに回って両手を椅子の背に置いた。

演壇を目指し行進する人がぞくぞくと増えるにつれ、タイピストは身の回りの品を持ち抱えることができなくなって、ついに記録済みテープのロールが床に転がってしまった。喧嘩腰のニューヨークっ子は、チャンス到来とばかりにばらけたテープを踏みつけ、すくい上げ、放り投げた。公聴会の速記録を失えば、法の要件を満たしたことを職員は立証できない。ジェイコブズは集会の前に何人かの住民と、これについて談合済みであった。すなわち、記録が破棄されてしまえば、公聴会は開かれなかったと同じで、その結果計画は遅れ時間が稼げるのだ。トスと運輸局の職員が走り回りなんとか記録を拾い集めようと慌てている間に、ジェイコブズは演壇を下りてマイクに再び手を伸ばした。

「みなさん、よく聞いてください！　もう記録はありません！　公聴会もありません！　でっち上げの卑劣な公聴会はもう終わったのです！」

彼女を先頭に群衆が出口に向かったとき、私服を着た一人の男が所轄署の警部だと名乗り彼女の腕をつかんで、逮捕を通告した。

「容疑はなんですか？」ジェイコブズは尋ねた。

警部によれば、公聴会を妨害した嫌疑で彼女を逮捕しろと、トスが命じたというのである。

「あまり賢いこととは思えませんね」ジェイコブズは言った。

「[*2]そのとおりだと思いますよ。でもわたしたちにはどうすることもできないのです」と警部は応えた。

信じられない思いを抱いて群衆が講堂の外にたむろしていると、パトロール巡査のジョセフ・マクガバンがエンジンをかけたままのパトカーの後部席にジェイコブズを乗せた。デモ隊のなかにたまたま弁護士がいて、ジェイコブズの弁護をかって出て付き添ってくれた。パトカーは車道の縁石からゆっくり発進して南下、すぐ向きを変えて三ブロック先のクリントンストリートにある第七分署へ向かった。デモ隊は徒歩であとを追った。

署では警官がジェイコブズを留置所に入れた。別の警官が電話で、罪名を市の法務局に確認しているのが丸聞こえだった。署へ向かう車中では冷静で、やや呆然としていたジェイコブズも、電話を終えた警官から、重罪の嫌疑で少なくとも六ヵ月の実刑だろうと言われると、眉をひそめあからさまに不機嫌な顔をした。

結局、その晩ジェイコブズが重罪で告訴されることはなかった。留置所で二時間ほど過ごしたあと、治安紊乱行為の容疑に問われたが刑務所に入るようなとがめは受けず釈放された。

夜中になってジェイコブズが疲労困憊して所轄署から出て来たときにはまだ二十人ぐらいの人々が寒さのなかで一団となって待っていて「ジェインを返せ！」[*3]と口々にシュプレヒコールしていた。

警官たちはジェイコブズに、彼らを静かにさせてくれと頼んだ。彼女も遅くまで騒ぎを続けたくなかったので、みんなに静粛にするように言った。そして分署の正面階段からウイリアムズバーグブリッジのたもとに近いひとけの全くない道へと歩きだした。実はその橋こそ、まさにローワーマンハッタン・エクスプレスウェイが連結される予定の場所にほかならなかった。もしもニューヨーク州が計画をやり通すならば、の話ではあったが。

質問してきた「ニューヨークポスト」紙の記者に、彼女は気を取り直して自分はなにも間違ったことはしていないし「これで逮捕されるなら本望だわ」と言った。

◎

ジェイコブズ逮捕の翌朝、ロバート・モーゼスは七時前に起床し、身なりを整えた。いつものように細い縦縞のドレスシャツにカフスボタンをつけ、仕立てのよいスーツをまとい黒のネクタイで決めた。かつての黒髪は薄くなり白くなった。そのうえ黒みがかった目にまぶたが垂れ下がってはきたものの、六フィートの長身、オリーブ色の肌、そして欠かさず続けてきた水泳で鍛えた身体、若き日のイエール大学時代の颯爽とした風情はいささかも衰えていなかった。迎えの運転手は七時半きっかりにやってきてランドールズ島にある彼のオフィスへ向かった。そこはトライボローブリッジのたもとにある小さなところだが、橋は彼が三十年も前に建てたものであった。オフィスで朝刊を広げ、セワードパーク高校で起きた騒々しい出来事についての記事を読んだ。

ジェイン・ジェイコブズ……長年にわたりローワーマンハッタン・エクスプレスウェイへの反対意見を先導してきた彼女も、ついに年貢の納めどきを迎えたか、とモーゼスは思った。ニューヨークじゅうを高速道路網で完全に結ぶという大構想の最後を飾るプロジェクトは、もはや妨害されることなく進めることができるだろう。

市内を縦横に走る車道や橋の計画とともに、初めてローワーマンハッタン・エクスプレスウェイを提案したのは一九四〇年のことであった。ほかの計画は完成し稼働しているのに、今のところ「ローメックス」として知られるこの計画だけは、さすがのモーゼスといえども進めることができなかった。彼はそれまで驚くべき早さで橋、高速道路、公園そして高層住宅などを完成し、ニューヨークを変えてきた。十三の橋、二本のトンネル、六百三十七マイルに及ぶ高速道路、六百五十八ヵ所の運動場、遊び場、十ヵ所の巨大な公営プール、十七の州立公園、そして数十の市立公園の新設もしくは改修。すべての事業の責任者であった。更地にした土地の総面積は市内で三百エーカーに上り、そこに二万八千四百戸を供給する高層住宅を建設した。彼の作品はほかにも無数にあった。リンカーンセンター、国連ビル、シェースタジアム、ジョーンズビーチ、セントラルパーク動物園、トライボローブリッジ、ベラザノナローブリッジ、ロングアイランド&クロスブロンクスエクスプレスウェイ、マンハッタン島沿いに市の北と東を走るパークウェイ、大街路、高架橋、幹線道路、陸橋。ニューヨークの市民や観光客は、モーゼスの手がけた建造物に車を乗り入れたり、歩き回ったり、腰を下ろしたり、あるいは船を漕ぎ入れたことが一度ならずともあるはずである。

ピラミッドを建造したエジプトのファラオのように、モーゼスは如才なさと限りない権力とを駆使して、ニューヨークをつくり変えてきた。彼は独立独行の仕事師で誰の拘束も受けず、妨害、異議、部外者からの干渉、有権者からの不当な要求などから自身をほとんど完璧に隔絶してきた。一九二〇年代にニューヨーク州知事アルフレッド・スミスのもとで働き、一時期ニューヨーク州政府の州務長官を務めたのち、一九三四年知事選に打って出て大敗を喫した。しかし選挙に立候補するよりは、政府の実務遂行機関の重要な地位に就いたほうが、より強大な権力をふるえることに気づき、生涯を通じ数多くの政府機関のトップとして君臨してきたが、主なものだけでも、ロングアイランド公園局、ニューヨーク市公園局、道路公共工事、住宅供給と都市再生部局、ニューヨーク万博会長、ニューヨーク周辺の高速道路を管理する特別委員会の委員長などがある。だが最大の権力の源は、トライボローブリッジ&トンネル公社で、ここの経営は連邦政府の資金と通行料金からの収入で盤石だった。今朝もランドールズ島の本部に陣取ったモーゼスは、総裁として専用の社章、警察部隊、車両部隊、おまけに大型船舶まで保有する自分の王国を、思いのままにとり仕切っていた。彼は自らこの公社設立に関する法律をつくったが、それには自身の職務内容規定書、約定、内規、さらには公債の発行と料金収納に関する決定権などが含まれていた。ニューヨークで最も有名なおおやけの人物で、一時は実に十二の市と州の枢要地位を兼任していた。しかし選挙で選ばれたことは一度もなく、すべて上からの指名により任命されていた。弁を弄してこれらの権威ある地位に就き、規則や内規を都合よく書き換えて自身の職責を強大なものにし、弱い立場の職員や請負業者から忠誠を勝ち取ったのだ。こうしてなんびとにも代えられぬ存在となった結果、代々の知事、市長といえども彼を罷免することができなかった。狡猾さと専門的知識を武器に官僚的な駆け引きを繰り返し、実に五代のニューヨーク市長、六代の州知事に仕え上げた。

一九六八年までには、既にモーゼスはブラックタイ晩餐会の正客として迎えられ、全国版ニュース雑誌で紹介され、表彰状、勲章、名誉学位を授与された。エリザベス女王、ローマ法王をはじめ、世界的指導者、大統領、知事、市長などお偉方との付き合いもできた。順風満帆の人生で、どうしてもここでローワーマンハッタン・エクスプレスウェイを仕上げたかった。この最後の仕事は、今までつくってきたすべての道路や橋をつなぎ合わせ完全調和を実現するもの、彼の表現では、いわば「機織《はたお》りの機《はた》」だった。乗用車やトラックが、高速でニューヨーク近郊のみならず市内を走り抜けることが可能となり、その結果、市は強大な経済パワーを持つ地位を今後も維持できるのだ。

ジェイコブズとその仲間、ひと癖もふた癖もある活動家だけが目の前に立ちはだかっていた。今までモーゼスは、反対意見を無視し、活動家と取引し、脅しつけ、あるいは強引に法律をつくって反対派を孤立無援にさせ、ことの収束を待つのが常だった。しかし、なぜかペンシルバニアの炭坑地域出身の田舎者で大学にも行かなかった一人の女がこの事業を七年の長きにわたって立ち往生させているのだ。

ランドールズ島の、取り散らかった事務机に座って、モーゼスはイーストリバー越しにニューヨークの壮大な摩天楼をじっと眺めたあと、近くの模型展示部屋に目をやった。そこには今までに手がけた全プロジェクトの模型が厚紙でつくられガラス箱に納められていた。ローメックスの模型には透明な合成樹脂製の取っ手がついていて、いつでも高速道路予定地にある建物をどかして、滑らかに延びる灰色のローワーマンハッタン・エクスプレスウェイに置き換えることができるようになっていた。

ニューヨーク市に奉職すること数十年、確たる信念をもって築き上げてきた彼の帝国ともいうべきこの隠れ家に陣取ったロバート・モーゼスは、昨晩セワードパーク高校で起こった事件をもっと詳しく知ろうと、机の黒いダイアル式電話の受話器を取り上げた。今後百年にもわたって使われるニューヨークの道路網計画を、家事に追われる主婦ふぜいが、彼よりも的確に考えられると思っているとは、実に片腹痛い話ではないか。

第1章
スクラントン出身の田舎娘

モントークでキャンプするジェインとボブ・ジェイコブズ。ジェインはボブに1944年のパーティーで出会った。この写真を撮った数週間後に二人は結婚した

騒がしい音を立てて地下鉄が速度を緩め、ジェイン・ビュッツナーは駅名を確かめようと顔を上げた。フラッシュのように光っては通り過ぎ、ようやく読めるようになった壁の駅名サインには、クリストファーストリート／シェルダンスクエアとあった。扉が開いて、たくさんの人が吐き出され、綺麗なモザイクの上を出口に向かうのが見えた。

彼女は故郷ペンシルバニアのスクラントンからニューヨークに出てきて、ブルックリンの小さなアパートに住む姉のベティと数ヵ月前から同居していた。職探しの最中だったが、その朝の面接があっという間に終わったので、慣れない街の探索に出かけたのだ。電車の扉が閉まる寸前に飛び出し、改札を抜け階段を上った。そのときはわからなかったが、ジェインはグリニッジ・ビレッジのど真ん中に降り立ったのである、そして、そこが以降彼女の安住の地となった。

外に出ると、道がいろいろな方向に向けて面白い角度で延びていた。ゴミが散らかった歩道に影を落とす店の日除け、食料品屋の前を走り回る子供たち、止まったり、走り去ったりする配送トラック。七番街を北に向かうと、遠くにミッドタウンの摩天楼が見え、振り返ると南には金融街の高層ビルが建ち並んでいた。だが、このあたりの建物は二、三階建てが多く、五、六階より高いのはまれで、つくりも簡素だった。彼女は革製のハンドバッグ、腕時計、宝飾品がところ狭しと並べられているショーケースをのぞき込んだり、床屋やカフェの前をぶらついたり、キャンディや葉巻が山積みになった棚の前に、うず高く積まれている新聞に目を走らせた。そこらじゅうに人があふれていた。おしゃべりしている人、仕事帰りで酒場に向かう港湾労働者、ウインドーショッピング中の普段着の女性たち、隅の公園のベンチで杖を両手に座っている老人。そして玄関口のポーチに腰を下ろして、この光景を見守っている母親たち。ここでは誰もが、見栄も、てらいもない、偽りなき人生を生きている、そう彼女には見えた。これぞ故郷ではないか！

その晩、ブルックリン[*1]のアパートに帰るなり、ジェインは今日見たあたりの素晴らしさをベティに細かく説明し、「ようやく、住むところが見つかったわ」と無邪気に話した。

「どこですって？」

「えーと、地下鉄に乗ってクリストファーストリートという駅で降りたあたり」

◎

ジェインがニューヨークに移り住んだのは一九三四年であった。高校卒業免状と、最近習った速記と、スクラントンの新聞社で数ヵ月働いた経験を生かして、できればジャーナリズムの世界に入りたかった。しかし男性が圧倒的に有利な世界で成功するのは至難のことだと覚悟はしていた。なにせスクラントン[*2]での仕事は、結婚披露パーティー、社交界の催し、女性市民団体の会合の取材に限られていた。大恐慌のさなかだったし、贅沢はいえなかった。

二十四歳の姉のベティは、前もってジェインに現実の厳しさを伝えてあった。彼女は数年前にインテリアデザイナーを夢見て、ニューヨークに出てきたものの、今ではアブラハム&シュトラウス百貨店で、家具売り場の店員として働けるのをありがたく思っていた。向こうっ気の強いジェインは、それでもとにかくこの大都会に来てしまい、ブルックリンハイツでエレベーターなしの六階建て最上階に住む姉と同居を始めたのである。イーストリバー沿いでマンハッタンを望み、隣近所にはギリシャ風やゴシック復古調住宅や、イタリア式ブラウンストーンの高級住宅が多く見られた。

落ち着いて数週間もすると、ジャーナリズムに入り込むにはまだよほど時間がかかりそうで、その間にも生計を立てる必要があるとわかった。求人広告に目を通し、事務仕事を探すことが日課となった。毎朝、アパートを出てブルックリンブリッジを渡り、ローワーマンハッタンに入る。ほとんどの面接はそのあたりで行われていた。終わったら市内探索。五セントで地下鉄に乗り、気が向いたら降りる。十二歳のとき、一度だけニューヨークに来たことがあったが、十八歳になった今、スクラントンの街とは似ても似つかぬ大都会を目いっぱい満喫していた。

東部ペンシルバニア出身の眼鏡をかけた若い田舎娘にとって、グリニッジ・ビレッジはどんな夢でもかなえてくれそうに見えた。ベティも気に入り、二人で地下鉄駅のすぐ南、モートンストリートでアパートを見つけた。モートンストリートはビレッジにあるクラシックな小道で、ハドソン川から四ブロックの長さで東から西へ延びていた。マンハッタンの道路はたいてい規則正しい格子状をしているが、この道は珍しく四十五度の角度で曲がっていて、小ぶりの街路樹、前庭、鉄柵、そして立派な四、五階建てのブラウンストーンの建物やタウンハウスが並んでいた。

近所に住むのはトラックの運転手、鉄道労働者もいれば、ジャクソン・ポロック、ウィレム・デ・クーニング、E・E・カミングスなどの芸術家、画家、詩人もいた。長い間ボヘミアンのたまり場だったバー、ホワイトホース・タバーンはハドソンストリートの角を曲がればすぐだった。

懐具合は苦しかった。二人とも家賃を払えば財布は空で、栄養価は高いが味が薄い乳幼児用のシリアルに、ミルクを混ぜて凌ぐこともたびたびだった。

父親は二人の娘に、理想はともかくすぐに役立つ技能を身につけるのもまた大切だと教えていて、それが今さらながら役に立った。惨憺《さんたん》たる就職市場で何ヵ月も職探しに奔走した結果、ジェインはついにキャンディ製造会社の秘書の職にありついたが、これもスクラントンのパウウェル秘書速記学校のおかげだった。その後何年か、彼女は掛け時計メーカーや布金物屋などで同じような事務仕事をした。そして休みになると、ジャーナリストとしての技量を磨いて夢の実現に励んだ。

手があくと、街の観察をメモにしていたが、そのうちこれを記事にまとめはじめた。まもなく彼女は街の数ブロックごとに、その地区が専門に扱う商品があることに気づいた。いわば特定の商品の小規模経済地域とでもいうべき世界があるのだ。彼女はそれを詳しく知ろうとして、店番や道で毛皮を吊るした衣類掛けを押していく従業員、奥の部屋で働く革職人たちに話しかけ親しくなった。歩道で切り花を入れたバケツを見れば、すぐ生花業界について詳しく調べた。活気にあふれたバウリーのダイヤモンド街をぶらついて複雑な宝石オークションの仕組みにも詳しくなった。

仕事から家に帰り着くや、ハンドバッグをソファに放り出し部屋にこもって手動タイプに向かって原稿を書き上げた。しばらくして、人気雑誌に作品を投稿しはじめた。驚いたことに、ある晩帰宅すると「ヴォーグ」の編集者から毛皮街を描いた原稿の採用通知が届いていた。率直な文章スタイルと鋭い観察力を評価して、フリーランス契約をオファーしてきたのだ。これから二年間に四編のエッセイを書けば一編あたり四十ドルを支払うという条件は、週給十二ドルの秘書仕事でしのいでいる彼女にとって、願ってもない話だった。ニューヨークでの本格的な作家稼業が始まったのだ。

初期の記事は、ありふれた暮らしの細かい描写と、そこで繰り広げられる隠れたドラマを描いたものが多かった。一九三七年の作品でローワーマンハッタンの生花市場を扱った「花が街にやってくる」という作品は、典型的な美辞麗句で始まっている。

昔懐かしいロマンス小説のように、胸ときめく出会いが、ここニューヨークの二八丁目と六番街あたりの生花卸市場にもある。高架鉄道「エル」が騒がしい音を立てる足元で、簡易食堂やトルコ風蒸し風呂店に囲まれた生花市場で働く男たちはタフで、勇ましいが、実は自分たちも愛だの、センチメンタルだの、ロマンスだのにからきし弱いのだと、はにかみながらそっと教えてくれたのだ。

彼女は続けて、朝五時にコネティカット、ロングアイランド、ニュージャージーからクチナシやシャクヤク、そしてライラックなどが到着して小売店用にバケツに分け入れられる有り様をつぶさに描いた。切り花と薬物に対する街の膨大な需要についても考察を試みた、旬の季節には一日二百万本のシダ、十五万本のバラが栽培農家から届けられるのである。会社の受付、結婚披露パーティー、社交界の催しそして葬式、すべて花が必要なのだと考えればこれは納得のいく数字だった。大きなマーケットだが、競争も激しかった。公平を期すためルールが決まっていて、例えば朝六時になって鐘の音がするまでは花カゴの蓋を開けない決まりだった。そのような街のしきたりもさることながら、彼女が感心したのはシステムそれ自体が自主的に商売繁盛を目指しているように見えたことだった。

ほかの記事で、ジェインはダイヤモンド街を書いた。一九三〇年代にローワーイーストサイドのマンハッタンブリッジへの入り口からバウリー街にかけて集中してできた地域である。質屋が出品したカットされた原石、指輪、ネックレス、ロケットなどについて帽子をかぶったひげの商人がメモをとり、無言で手ぶりしたり競り人の腕をつかんだりして指値するオークションの有り様を描いた。「店の真上の二階の小さな明るい部屋で、ダイヤモンドはカットされ、磨かれ、そして台にはめ込まれ、銀製品はつや出しされる。ドアや玄関口にはかんぬきがかけられ、部屋のなかには家具はいっさい見あたらず、ただ道具と作業台だけだった。腕っこきの職人が向かっている作業台には、ダイヤや貴金属の破片、ちりを回収する革製ハンモックが吊られていた」「銀製品は、布をかぶせた回し車でつや出しされ……掃き集められたすべてのちり、くず、ほこりから丹念に不純物が取り除かれてそこから銀が回収される。壁にも天井にもブラシがかけられ、使い古した油布や職人の作業衣は燃やして銀粉を抽出する。さらには職人が手を洗った水も捨てないでためられる。銀製品が磨かれた小部屋から、精製業者は数百ドル相当の金属を回収する」。そして一歩部屋の外へ出れば、高架鉄道の轟音が鳴り響き、「モットストリートの中国人」、エキゾティックな芳香、路上の浮浪者など、相も変わらぬ「活気あふれる、騒々しいローワーイーストサイド」の光景、と描写した。

ニューヨークに来た当初の数年間、ジェインはタイプ打ち、書類綴じ、口述筆記などの仕事で週四十時間働いた。その間始終、街の隅々まで広く観察して歩き、「ヴォーグ」だけでなくほかの雑誌にも投稿した。マンホール[*3]の蓋にも興味を持った。謎の暗号のような刻銘を解読し、地下の電線やガス、海水パイプ、高層ビル群を暖房する蒸気搬送パイプの地下地図を作成した。都市の生活と地下の迷路との関係を描いたこの記事は、雑誌「キュウ」に掲載された。「キュウ」は劇場やレストラン専門の雑誌である。そのほか日曜版「ヘラルドトリビューン」にも特集記事を書いた。

　範囲[*4]を広げて、チェサピーク湾で操業する釣り船、異教徒が始めたクリスマス、軍服の袖についた装飾ボタン（もとはといえば、兵卒が袖で鼻をかむのを防止するためのものだった）なども記事にした。短編小説にも手を染め、ある作品ではアメリカの歴史を書き直し、建国の父であるジェイムス・マディソンの首を床に「ゴロゴロ」と転がした。「リーダーズダイジェスト」の編集者は、「ちょっと過激すぎる」と判断し、他社も同様だった。サイエンスフィクションも試みたが、採用には至らなかった。

　その後は都市について執筆することに専念した。アパート[*5]の屋上からゴミ収集トラックが市街を走り回り、歩道を清掃するのを眺め、考えた。「都会とはなんと複雑で素晴らしいところなのだろう、ひとつひとつの部分がそれぞれの機能を果たしている」。近所や、公共設備、商業地区などを調べているうちに、彼女は都市を呼吸する生命体としてとらえはじめたのだ。複雑で摩訶不思議、そして永遠に存続する生き物として。

◎

　ニューヨーク生活が四年目になった頃、フルタイムのジャーナリストとしては、もうひとつ上の教育が必要だと考えるようになった。若い頃[*6]から彼女はスクラントンの退屈極まる授業に反発してきた。先生を軽蔑し、舌を出したり、議論を吹っかけたりするので有名だった。四年生の授業で、都市は発電できる滝川の周辺にだけ形成される、と教わったとき、スクラントンに滝はあるが発電は行われていない、地域経済と滝は無縁だと指摘した。また、毎日歯を磨くことを守るように言われたときにも、彼女は拒絶し、同級生をそそのかした。父親が、絶対守れる約束以外してはいけないと教えていたからだ。教室から追い出されたジェインは昼ごはんを食べに、廃線になった線路沿いに家へ帰ってしまった。

一九三八年、親からの仕送りでコロンビア大学のスクール・オブ・ゼネラルスタディーズに入学した。グリニッジ・ビレッジから北へ百ブロックも離れているが、いわゆる「普通でない」生徒、諸事情で学校へ行けなかった人や、パートタイマー向けの無試験全入制であった。必修科目がないことがジェイコブズには魅力だった。

コロンビアでは、興味を惹かれた教科はなんでもとった。科学、地理、地質、法律、政治、心理そして動物学。好奇心を満たしてくれる学校を、生まれて初めて好きになったのだ。成績優秀で評判をとった彼女は一九四〇年に、コロンビアの名門女子校で、ハーバードのラドクリフに匹敵するバーナードの学位を得るべく転入を希望した。しかしそれには、いくつかの必須科目をとる必要があった。大学職員は高校時代の平凡な成績を見て、必須は免除できないと言い張った。腹を立てたジェインはその場を立ち去り、二度と振り返ろうとはしなかった。

「幸いにも高校時代の成績がきわめて悪かったので、わたしは学校に行けなかった。でもそのおかげで、現実世界で教育を受け続けることができたのです」[*7]。ジェイコブズはのちにそう語っている。以降、ジェイコブズは学校の資格を蔑視し、名誉学位を授けたいと申し出る大学を拒絶し、「権威」と書かれるのを嫌った。

学位は忌避したが、決して学術的調査や研究を忌避したのではなかった。コロンビア時代には、アメリカ憲法誕生についての論文を書くのに膨大な調査をして長時間、図書館で過ごした。一七八七年の憲法会議に集まった人々は、意識して憲法を柔軟な構成にし、時間の経過とともに進化できるようにしたと推論した。

「九月十七日憲法は署名された、あとは我々次第となったのだ」と彼女は記した。

コロンビア大学出版局により一九四一年に出版され、憲法学者から高い評価を受けたこの論文は、のちの都市に関する彼女の考察を彷彿とさせるものだった。すなわち都市は都市計画家や、行政の長などによってつくられるが、その後の繁栄は住む人次第なのだ、と。[*8] しかしジェインはコロンビアでの苦い思い出から逃れたい一心なのか、その後この論文に言及しなかったし、履歴書でも伝記でもこれに触れたものはない。

モーニングサイド《コロンビア》・ハイツ《大学》をあとにして、ジェイコブズはフルタイムの著述仕事を見つけることに専念した。一九四〇年、金属産業の専門雑誌、「アイアンエイジ」の出版社チルトンカンパニーに秘書として入社した。「採用[*9]されたのは、モリブデンと正しくつづれたからだったのよ」。彼女は淡々とそう述べている。

ジェイコブズはジャーナリズムや雑誌編集にうってつけの人材だった。細部へのこだわり、正しい文体、文法の精通ぶり、綿密な事前準備、優れた筋立ての発想など、編集技術のあらゆる面に長けていた彼女は、短期間で編集副主任になった。最初に書いた記事は一番身近な故郷スクラントンや、ペンシルバニアの鉄鋼、炭坑街の経済的不安などについてであった。一九四三年に書かれた記事は、ラカワナやワイオミング渓谷地帯の大量失業者や低所得者向け低廉住宅の惨状などをつまびらかにしていた。

記事は「ニューヨーク・ヘラルドトリビューン」に転載され、当時B-29爆撃機の部品を製造していたマレー・コーポレーションの幹部の目に留まり、同社は新工場をスクラントンに設立することを決めた。自分の記事が成果をもたらしたことをたいへん喜んだ彼女は、ペンシルバニア州上院議員や戦時生産力増強委員会などに宛てた署名運動を起こし、戦需品製造、機材生産をスクラントンで始めるよう勧めた。この運動と記事のおかげで労働党の集会で演説する機会が訪れた。この政党は工場労働者のリーダーや、フランクリン・デラノ・ルーズベルトのニューディール政策を支持する自由主義者たちが新たに設立したものであった。党の指導者は政府に北西ペンシルバニアの労働人口の活用を勧告していた。ジェイコブズの記事は彼らの活動をあと押しした。[*10] その後、故郷の新聞「スクラントニアン」は彼女を記事にした。ついに記事を書く人から記事に書かれる人になったのだ。「スクラントン出身の少女、故郷の街を救う」見出しは躍った。「ビュッツナー嬢の『アイアンエイジ』記事に国中が注目」

しかしながら「アイアンエイジ」では万事順調というわけではなかった。編集主任は女性の職場進出に偏見を持っていて、向上心の強いジェイコブズの存在は最初から目障りだった。追い出し工作を始めた彼は、女性厳禁の夜の娯楽集会にわざと彼女を派遣したり、給料を男性より大幅に低くした。ジェイコブズはこれに気づくと、平等の報酬と、出版社従業員の組合への参加権を求めるキャンペーンを始めた。ことの善悪に厳しい彼女には、あいまいなグレーはなかったのだ。

「アイアンエイジ」の雰囲気はじきに居心地の悪いものとなった。再び職探しするうちに、戦時情報局で面白そうな仕事を見つけた。海外配信用特集記事の作成であった。鉄鋼業に限らず自由な題材を選べるし、なによりも連邦政府の一員として、プロ的な職場環境のなかで働けるのだ。

彼女は、コロンバスサークルにある国務省のオフィスに出勤した。綺麗なふくらはぎ丈のスカートをはき、襟のつまった白いブラウスで、髪をアンドリュー・シスターズ風の流れるような束髪に結って一段格上の姿格好で颯爽としていた。安定した仕事だったし、なによりも文章を書き、言葉を扱って給料がもらえるのがうれしかった。ようやくジャーナリズムの世界にたどり着いた手応えを感じ、すぐにもニューヨークで名の知れた著作家の仲間入りを果たし、名門プライベートクラブの会員になることさえも夢ではないと考えた。

ロマンティックな生活はまた別物だった。戦時下のニューヨークでは独身の職業婦人は決してまれではなかったし、またジェイコブズとしても今の自立した状態に満足していた。だが一九四四年のある晩、すべてが変わってしまった。ワシントンスクエアから目と鼻の先、グリニッジ・ビレッジのワシントンプレイスと六番街の角にある姉妹のアパートで、姉のベティがパーティを催した晩のことだ。戦闘機製造会社に勤めはじめたばかりのベティはロバート・ハイド・ジェイコブズという建築技師に出会った。戦闘機の設計、技術を担当していた彼を、ベティが招待したのだ。痩身でくせ毛、そして眼鏡をかけた彼は入ってくるなり、ジェインに目を留めた。彼女は緑色のウールのドレスで客の相手をしていたが、二人の目が合い、すぐさま話に夢中になった。

二人とも煙草を吸った。そしてジェインは彼が話をしている間、よく観察した。丸い細縁の眼鏡をかけ一房の髪を額になびかせ、なにかとても粋な感じで、第一次世界大戦当時の颯爽とした詩人、例えていえばイエーツのような、そんな雰囲気だった。ボブ（ロバート）は自分はシティカレッジで美術の教師だったが、アマチュア演劇の演技もちょっとかじっていたと自己紹介した。だがいまや彼は建築家、デザイナーなのだ。ボブもコロンビア大学の出身だったが、学んだのは建築専門のアーキテクチュア・スクールだった。仕事が好きとみえて、デザインについての語り口には説得力があった。人に便利で機能的な空間をつくり出すには設計図面と直感力の双方が大切だと考えていた。彼女は感動して惹きつけられた。「まさにキューピットが、矢を放ったのよ」[*11]とのちに彼女は語った。

彼の方はといえば、ジェインの鋭い観察力とひと目でわかる知性の高さの虜になってしまい交際が始まった。グリニッジ・ビレッジの通りや公園などを散歩して過ごし、ひと月して結婚。ニュージャージー州アルパインに住むボブの両親に会いに行く予定を立てているうちに婚約期間が一ヵ月も延びた、とジェインは語っていた。

結婚式は、スクラントンのモンローアベニュー一七一二番地のビュッツナー家のリビングルームで行われた。花婿付添人も花嫁付添人もなく、出席したのは身近な家族だけだった。庭で摘んだバラ、ライラック、アイリスなど飾りつけは簡素だった。一人かけがえのない人が欠けていた。ジェインの父親、ジョン・デッカー・ビュッツナー博士は一九三七年に、五十代で世を去った。独学の人で、子供たちには自分で自分の道を切り開く気概を持てと教えた。九歳のとき、ジェインが書いたふたつの詩が地元の新聞に載った。アメリカンガールの創作詩コンテストで三位[*12]になったのは雨降りに歩く喜びを謳ったものだった。

細かい霧が渦を巻いて、立ち上る
夢に見た睡蓮の茎のように、きらめく
ホウセンカが水の流れを金色に染める
そう、流れが続く限り
柳の下にいるのが好き、柳とわたし
二人の秘密

自立した考え方、そして常に挑戦する気概を持てというのが家族の伝統であった。ジェインの先祖には革命戦争と市民戦争での勇猛果敢な兵隊がいた。彼女が大事にしてきた古い新聞記事は、祖父ジェイムス・ボイド・ロビソンの活躍を書いたものであった。祖父は一八七二年、先進的な労働者運動、グリーンバック労働党の候補者として議会選挙に打って出た。彼女はまた大叔母ハナ・ブリースの思い出も大切にしていた。ハナは学校の教師でその生涯をアラスカ先住民の教育にあてた人で、熊の腸でつくったポンチョを身にまとい犬ぞりやカヤックで旅をしてまわった。女性としての限界を打ち破った模範のような人だった。ジェインの母親ベス・ロビソンが、将来の夫、ビュッツナー博士に出会ったのはフィラデルフィアの病院で看護師をしていたときで、偶然二人ともその病院で働いていたのだ。

学校時代を通じて、ジェインは感性が鋭く、権威に対して挑戦的になる傾向がきわめて強かった。両親は道義を大切にと育てはしたものの、慣習を盲目的に受け入れてはいけないとも教えたのだ。その影響なのか多少孤独で、また一風変わった性格であった。青春期の若者にありがちなことだが、彼女[*13]も想像上の友達をつくり会話をした。彼女の友達とは、なんとトーマス・ジェファーソン、ベンジャミン・フランクリンであった。フランクリンは「高尚な趣味の持ち主だったが同時に現実世界を直視し、徹底的に細かいことに気を配る人だった。例えばなぜ小道が舗装されていないのか、誰の責任なのか、といったたぐいのことである。なんにでも関心を持ち、その意味でわたしの大変お気に入りのお友達だった」。[*14]彼女は交通信号や女性の服装、そして市のゴミ箱やその回収システムについて彼に説明した。もう一人別の友達は、セルディックという名のサクソン人の隊長で、英国の歴史小説からひっぱってきた人物であった。

モンローアベニューの家で育ったジェインは、歩いたり自転車に乗ったりしてどこにでも行くことができた。あたりは、樹齢のいった木立に囲まれ安全で静かだった。霜の害ででこぼこしているが、頑丈な歩道があった。スクラントンの街で彼女は都市そのものや、その繁栄、あるいは衰退に対する好奇心をふくらませていった。スクラントンはペンシルバニア州で五、六番目の都市で一九二〇年代には十万人ほどの人口があり、無煙炭が豊富な炭坑地帯にあった。このため裕福な階層が生まれ、素晴らしいビクトリア風の邸宅が多く見られた。街は電力で走る路面電車を採用したので「電気の街」と呼ばれていた。ジェイコブズはスクラントンの下町の小さな街区や裁判所前広場などがうまく機能し、活気にあふれているのを観察していたのだ。

故郷の家で結婚式を挙げる気分はまた格別だったし、新生活のスタート準備にも余念がなかった。二人は新婚旅行で北部ペンシルバニアからニューヨーク州北部の田舎道をサイクリングして回った。連合軍がノルマンディ上陸を準備していた頃、グリニッジ・ビレッジに戻り、ボブは姉妹が住むワシントンプレイス八二番地のアパートに仮住まいすることになった。週末のパーティには、ジェインの兄弟、ジムとジョンの二人もビレッジの雰囲気を楽しみにやって来た。ある晩、ジョンはペテという愛称で呼ばれている娘、ビオラに出会い、のちに結婚した。ジェインとボブが、二人だけを屋上に残るようはかったのだ。ジェイコブズはこの二人と手紙のやり取りを生涯かかさず、新聞切り抜きに「親愛なるジョンとペテ」と走り書きして送っていた。

家探しには、しばし時間がかかった。一九四七年のこと、ビレッジの道を二人で歩いていて、ジェイコブズの目がハドソンストリート五五五番地で留まった。一一丁目とペリーストリートのうらぶれた街区の二棟の建物に挟まれたビルで、ワシントンスクエアパークの南西に位置する趣のある住宅街の端に位置していた。建物は三階建て、一階は以前コンビニだったが、今はあいていて店先には、カナダドライの色あせた看板がそのままになっていた。軒を接してコインランドリーがあったが、そこもやはり上階はアパートになっていた。[*15] 当時夫婦者が郊外の新興住宅地に家を買うのが流行していたが、ジェイコブズはこの地の将来を見込んで、貯金をはたき建物一棟を七千ドルで購入した。

荒れ果てた建物を、家族みんなの快適な家に改修する作業は決して楽ではなかった。しかしボブとジェインにとってこのハドソンストリート五五五番地の改造作業は、このうえない喜びだった。彼らは上の二フロアに住み、一階にまず台所、食堂、次に居間を整えていった。居間から新品のフレンチドアを開ければ、柵で囲った切手サイズの小さい裏庭に出られた。そこのガラクタを片づけてオアシスをつくった。今でこそ都会住民が裏庭にこのようなつくり込みをするのはごく当たり前になったが、当時としては珍しかった。ごみごみした都心で、気持ちよい屋外空間をつくれるとは思ってもみなかったのだ。

都心生活のパイオニアとして、ジェイコブズ一家は国際色あふれる先進的地域で建物を改修し、住み着いたのである。のちに若い世代が、マンハッタンの将来性がありそうな地域の、ロフトや遺棄家屋に移り住んだが、二人は数十年も前に、それをやってのけたのだ。北西方面やワシントンスクエアパークの周辺には、立派な構えのタウンハウスがあって、市のエリート階級が住んでいた。ハドソン川に向かって西には、アイルランド系カトリックの港湾労働者や黒人労働者、プエルトリコ人などがアパートやエレベーターなしの建物に住み、近くの酒場や、ハドソン川沿いやブリーカーストリートで営業を開始したばかりのジャズクラブには、ボヘミアンやビートニクといった連中がたむろしていた。

グリニッジ・ビレッジ特有の、とり散らかりようや混乱ぶりはハドソンストリート五五五番地の家のなかにまで及んでいた。小さいオリヅルランの鉢植えや灰皿が間に合わせの棚に並び、シンクのなかに食器皿がいつも積み重ねられている光景を、友人たちは乱雑極まりないと評していた。ジェインとボブはよくジグソーパズルをしたが、箱の完成図は一回しか見ないという決まりにしていた。気に入った作品を額に入れアパートの壁に掛ける。つましい生活だった。週末はよくニューヨーク州北部にあるボブの伯父のリンゴ園で過ごした。ボブはジェインの髪をカットし、ジェインはビレッジの靴職人がつくった簡素なサンダル履きで過ごし、唯一持っていた特大のイミテーションのネックレスを繰り返しつけていた。一九四八年四月にジェイムス（ジム）が生まれた。そしてエドワード（ネッド）が一九五〇年六月に生まれ、以来ジェインは家事に追われる身になった。クッキーを焼き休日のごちそうを準備する、といっても積み重ねられた鍋釜の山は相変わらず、というていたらくだった。

料理は嫌いではなかったが、ジェイコブズは決して家に閉じ込もっている母親ではなかった。戦争が

アーバンパイオニアのボブとジェイン・ジェイコブズ、そしてかいがいしく手伝う長男のジムは、グリニッジ・ビレッジのハドソンストリート555番地の荒れ果てた家屋を居心地よい住まいに改修した。この家はやがて都市再生事業反対運動の非公式本部となり、ジェイコブズはここの二階から都市の生活が機能するのを観察した

終わり、戦時情報局が国務省の海外情報局に併合されたあとも彼女はそこにとどまり、アメリカの文化、歴史、地理、科学を海外に喧伝するパンフレットの原稿を書き、また編集した。そして、綺麗な八十ページの「ライフ」誌に似た雑誌「アメリカ・イラストレイテッド」の作成[*16]にほぼ専念することとなった。この雑誌は、第二次世界大戦中、同盟国との親善、相互理解のため戦時情報局がソビエト国内で配布していた。冷戦の兆しが顕著になり、この事業は拡大され金に糸目をつけずつくられるようになっていった。アメリカの価値観と文化を強力に推し進め、共産主義と闘うべきであるというのが筋書きだった。アリゾナ砂漠、テネシー川流域開発公社（TVA）のダム、ラジオシティ・ミュージックホール、ニューイングランド地方の教会の白い尖塔、会期中の米国下院議会。光沢紙を使った写真の高級な体裁のこの雑誌は、モスクワをはじめ各地で大好評を博した。

戦争終結後、グラマン社を辞め建築事務所で働くことになったボブは、病院施設の設計専門となる一方、ジェインは自転車でビレッジからタイムズ・スクエアの中央にある国務省の出版局に毎日通った。職場では、長い金属製テーブルと回転椅子で同僚とともに働いたが、アメリカの建築環境を担当するうちに都心開発計画と建築への関心が高まった。ロシア人が読者であったが、彼女はワシントンDC、フィラデルフィアについて書くとともに、都市計画、住宅、建築、とりわけグリニッジ・ビレッジのワシントンスクエア周辺を記事にした。さらに米国における「都市再開発」事業についても歯に衣を着せず記事にした。一九四九年の連邦住宅法の成立後、「都市再生」事業と呼ばれるようになったこの開発は、新たな住宅や商業施設の建設のために、既存の市街区を取り壊す政府計画であった。このときに彼女が書いた記事は、こういった政府のやり方を特に批判したというわけではなかった。ただこれを契機にこの新しい政策の進め方について独力で学びはじめたのだ。

「アメリカ・イラストレイテッド」の仕事に就いているうちに、ジェイコブズはソビエトへの好奇心を募らせていった。シベリアについてフリーランス記事を書くことを提案したり、妊娠中にアメリカ製妊婦服の見開き写真のモデルとしてポーズをとったりした。一九四〇年代後期に彼女とボブは、ニューヨークとワシントンの領事館でソ連旅行のビザを申し込んだが、いずれも認められなかった。その頃、ジェインはソール・アリンスキーの著作に惹かれていた。アリンスキーはシカゴのゲットーの貧困者や弱者の英雄で、アプトン・シンクレアの小説『ジャングル』のモデルになった人物だ。アリンスキーは草の根共同体の生みの親でのちに労働党指導者になったシーザー・チャベスなどに影響を与えたが、シカゴの南西部にある倉庫街と呼ばれた地域を組織化し、市役所、企業、雇い主などに圧力をかけた。ジェイコブズは市民活動を底辺から盛り上げるアリンスキーの戦術を崇拝していた。アリンスキーは彼がシカゴでつくり上げたのと同様の市民活動組織を全国に広げる運動を進めていた。進歩的な理想を求めるならば、問題点や、非正義を単に語るだけではなく、思いを行動に移さなければ意味がないという彼の考えに、ジェインは共感を覚えたのだった。

戦争終結後、共産主義や社会主義への疑惑が強くなるなか、アリンスキーを崇拝することは危険を伴うことであった。アリンスキーは反政府言動と、あらゆる権威に過激に挑戦する代表的人物だった。シカゴのオヘア空港でトイレの洗浄弁を一斉に押す抗議行動に出たほかは、ウェザー・アンダーグラウンド団体のように暴力に訴えることは決してなかったが、「市民に力を」与えることにはきわめて熱心であった。このフレーズを彼は好んで使ったが、ある意味政府から見ればこの言葉は暴動をそそのかすかにも見えたのである。

一九四九年、ジェイコブズは国務省の一部門で、政府従業員の共産党活動の撲滅を目指すロイヤルティ・セキュリティボードから書簡を受け取った。初回の一般的な質問状は簡単なもので、ジェイコブズ一家のソ連行きビザ申請、「デイリーワーカー」の購読、「アイアンエイジ」時代、上司が彼女を「問題児」だったとした評価などについての質問だった。彼女はひとつひとつに回答していった。ソ連に興味を惹かれシベリアを記事にしたかったこと、多くの新聞や雑誌を購読していること、さらには「アイアンエイジ」時代の上司は差別思想の持ち主で、男性の給料が女性より不当に多かったこと、そして特に彼女が秘書の身分から昇格したのを不快に思っていたことなどである。

この回答は明らかに十分ではなかったらしく、委員会は別のより詳しい質問状を一九五二年に送付して来た。当時アメリカはベルリン封鎖、ローゼンバーグ夫妻死刑執行、朝鮮戦争、下院議員ジョセフ・マッカーシーなどによって燃え上がった第二次「赤の脅威」の虜になっていた。

ジェイコブズは憤りをこらえきれず、手動タイプライターに向かって政府宛てに、ぎっしり詰まった何ページにも及ぶ次のような書簡を書いた。「質問をまず読んで、てっきりわたしが公務員労働組合に属していて、そのうえ米国労働党に加入しているかどでとがめを受けるのだと思ってしまいました。しかし公務員はどちらに加入しようと合法なはずなので、よく考えてみた結果、たぶん、わたしは秘密の共産党シンパ、さもなければ共産党に染まりやすいと疑われているのかもしれないと推察しました」。彼女は政府で働く人間が、友人関係や購読物や、政治信条を聞かれることにショックを受け、また当惑してもいると書いた。しかしながら身の潔白を示したいので、「わたしはそのときどきの支配的な意見に対して、盲目的に順応することは潔しとしない教えを受けてきました。単純に順応することは社会の停滞につながると教わってきたのです。そしてこれまでのアメリカの進歩は、新しい試みや進取の気概を許容するゆとり、そしてさまざまな異論を自由に議論することをよしとする気風がもたらしたものなのです」と書いた。

ジェイコブズは大胆にも、確かにソ連はアメリカに対する脅威であるが、その一方で国内にも「今日の急進的な思想や、それを提唱する人々を危険視する」という脅威がある。「わたしは自分が政府や議会を批判する権利を持っていると信じています」と述べた。そして、アメリカ統一公務員組合や、アメリカ労働党に参加している理由の説明が数枚続いた。共和党の議員への反対運動で一晩、戸別訪問をしたことがあると認める一方、共産党の党員でもシンパでもないと否定した。そして政治的独裁国家、ソ連の体制を嫌悪しているとつづった。「わたしは底辺が支配し、上部がそれを支持する体制を信じているのです」と心情を吐露したのだ。

ジェイコブズは、この審問は単なる形式以外の何物でもないと思っていたので、まさか彼女の長文の回答がさらなる疑いを引き起こしたなどとは考えもしなかった。むしろ、彼女の信念でもある表現の自由、公民の自由、そして民主主義の枠のなかで既成の体制に対して挑戦する自由を、言葉に表すよい機会だととらえていたのだ。しかし、政府が執拗に第二回目の質問状を出したことで、彼女は政府という集権的権威は信頼に値せず、蛮勇を持って対応すべき存在であると考えた。

また、彼女は連邦政府から罷免されることも特に恐れてはいなかった、というのもすでに次の職を考えていたからである。国務省が海外パンフレットと雑誌の仕事を、ワシントンDC事務所に移転させると発表したとき、ニューヨークを離れたくなかったジェイコブズは、新たな職探しを始めていたのだ。「ナチュラル・ヒストリー」誌への就職も考えてもみたが、建築、開発計画、デザインなどへ強い興味を抱いている彼女は、ボブがその頃定期購読を始めた「アーキテクチュラル・フォーラム」誌に惹かれた。配達されるやいなや夢中でページをめくった。体裁と中身とが完璧に調和しているかに思え、記事を書くならこの雑誌だと考えたのだ。

◎

ヘンリー・ルースのタイム社が発行している学術的な雑誌のなかで、「アーキテクチュラル・フォーラム」はフランク・ロイド・ライトなどスター建築家の特集を組んでいたほか、ウォーカー・エバンス撮影の大きな見開き写真を掲載したりしていた。編集者はダグラス・ハスケル、ユーゴスラビア生まれの著作家でこの国で最も尊敬されていた建築評論家であった。一九五二年の春、ジェイコブズはメディア会社が集中しているロックフェラーセンターにあるハスケルの事務所になんとか取り入って記者仕事に応募するまでこぎ着けた。[*17] ハスケルは彼女の積極性を高く買い、正式の教育が不足している点はあまり心配しなかった。なぜなら彼自身も建築家として教育を受けたのでなく、むしろ特定の学問的視点に影響を受けていないことは強みだと思っていたからだ。

ハスケルは彼女を見習いとして採用し、ヘラルドスクエアの建物の仕事を任せた。そして何週間かあと、病院や学校の担当責任者として編集副主任に任命した。一九四一年にコロンビア大学の建築学科を卒業した彼女の夫、ボブは建築とデザインの技術的側面について彼女に特訓を施した。

「最初は全く当惑しました」[18]。ジェイコブズは言った。「大量の判じ物のような図面や計画図を読み解かなければならなかったのです。でも夫が応援してくれ、何ヵ月もかけて毎晩、図面はどう読むのか、不具合な点を見つけ出すにはどうすればよいのか、そしてほかにどんな情報が不足しているのかなどを教えてくれたのです」。このときのつむじ風のような教育は、二人にとって結婚とは親密な仲間関係にほかならなかったことを物語っていた。

「わたしはなんの資格も持っていなかった……だから自分で自分を専門家に仕立て上げたのです」[19]。彼女はそう言った。

それから八年間、ジェイコブズは幅広い対象物を記事にした。ペルーのリマの総合病院がつくった自然分娩奨励型の産科病棟、患者によい効果をもたらすように内部の配置を考えたカルフォルニアの健康センター。そこからひとつのテーマが浮かび上がってきた。すなわち人間生活を快適にするために、いかに建物デザインを役立たせることができるのかというテーマだった。ボブは病院や医療施設プロジェクトの担当として、健康促進に貢献するデザイン環境を整えることに専念していたので、ジェイコブズのこれらの記事に対して優れた助言を与えてくれた。

在職二年になったところで、生涯の職業経歴に一八〇度の転機が訪れた[20]。フィラデルフィアの都市再生計画の最新情報を取材したのである。ハスケルが焦点を当てたかったのは、その当時脚光を浴びていた新興郊外開発ではなく、都市で起きている事象だった。一九五〇年代の半ば頃まで、全国の都市は悲惨な状況にあった。人口も職も、成長拡大する郊外に流れていってしまったのだ。数十年にわたり大都市は稠密、混雑、不健全なスラムや安っぽい借家だらけの場所と思われてきた。その状態を見て、都市計画家、建築家そして知識人は次々に住まいの再検討を始めた。より秩序立った効率のよいものにしたいという運動である。都市は解決しなければならない課題だらけの代物だったのだ。偉大なる思想家たちは近代思想を持ち寄り、都市計画家や政策立案者はそれをもとに、解決策とおぼしき計画を実施するべく立ち上がったのである。

当時フィラデルフィアで指揮を執っていたのは、エドマンド・ベイコンでニューヨークのロバート・モーゼスと同等の地位にあった権力者だった。彼は中心街やその周辺の荒廃した地域に的を絞って大規模再開発計画を打ち上げた。老朽化した建物、虫食い状態の空き地、これを高層住宅と商業センターに置き換えるのである。ハスケルは、この再開発計画の成果を評価するため、ジェイコブズをフィラデルフィアに出張させた。スタッフのやりくりがつかず、やむを得ずジェイコブズに声をかけたというのが実情だったらしい。

偉大なるエドマンド・ベイコンに会うにあたり、ジェイコブズは「決してわたしは一般に言うところの都市計画の専門家ではありません」と正直に告げた。しかしフィラデルフィアは当時大規模実験の場となっており、エドマンド・ベイコンは時代の最先端をいく人物であることぐらいは彼女とて認識していた。ニューヨークから列車で行くと、ベイコンは市当局が工事中の下町地域に案内してくれた。「最[*21]初に道路や玄関口の階段など、たくさんの人がたむろして楽しんでいる場所に連れていってくれたのです。そして彼はこう言ったのです。さて、ここが次に厄介払いしようとしているところですと。そこは『開発前』の通りだったのです」。彼女はそう語った。「それからわたしに『開発後』の通りも見せてくれました。すべてが綺麗に整ってはいるものの、人は一人しかいませんでした。退屈した幼い少年が、溝に落ちているタイヤを蹴っていたのです。暗澹として自分もタイヤを蹴ってしまいそうな気分になりました。でもベイコンは、それを素晴らしい光景だと考えていたのです」

彼女は振り返ってこう尋ねた。「住民はどこにいるのかしら?」

ベイコンはこの質問をはぐらかした。騒々しく、とり散らかった下町地域には秩序というものが必要で、秩序ある新大都市圏を象徴する見晴らしのよい直線的な「美しい眺めの回廊」をつくり込むことが重要だと彼[22]は強調した。それから次の街区へ歩いていくと住民が玄関口に腰を下ろし、おしゃべりし、走り回り、家から出たり入ったりしている光景に出くわした。ベイコンは彼女に、これぞ都市から根絶されるべき見本だと言った。彼女はあとずさりして、驚きの目で彼を見つめた。その地域は住民の活気にあふれているように見えたのだが、明らかにベイコンはそのように見てはいなかった。

「アーキテクチュラル・フォーラム」の事[23]務所に戻り、ジェイコブズは心のなかに次第に広がる都市再生計画への懸念を仕事仲間と話し合った。まさにハスケル好みの鋭い考察であったが、同僚はベイコンのような大物都市計画家の誰もが認める学術的知識に疑いを差し挟むことを躊躇した。ベイコンはフィラデルフィアを救おうとしているのだと彼らは言った。この国の都市計画家は、大物中の大物ニューヨークのロバート・モーゼスは無論のこと、みんなアメリカ大都市の経済的救済に努めているのだ。彼らに逆らうのは見当違いで、非愛国的ではないか。

都市再生運動は数十年にわたる理論に支えられている。一九世紀の終わり、都市は混雑し、不健康なところだとみなされていたが、二〇世紀に向けて住生活改善のアイデアを携えた都市計画家が続々と現れた。先駆者はイギリス生まれのエベネザー・ハワードで、一九〇二年にガーデンシティを提唱する論文を世に出した。ガーデンシティとは住民が三万人以下で、都市中心部の外周に置かれ、緑地帯に囲まれ、職場へのアクセスもきちんと計画されているものだ。都市の病弊への当時の常識的対症療法は人口を郊外に散らすことであった。スコットランドではパトリック・ゲデスが、人々は各々のニーズに基づいて都心から田園まで広く分散した領域に住むべきだと主張した。異なった成長パターンに対応するには、都市に焦点をあてるだけでは不十分で、都市外縁、さらにその先まで含めて考える広域開発計画といったような、大きな枠組みのなかで考える必要があった。「ニューヨーカー」誌の建築評論担当者、ルイス・マンフォードはゲデスに刺激され、増大する人口は大都市周辺の広域に拡散されるべきで大都市内に限定すべきでないと意見を述べている。ウィルダーネスソサエティの創立者でありアパラチアン・トレイルの元祖、ベントン・マッケイは人々を都会から自然のなかに連れ出そうと試みた。フランク・ロイド・ライトは、それぞれの土地区画に一戸建て住宅を建て、自動車という新技術を駆使すれば、あり余るアメリカの土地の有効活用ができるという構想も提唱していた。

二〇世紀の近代建築、都市計画に最も強く影響を与えた思想家は、たぶんル・コルビュジエと名乗っていたシャルル＝エドゥアール・ジャンヌレ＝グリであろう。一九二三年に書かれた『建築をめざして』は、それまでの建築様式の革命的簡素化、過去からの決別、そして流線形をした近代建築様式の採用を提案した。近代建築国際会議の創立メンバーの一人であった彼は、アメリカに近代主義とのちにインターナショナルスタイルとして有名になった様式をもたらした知的運動を率いた。この運動はビクトリア朝風の過去の様式、一九世紀の伝統的、古典的建築から決別し、新しい建築方法で優美さと簡素さを強調するものだった。より少ないことはより豊かなこと。そして形態は機能に従うのだ。ル・コルビュジエの初期の作品サヴォア邸は、すっきりした白い箱が柱の上に載っており、窓の線は水平で開放された内部配置であった。ドイツの建築家ミース・ファン・デル・ローエはこの活動のもう一人の指導的な人物であったが、一九五八年にシーグラムビルをパークアベニューに建てた。このビルは黒いブロンズの摩天楼で鉄とガラスの「カーテンウォール」でできていて、道路際の歩道からすっきりと余分な装飾なしに建っている。

ル・コルビュジエは彼の建築様式を流線形にしたのと同様に、都市そのものを流線形にするという大望を持っていた。「現代都市の計画案」あるいはもっとあとの「輝く都市」は長い時間をかけて乱雑につくり上げられた都市の古色蒼然たる地域を取り壊し、大きな空き地にして十字形の高層住宅を建て、大量の住空間を提供するというものであった。一九二五年にはパリの中心部のほとんどを、このプランに基づいてブルドーザーをかける構想を持ち出した。生活に必要なすべての機能は、例えば買い物とか職場とか、はっきりしたゾーンで分別される。彼の主張によれば、煙を出すような工場が賃貸住宅のすぐ近くにある状態、混合利用《ミックストユース》こそ不健康をもたらす元凶なのだ。彼のプランでは、あちこちのゾーンごとに分散されている各種機能を相互連結させるために必要不可欠となるのが車道で、それは高架上に設けられ、地上階より上で建物に直接接続されるのである。

ジェイコブズは建築運動としての近代主義に対し全面的に反対の立場では決してなく、シーグラムビルも好感を持って眺めたし、またフィラデルフィアで活躍するルイス・カーンの作品も好きであった。カーンは建築に使用される資材の特徴を明確に打ち出した重々しい建物を次々に発表した。彼女はカーンのトレントン・バスハウスを[*24]「素晴らしい作品」と表現したが、職場の同僚ほどにはこの運動の将来性や必然性に入れ上げてはいなかった。彼女の考えでは近代主義の作品には優れた建物が稀で、理論や下絵、完成見取り図と実生活のなかで起こることとは別なのであった。国を挙げての公式な都市政策に近代主義が採り入れられていくなかで多くのものが失われてしまった。一九五〇年代に至ると、偉大な建築家に先導された論理的に厳密でかつ意匠的にエレガントなこの運動の影響で、郊外の風景がどこに行ってもそっくりになってしまった。大通りに面したショッピングモール、低層で簡素な学校、ガラス張りの箱形オフィス。しかもそれが今に至るまで続いているのだ。そうこうしているうちに、今度は都市でも郊外の近代主義を模倣する動きが始まり、市内のとり散らかった地域が潰され、だだっ広い広場と退屈極まりない高層住宅に変わっていった。都市再生によってガラクタが取り除かれ光と空間が生まれたとはいえ、ジェイコブズには都市生活のきめ細かい特色が失われたように感じられたのだ。

フィラデルフィアで、彼女はそれまであったヒューマンスケールの建物がうまく機能していたのに、それを流線形の高層住宅が建つ四角い大街区に置き換えてしまうのを、いやというほど観察していた。彼女の疑念は一九五五年のとある日、間違いないものとなった。どっしりとたくましいエピスコパル派の牧師であるカークことウィリアム・クラークが「アーキテクチュラル・フォーラム」の事務所に駆け込んできてイーストハーレムの大規模地上げと再開発のことで編集者に話がしたいと言ったのだ。ジェイコブズは熱心に話を聞き、自らのフィラデルフィアでの経験談も話した。カークはジェイコブズと同じくペンシルバニアの炭坑地域の出身で、ユニオンセツルメント協会の幹部だった。この組合は当初はイタリア人移民の支援を目的とした地域サービス団体だったが、第二次世界大戦後は、イーストハーレムでますます増え続ける黒人、ラテン系の人々を教育、娯楽、健康、そして芸術の面で支援していた。

ル・コルビュジエやほかの建築家から感化された都市計画家は、地域を貧困から救う唯一の道は、ごたごたした賃貸住宅街区や商店を完全に撤去し、一からやり直すことだと考えていた。この手法を実行に移す連邦政府の政策は「タイトル1」（連邦住宅法第一編）と呼ばれる都市再生計画であった。この法律は古い建物を廃棄、空き地をつくり、そこで民間の開発業者が新たな建設ができるように仕組んだものであった。ハーレムで、開発業者が「タイトル1」を使いレノックステラスを建てたが、その結果、街の三ブロックが取り払われ、二十階建ての十字形をしたタワーが八棟も出現した。アパートの戸数は千七百もあった。その関連事業のデラノビレッジは昔ながらの商店、教会、サボイダンスルーム、そして元祖コットンクラブをなぎ倒した。リンカーンタワーやパークウエストビレッジなどでも、ほぼ同じことだった。都市再生のマニュアルによればスラム街の一部でもそのまま残すことは、スラムそのものを残すこととみなされた。高層住宅やそのなかにつくられた商店はすっきり整然としていなければならなかったのだ。

問題なのは、誰もこの新プロジェクトが以前あったものより、よくなったのかどうかを検証しないことなのだとカークは強調した。ジェイコブズは、ちょうど第三子を一九五五年五月に出産し、復帰したばかりだったが真剣に聞き入った。しかもカークによれば、新しい高層住宅の住民は誰もそこが居心地よいと思っていないのだ。イーストハーレムの実情を見てほしいというのが彼の依頼だった。

彼に会ったのは、あまりなじみのない場所、セントラルパークの北東の角のはずれ、一一〇丁目の北だった。驚くことばかりだった。そこのひと区画には、ワインショップ、クリーニング屋、社交クラブそして葉巻専門店などがあった。そして次の区画には、わびしい空き地の真ん中に高層のさえない住宅が建っていた。使い古され壊れた遊具の脇で、疑わしげにこちらを見つめている人影以外には人の生活をうかがわせるものは皆無だった。まるで瀉血療法《しゃけつ》でも施したかのようだ、とカークは言った。都市計画家は、この近所一帯からすべての命を抜き取ってしまったのだ。新しい建物に転居できた家族は、そこに親しめず居心地が悪かった。高層住宅の一階にできた大きな食料品店も、二階にできた娯楽センターの集会所も、昔ながらのワインショップやサボイダンスルームにはかなわなかったのだ。その理由をジェイコブズとカークは通りを歩く人々に尋ねてみた。

ジェイコブズはのちに「そういえば、なぜかイーストハーレムでは住民が緑の芝生に好感を持っていませんでした。勝手に誰かが、緑の芝生に置き換える必要があると決めつけ、なじみのタバコ屋も、角の新聞屋も消えてしまったからだと一人の住民が教えてくれて、初めて不人気の理由がわかったのです」[*25]と述べている。都市計画家は自分たちが最善と考えることを単純に実行に移してしまい、そこの住民がなにを求め、彼らにとってなにが最善かとは考えてくれないのだ。

ここに至ってジェイコブズには、無秩序とも見える都会の近隣地域の素晴らしさがはっきりと見えてきた。[*26]「イーストハーレムで、カークはわたしに近隣地域や下町の正しい見方を教えてくれたのです」。同じようにして、もうひとつはっきりしたことは、都市計画家とは地域社会に大きな変化を押しつけておいて、その結果をきちんと評価しようともしない傲慢なうぬぼれ屋にすぎないということだった。ジェイコブズの頭のなかは、そんな思いでいっぱいだったが、間もなく彼女の失望感をきわめて有力な聴衆相手に講演するはめになるとはつゆ知らなかった。

◎

数ヵ月した一九五六年の春、「アーキテクチュラル・フォーラム」の上司ハスケルは、体調不良で予定されていた演説を断らねばならなくなった。ハーバード大学のデザインスクールで行われるアーバンデザイン総会での講演であったが、この大学は、ほかのどこよりも、モダニズムと近代都市計画を信奉していた。ハスケルは自分の代役をジェイコブズに頼んだ。それまで彼女がおおやけの場で講演したのは一回きりで、しかもそのときは上がってしまったので気乗りしなかったが、結局引き受けた。イーストハーレムで、カークと一緒に見聞きしたことを、より普遍的な論評に仕立て上げられるかもしれないと考えたからだ。

一九五六年の四月、講演当日、ハーバードスクエアを抜けて赤レンガと鉄と大理石でできた門をくぐり、ハーバードの構内に入った。ワイドナー図書館前を過ぎてメモリアル教会の白い尖塔を仰ぎつつ建築学部に至る、その一歩一歩を踏みしめるたびに、ジェインの考えは確固たるものとなっていった。この大学は彼女が反発してきたあらゆるものの権化なのだ。資格にとらわれた象牙の塔、都心再開発推進者のモダニストたち。ハーバードはヴァルター・グロピウスが建築学部の教授で、ことさらモダニスト活動に全精力を傾けていた。グロピウスはインターナショナルスタイルのような簡素で機能的なものを重視するバウハウス運動の指導者であった。大学構内の建物そのものが、モダニストの手で総点検され新たに建て替えられていた。建築学部の新校舎、ワールドトレードセンターの設計者ミノル・ヤマサキの手がけた建物、ル・コルビュジエの北米における唯一の作品で教職員クラブの側に建てられたピアノ形のコンクリートの建物。一九三〇年代に力を増したモダニズムは、一九五〇年代のこの頃には全米を席巻する勢いになっていた。そしてミース・ファン・デル・ローエがイリノイ工科大学の近代主義的な校舎を完成させた。

総会の出席者は威圧的な人たちばかりであった。以前ジェイコブズがフィラデルフィアで会ったエドマンド・ベイコン、建築学部長のホセ・ルイ・セルト、ランドスケープアーキテクトのヒデオ・ササキ、のちにボストンのウエストエンドを取り壊し、公園とそびえ立つ高層住宅を建てたビクター・グルーエン。彼らはアメリカの建築、都市計画における先覚者であり、しかもほとんどがモダニズム建築の提唱者、都市再生の信奉者であった。

友好的な反応はとても期待できないと思いながら、ジェイコブズは話しはじめた。

「世の中には失ってみて初めて、そのよさに気づくことがしばしばあるのです。例えば水の大切さは、井戸が枯れたときにわかりますし、住まいの近くの商店が都市再開発の結果消えてしまった場合などがそうなのです」[*27]と彼女は言った。

「ニューヨークのイーストハーレムでは、五万人に新居を提供しましたがその一方で、千百十の小売店舗が姿を消しました。都市計画家や建築家はともすれば店舗を考える際、合理的に供給とサービスの問題だけに絞って、単純に考える傾向にあります。……しかし都市の住居近隣にある店舗は、そんな単純なものではなく、進化を遂げてより複雑な機能を持っているのです。小さなとるに足らない店かもしれませんが、都市の居住地域近隣を単なる住宅地ではない、連帯感のある地域コミュニティにするのに役に立っているのです」

さらに彼女は、金物店、キャンディ屋、食堂、床屋など、素晴らしい多様性と混合利用街区《ミックストユース》が都市再生計画によって跡形もなく取り払われ、均一の住宅と巨大スーパーに置き換えられていると続けた。都市計画家は住民が間違いなく喜んでそのスーパーに行くと思うのだろうが、イーストハーレムやモーゼスが手がけたスタイブサントタウンの住宅開発などで実際に起こったのは、数ブロック先の昔ながらのまま残されている近くの家族経営の店舗に人々が好んで集まることだった。

「これはなにを意味するのでしょうか？」彼女は嘆いた。「馬鹿げたことではありませんか。都市計画の専門家にとって、ぞっとするような話ではありませんか」

都市再生は、望みのない企てにすぎないと切り捨てずに、彼女は将来の建築プランは、従来の近隣居住区画のごちゃごちゃした寄せ集め状態を模倣してはどうか、そのうえで公園や公共空間をつくってはどうかと提案した。その場合、単に光と風を採り入れるだけでなく、使いやすい公共空間で、「少なくともスラム街の歩道ぐらい活気のあるもの」をつくり込むべきだと提言した。専門家は「混沌とした街路の存在を、もっと真剣に重視すべきであります。そこには都市の秩序などという考えでは決して推し量れない素晴らしい知恵が詰まっているのです」。

「わたしたちは郊外を都市に持ち込もうとする議論によって大きく道を誤ってしまいました」。彼女はそう結論づけた。「都市はそれ自体で貴重な価値を持っているのです。なのに力ずくでそれを打ち砕き、不適当な郊外のまがいものに変えてしまうことは意味がないのです」

ジェイコブズは都市計画や都市デザインの指導者に向かって、彼らは間違っていると指摘した。都市にとって必要不可欠なものをすべて打ち壊し、図面上でうまくできているだけで、実際は全く役立たずのものに変えてしまうような開発は、間違っていると明言したのだ。言ってしまったからには、厳しい顔で無視されるか、よくても儀礼的な拍手がせいぜいだろうと思ったのだが、意に反して講堂はどよめきでいっぱいとなった。大きく拍手していたのはルイス・マンフォード[*28]で、講演後自己紹介しにきて、とにかく「繰り返し力説するよう」励ましてくれた。以降数年にわたり彼女に評論を語らせたり、あるいは記事を「サタデー・イブニングポスト」に送ってくれたりした。

大学の学生新聞、「ハーバード・クリムソン[*29]」のリポーターがこの総会をトップ記事にして「ほとんどの大学で、都市デザインの重要性を学生に伝授できていない」と指摘、記事の最後をこう締めくくった。『「アーキテクチュラル・フォーラム』の編集者、ジェイン・ジェイコブズは小さなとるに足りない店こそ、大都会における市民の非公式な集いの場として重要なのだと語った」。講演内容はあちこちに報道されたわけでもなかったし、またモダニストや都市再生の主唱者からの格別な反応もなかったが、それでも学者、都市計画、建築に関係する人たちの間で早速噂が広まった。彼らの多くはジェイコブズが話した内容や、それを人前で披露した大胆さに不快感を覚えたのである。

ニューヨークでは、著作家で「フォーチュン」誌の編集長ウィリアム・〝ホーリー〟・ホワイト・ジュニアがこの講演を聞きつけ、このうえなく大きなチャンスを彼女に与えようとしていた。ホワイトは、人間がさまざまな環境下でいかに行動するのかということに関心を持っていた。プリンストン大学出身、ガダルカナルの戦闘では海兵隊の一員として諜報地図の作成にあたった人物だが、戦後「フォーチュン」誌に入社。直後の仕事として帰還したG・Iたちがイリノイ州のパークフォレストという郊外の新開発地域で、中流の生活を送っているのを追跡調査した。彼は数ヵ月間そこに滞在し、帰還兵が会社仕事に就いているのを観察した。平穏、しかしともすれば退屈な地域で主婦たちは家に閉じこもっていた。「フォーチュン」に載ったこの記事は、彼の代表作『組織のなかの人間』として一九五六年に出版された。ホワイトはその後、公園や公共空間のデザインに関しての先導者となった。

ホワイトはハスケルとともにヘンリー・ルースの発行する別々の雑誌で働いていることもあってお互い親しく、ジェイコブズのこともすでに知っていた。彼はそのときちょうど、大都市の連載を企画していて、ジェイコブズにハーバードで講演した内容をもとに執筆するよう依頼してきたのだ。彼女は「フォーチュン」のような有名雑誌に自分はふさわしくないといったんは謝絶した。だが別の候補が体調を崩し、再度の依頼についに彼女も引き受けることにした。

一九五八年に「フォーチュン」に載った「ダウンタウンは人々のものである」という記事のなかで、ジェイコブズは彼女の持論を展開した。米国全土にまたがって進められている下町の再開発事業は全くの見当違いであり、都市で住民が実際にどのような行動をとっているかを理解していない、「これらのプロジェクトは下町を活性化するどころか、死に至らしめている」と彼女は書いた。「確かに安定し、左右対称、そして秩序正しい。清潔で印象的で堂々たるものだ。まるで手の行き届いた立派な墓ではないか」[*30]

読者の反応はきわめて大きかった。ホワイトは学者、都市計画家、さらには市長からも寄せられた数々の手紙の写しに「君のところのお嬢さんがなにをしでかしたか見てやってくれ!」[*31]と誇らしげに、鉛筆で添え書きしてハスケルに送った。ジェイコブズには彼が大切だと考えているものが備わっていた。既成の体制を観察する斬新な視点、報道記者として切り込む胆力である。ホワイトはジェイコブズの生涯の節目に、大きな突破口をあけてやったのだ。[*32]彼女はこれを常々感謝していたが人前では決して口にしなかった。彼女が最後に書いた本の献呈の辞に彼への感謝の言葉をひそませたのだった。

◎

「ダウンタウンは人々のものである」は近代都市計画評論家としてのジェイコブズの名を広めた。と同時に彼女のロバート・モーゼスとの闘いにおける先制の一撃ともなった。記事のなかで、彼女は有害で機能不全だと考えている都市再生の例をいくつか挙げた。ピッツバーグ、クリーブランド、ニューオーリンズ、ナッシュビル、そしてサンフランシスコの下町再開発事業。それだけでなくモーゼスのお気に入りプロジェクトであるリンカーンセンターを名指して辛辣な批判を浴びせた。

リンカーンセンターはマンハッタンのアッパーウエストサイドを十八ブロックにわたって取り壊し、そこに国際的な舞台芸術センター、フォーダム大学のマンハッタン校、そのほかの文化教育施設を予定していた。まさにモーゼスの典型的な手法で、既存建物を撤去し、近代的建物と広大な広場とに置き換えるのである。評論のなかで、ジェイコブズは痛烈な批判を展開した。モーゼスと彼の建築家チームは、実際に街がどのように機能しているのか理解できていない。全体がまとまってひとつの力になりその場が活きてくる、そのことが理解できていないのだ。彼らがやっていることは図面台の上で壮大な計画をこねくり回しているだけで、でき上がった環境のなかで住民がどのように動き回るのかという点を推しはかろうともしないのだ。モーゼスは建物取り壊しや住民、商店の退去などの高い代償に目もくれず、大規模プロジェクトの実現に没頭するあまり完成されたものが住民にとって快適か、役に立つのかどうかにまで頭が回らないのだ。

「この文化的大規模街区はきわめて巨大でニューヨークの音楽や、舞踊のすべての領域に焦点を当てています」[*33]とジェイコブズは書いた。「しかしその周辺街路は、全くそれの支えになっていません」。メトロポリタンオペラハウスは街路に対して背を向けていて、コンサートに急ぐ人々はタクシーから降りるだけである。ジェイコブズはあとになって、リンカーンセンターのことを「死後硬直」の典型だと表現した。

当時リンカーンセンターは評判のよいプロジェクトであり、そしてモーゼスもまた評判の高い人物だった。「アーキテクチュラル・フォーラム」の同僚は彼女の批判に驚愕してしまった。それまでこの雑誌は、モーゼスのプロジェクトに対し、特に巨大な公営プールに対して惜しみない賞賛をおくってきていたのだ。

「おいおい、大丈夫かね、この女は?」[*34]とC・D・ジャクソンは聞いた。彼は「フォーチュン」誌の発行者だったが、この雑誌の編集者たちをランチに招き、ジェイコブズに自分の評論を擁護する場を与えてくれようとしていた。「よりによってこうも激しく攻撃するとはね。リンカーンセンターを酷評した女に救いの手を差し伸ばし、慰めてやることなんてできるのかね?」

だがジェイコブズは毅然としていた。何百万ドルという金がリンカーンセンターにつぎ込まれたのだ、そのプロジェクトがきちんと行われたかどうか調べるのは報道関係者の義務なのだと彼女は言い張った。都市再開発のあらゆる手法は致命的な欠点だらけだ、そしてモーゼスこそその先導者なのである、と。

一九五〇年代にあっては、モーゼスに面と向かって異議を唱える人などいなかった。それを書く人すらいなかった。しかし間もなくジェイコブズにとって、この闘いは活字の世界だけではすまされなくなってきた。というのも、彼女が「ダウンタウンは人々のものである」を書いていた頃、モーゼスはワシントンスクエアパークを分断する道路計画を練っていたからである。そこはまさにジェイコブズが子供たちを連れ出して遊ばせていた公園であった。手入れの行き届いたこの公園芝生地の南側で計画している大規模住宅都市再生プロジェクトへのアクセス道路をつくろうとモーゼスは考えていたのだ。もはや二人の衝突は免れなかった。

第2章

マスター・ビルダー

マンハッタンの模型を前に策を練るロバート・モーゼス

一九三六年十二月十二日の大雨の朝、ジェイン・ジェイコブズがモートンストリートのアパートからグリニッジ・ビレッジの心地よい喧噪のなかへと歩きだした頃、ロバート・モーゼスはその北二マイルのところで、より秩序正しいニューヨークの一角に佇んでいた。その朝、アッパーイーストサイドの住まいで運転手に迎えられ、彼はマンハッタンを横切って北西部の端、ハドソン川の川岸に着いた。黒塗りのパッカードのリムジンから降り立って、モーゼスは自分が手がけた橋のデッキに足をのせた。

高さ八百フィート。ヘンリーハドソン・ブリッジは世界一高いアーチ式橋梁であった。周囲にとけ込む深緑色の格子模様。橋はマンハッタン島の境界を区切って流れる運河をまたいで架かっていた。霧と激しい雨で左手ハドソン川のニュージャージー側断崖はほとんど見えない。華やかな開通式にそぐわない天候だったが、記念すべきこのときを台なしにするものなどなにもなかった。おそろしく多忙だったこの一年。赤、白、青の幔幕、式典用シャベルの銀の刃先、楽隊と吹き流し、そしてカメラの断続的なフラッシュに明け暮れた、そんな一年の最後を飾るテープカットの瞬間であった。

最初に手をつけたのはウエストサイドハイウェイで、七二丁目から今、彼が立っている新しい橋まで延伸した。建築職人の大集団の建設作業員を雇い、ウエストサイド改良プロジェクトに乗り出したのだ。鉄道線路をトンネル化し、道路がリバーサイドパークの水辺に沿って走るようにした。この公園も新たに改装して、七九丁目の船着き場からハーレムまで延ばしたのである。また十ヵ所の新しいプールをその夏完成させた。ほぼ週一ヵ所の割合だった。さらに巨大な州立公園を、市の周りに軌道を描くように配置させた。優雅で大好評のジョーンズビーチ、そしてロングアイランドの南の海岸沿いで大規模改修を終えたばかりのジェイコブ・リース・パークとロッカウェイビーチである。七月にはブロンクスのオーチャードビーチのテープカットを終えた。この三日月形のビーチはロングアイランドの白砂を艀《はしけ》で運び埋め立てた。既存の公共空間も改修、拡張した。ローワーイーストサイドにあるサラ・デラノ・ルーズベルトパーク、ニューヨーク公共図書館裏のブライアントパーク、ブルックリンにあるプロスペクトパークそしてタバーン・オン・ザ・グリーンと動物園が併設されたセントラルパーク。

この夏、モーゼスは生涯最大の事業を成し遂げたばかりだった。トライボローブリッジの完成である。コンクリート、ケーブル、鉄でできた二十二車線のアールデコ調の傑作は、それまで各々孤立していたブロンクス、クイーンズ、マンハッタンの三区を連結させた。そもそも、イーストリバーに架橋する計画は一九一六年にはすでにあったが、一九二九年の世界恐慌によって中断されていた。モーゼスはロングアイランドに開園した公園への車の往来を改善するため、トライボローブリッジ&トンネル公社を設立し、橋の建設資金は借り入れで賄い、その返済には通行料金二十五セントを充てることにして、この計画を蘇生させた。橋のデザインをより近代的に描き直し、建設費も削減した。パンフレットには、[*1]「空中に浮かぶ高速道路」が「強力な三区を結び、一千万人のドライバーの時間と金を節約する」トライボローブリッジは貨物、人そしてサービスをニューヨーク市、ニューヨーク北部、ロングアイランド、コネティカットへスムーズに運搬することにより、たちどころに大成功を収めると説明してあった。モーゼスにとってこれは記念碑ともなるプロジェクトで、一般市民や報道関係の反響もきわめてよかった。「トライボロー[*2]は単なる橋ではないし、ましてや交差路でもありません。市の三区を結び、隣接する郡や州の境界へと延びていく交通の大動脈なのです」。モーゼスは開通式でそう述べ、ルーズベルト大統領は数十台の乗用車やオートバイを従えて祝福し命名式を執り行った。「ただ単に、自動車やトラックのための道路ではありません。大きな意味での市の改良進歩なのです。死に絶えていた場所を蘇生させ、その周辺の住宅地に対して遊歩道、遊戯施設、景観を整美し、新しく完成した素晴らしい公園への交通手段をつくり与えるのです」

とはいえ今日のヘンリーハドソン・ブリッジ開通式をもって、彼のプロジェクトが全部終了したのではなかった。それどころか、まだこれ以降も目白押しだった。クロスブロンクスエクスプレスウェイ、ホワイトストーン・ブリッジ、スロッグスネック・ブリッジそしてベラザノナローブリッジ、リンカーンセンター、シェイスタジアム、国連ビル。しかし、この時点ですでにモーゼスは公共施設に関しては全米で最も多作のマスター・ビルダーになっていた。公園、動物園、運動場、プール、道路、橋梁そしてトンネルをつくって、何百万というニューヨーク市民の余暇の過ごしかたを変えてきた。ジェイン・ジェイコブズがローワーマンハッタンで都会生活の魅力を記事にしているとき、ロバート・モーゼスは大都会を駆けずり回り、市の改造に励んでいたのだ。

仕立てのいいスーツ、オックスフォードシャツそしてネクタイをスマートに着こなしたモーゼスは雨に濡れたヘンリーハドソン・ブリッジのデッキの具合を確かめた。式典は料金所横の事務所棟屋内に変更せざるを得なかった。しかしこの事業の象徴的な意味合いとしては、それもまんざら悪くなかった。

橋の入り口の建物には制服職員が詰めて、車一台あたり十セントを集めるのである。これが建造費用を短期間に返済するために、モーゼスが苦心してつくり上げた仕組みにほかならなかったからだ。

フィオレロ・ラガーディア市長が到着し、モーゼスに親しく挨拶した。ラガーディアのあだ名はリトルフラワーで、イタリア系アメリカ人として史上初めて一九三三年に市長に選ばれた。彼はモーゼスを市の公園局長に任命した。恩義に感じたモーゼスは、派手なお祭り騒ぎの開通式典がラガーディアの好みだと聞き、ヘンリーハドソンの行事と前日五十四歳になった市長の誕生祝いとを一緒に兼ねることにした。

自分が任命した相手よりも、まるまる一フィートも背が低く、体格も見劣りするラガーディアはモーゼスを半ば用心、半ば畏敬の念を持って眺めた。この男は幾つかの役職を同時にこなしてはいるが、さりとてどれも選挙で選ばれたのではなかった。公園の仕事以外に、ラガーディアはモーゼスを州が設立した橋梁や道路建設の公社の市側の代表委員にも指名していた。またモーゼスはヘンリーハドソンパークウェイ公社とマリンパークウェイ公社の総裁を兼ねていたが、ここの委員はモーゼスだけでほかには誰もいなかった。のちに、このふたつは合併しニューヨーク市パークウェイ公社となった。このほか準公的独立法人、トライボローブリッジ&トンネル公社の総裁でもあったが、そこの職務権限付与法は彼の自作で、お手盛りだった。彼はまた新設された州の公園委員会の委員長でもあり、ロングアイランド州立公園局長でもあった。一時期十二もの役職を兼務していたことさえあって、強い影響力を持つ地位に数多く任命される彼の得意技に、同僚や選挙で選出された役職員からは「生涯局長」と呼ばれたほどであった。モーゼスは新設間もない政府機関の場合は、職務規定を巧みな表現で自分の都合に合わせて法制化してしまい、簡単に罷免されないよう最大限の配慮をしていた。

大物招待客が式典の開始目がけて次々と集まってくるなか、ラガーディアはそんなモーゼスに対する感謝の気持ちが込み上げてくるのを抑えきれなかった。ヘンリーハドソンを完遂した事実は、公共事業のチャンピオンとしての彼の証しにほかならなかった。マンハッタン島の端に高速道路をつくる計画は、はるか昔、一九〇一年にまでさかのぼるのだが、今まで政治家の誰一人として資金調達はおろか、近隣の説得もできなかったのだ。両面に精通していたモーゼスが、市と州と連邦政府資金とを一体化させて、資金が銀行口座に入るや否や、素早く橋桁の基礎を打ち込んでしまったのである。

昨日までは、車やトラックがハドソン川とハーレム川を結ぶ運河を渡るには、はるか下流のスピュトン・ダイビルというオランダ系の地名がついている地域で、混雑の激しいブロードウェイブリッジを寸刻みで進む不便を余儀なくされていたのだ。だが地元住民は新しい橋のそびえ立つ巨大アーチが、マンハッタン島における最後の未開の大自然、フォート・トライオンとインウッドヒル・パークを毀損するという理由で反対し、もっと小規模にするよう手直しを求めてきた。しかし、モーゼスはこの近隣勢力をうまく手なずけて、問題を迅速に片づけてしまった。低くすれば跳ね橋が必要となって、船が通るたびに交通渋滞が発生するのは明白だった。さらに、このルートがインウッドヒル・パーク内を通過することで、事実上公園へのアクセス道路とみなされ、連邦資金が支給されることとなっていたのだ。近隣住民の懐柔策で、彼はヘンリーハドソンの地元に子供の遊び場と緑地を設けることを公約した。ただし、遊び場といっても急な階段を上らなければたどり着けない代物で、ベビーカーを押す母親たちには全くふさわしくないものだった。

ヘンリーハドソン・ブリッジは、プロジェクトを強引に運ぶモーゼス流の処方箋どおりに完成したものだった。資金を手当てし、個人的に議員を動かし、報道関係者の機嫌をとって有利な報道をさせ、反対派が動員をかける前に素早く完成してしまうのだ。

住民の何人かが懸念しているにせよ、どう公平に見ても、この橋がもたらす実質的な利便性は大きいとモーゼスは見極めていた。なにしろいまや、ブロンクスビル、ウエストチェスター、さらにはニューヨーク州北部へ車で容易に行けるのだ。それどころか、マンハッタン島の数ヵ所に橋を架け、島外と連結することで渋滞を緩和する大都市圏総合交通システムの一翼を、この橋は担っているのだ。ほぼ一マイルほど下流にはニュージャージーと連結するジョージ・ワシントンブリッジが、一九三一年にすでに開通ずみであった。ウエストサイドハイウェイはマンハッタン島をミッドタウンを経て南端まで貫いていき、さらにウォールストリートから新設のトンネルでブルックリンと連結していた。トライボローは東に向かって道を開いたもので、クイーンズとロングアイランド、そしてウエストチェスター、コネティカットへと連結していた。待ちかねていたドライバーは、これらの新規開通ルートを利用し、開通二年目には六百万台の車がヘンリーハドソン・ブリッジを通行した。ラガーディアにしてみれば、近代的なインフラ整備は市経済の再活性にとってきわめて重要であり、それを実現してくれる男がモーゼスだった。

一九三六年当時、ロバート・モーゼスはコンクリートのひとすくい、シャベルの動き、ニューヨーク市の道路や公園開発に絡んだ土地取引のすべての状況を掌握していた。きわめて多数の労働者を雇い何百万ドルという多額の金を、建設、技術、そしてコンサルティング契約に注ぎ込んできた。朝食をとり

モーゼスが整備した主な道路、橋、公園、建築物を記したニューヨーク市内図

ながら、あるいはリムジンで移動中に、または観劇の休憩中にも、寸暇を惜しんでニューヨークでの計画を実行に移すことに専念していた。日曜日だけが彼の妻メアリーと二人のまだ若い娘たちのための時間だった。「[*3]彼はいつも新しいアイデアにとりつかれていた。まさにそうだったね」。彼の友人はそう語った。「市内を歩き回って目につくすべてのものを、なんとか改善できないか、しょっちゅう考えていた」。舞台裏で、モーゼスは州議会議員や市議会議員を動かし、契約条件の交渉を行い、建築詳細図を描き、さらには報道陣向けの時間をひねり出していた。報道関係者へのリムジン付きツアー、編集者との豪華な晩餐会、お気に入りの記者への極秘情報の漏洩や特ダネ提供など、世論を意識し、絶妙のタイミングで行っていた。もちろんこのヘンリーハドソン・ブリッジとパークウェイシステムとて例外ではなく、開通式終了後、報道陣へのガイド付きツアーが準備されていた。

　式典のあと、モーゼスと主任技術者は二人して車に乗り込み、新しいパークウェイと橋を行ったり来たり、ドライブして回った。モーゼスは料金の小銭が滝のように流れ込むのを計算高く思い浮かべていた。だが後日、報道関係から[*4]賞賛されるのは事業の健全財政ではなく、彼が成就した偉大な事業なのだ。「世界一の美しい車道」「一大傑作」そして「ドライバーの夢」がマンハッタン島の南端からポキプシーまで信号に遮られない運転を可能にしたのだ。一人の新聞記者は、この橋は詩人ウィリアム・ワーズワースがテムズ川に架かるウエストミンスター・ブリッジに与えた賞賛にも比肩できると記事を書いた。

　現世にかくまで美しきものはなし、
　いとも気高き心うつこの光景に、

心惹かれざるは人の魂の鈍れるもの
今、この市街は暁の美を、
衣のごとく身にまとう。
船、塔、高楼、劇場、寺院は静かにあからさまに、
はるかなる平野と空に向かって開き、
全て皆、烟なき大気の中に燦然と輝く。
（田部重治選訳『ワーズワース詩集』岩波文庫）

そして次のテープカット、次の勝利が続いた。

◎

若い頃からロバート・モーゼス[*5]は特異な衝動、野心、そして特権階級としての育ちのよさからくる並外れた信念の持ち主だった。一八八八年十二月十八日、コネティカット州ニューヘイブンで、モーゼスはエマヌエル・モーゼスの次男として生まれた。父エマヌエルはドイツ系ユダヤ人で一九世紀ババリア地方の反ユダヤ政策から逃れて移民し、百貨店を創立して成功を収めた。母イサベラ・シルバーマン・コーヘンは活動的で強い意志を持った上流家庭出身の婦人で、裕福なドイツ系ユダヤ人移民の集まり「アワー・クラウド」に属していた。モーゼスの家族はニューヘイブンのドウェイトストリートに住んでいたがベラ――イサベラはそう呼ばれていた――のたっての願いで一八九七年にニューヨークへ引っ越

し、彼女の父親が遺してくれた東四六丁目の五階建てのブラウンストーンに移り住んだ。その頃から、モーゼスは特注ベッドに寝て、コックが料理し、召使いが給仕する夕食をシャンデリアと陶器が飾られた食堂で食べた。一家は夏にはヨーロッパに旅行するか、またはアディロンダックスの農場にこもるのを常としていた。移動はいつも運転手付きでこの習慣は彼の生涯を通じて変わることがなく、決して自分で運転を習おうとはしなかった。

このような環境に育てば、ぱっとしない甘やかされた若者ができかねないが、モーゼスは若い頃からやる気満々で、これが彼の知的、職業人生に大いに役立った。これはモーゼス一家の女性に伝わった気質、特に祖母と母親の気質を受け継いだものだった。父エマヌエル・モーゼス[*6]は謙虚で柔和だったが、ベラは頑固で傲慢。祖母コーヘンは切符売り場で人を肘で払いのけながら先頭に出ることで有名だった。

ハンサムで魅力的なモーゼスはプレップスクール[*7]時代、抜きん出た存在だった。すぐに彼は教師の間で最優秀という評価をとる一方、仲間の人気も高かった。スポーツマンとしても優れ、水泳と陸上競技を選んだが、両競技ともチームワークより個人成績が尊重されるものであった。

一九〇五年、十六歳で仲間より一年早くプレップスクールを終え、イエール大学に進んだ。だが宗教が邪魔して、イエールの格上の社交クラブや生徒会に入会できないことがわかった。一年生のときの名簿に「ユダヤ教」とあったのだ。やむを得ず「イエール・リテラリー」の代わりに彼が狙ったのは格下団体、例えば「イエールコウラント[*8]」などであった。二年生になって水泳部に入ったが、泳ぎは達者だった。

イエール時代、知的好奇心はきわめて強く、仲間は彼がほとんど毎晩のように遅くまで読書しているのを見て感心していた。友人は本が机に山積みで、そのどれもが彼のとっている教科とは関係ないものだったことを覚えていた。文芸志向の学生やサミュエル・ジョンソンの信奉者の集まりであったキットカットクラブの会長に収まった彼は、同級生とともに学生の詩文選集を出した。ジェイコブズ同様、モーゼスも詩文に手を染めた。気取ったビクトリア調だった。

孤独を好むところはあったが、向こう見ずの自信家だったモーゼスは学校内で存在感を発揮した。学校予算をアメフトから水泳などのいわゆるマイナースポーツへ転用することを求め、「イエール・デイリーニュース」に強い[*9]口調の論説を書いた。しかし間もなく、しくじってしまった。水泳部の資金集めにもってこいの策を思いついたのだが、キャプテンが首を縦に振らず、これに応酬した彼は、退部を口にした。驚いたことに、辞任はその場で即刻受理されてしまった。この対決はモーゼスが生涯決して忘れることのできないトラウマとなり、以降権力がない状況に陥るのを毛嫌いした。チームメイト全員そしてプールの管理人に至るまで熱心な復帰工作をしてくれたが、水泳部には二度と戻ろうとはしなかった。

結局イエールではほかの分野で高い評価をとった。最終学年で文学、芸術サークルで名を上げたのだ。ラテン語に精通し、韻文の長い句を引用することもできた。二年間の独り部屋暮らしから相部屋に移り、ルームメイトを週末にニューヨークの自宅に招いたりもした。新しい友人にも恵まれ、フラタニティの学生によって自主運営される学生自治団体のシニアカウンセラーに選任された。一九〇九年に、ファイ・ベータ・カッパで卒業。アルバム写真に栄光のネクタイと三揃えのスーツで厳めしく収まった。

彼は友人たちには公職に就きたいと言ってはいたものの、もうしばらくの間、学究生活を続けることにした。ローズ奨学生を目指したが、その頃このプログラムは一年おきで、卒業の年には採用がなかった。代わりに両親がオックスフォード大学ウォドム・カレッジに留学させてくれた。

モーゼスは英国生活を堪能した。「オックスフォードの教育は……並の学生に自立精神を授けている」と「イエール同窓会週報」に寄稿している。[*10] 野心家の彼は、水泳と水球チームのキャプテンになると同時にオックスフォードユニオン討論クラブのキャプテンにもなった。結局、法理学と政治学の修士をとり、政府内職務体系のあるべき姿について論文を提出した。このテーマは彼の大学院研究科での中心課題であった。彼は行政機関の雇用ならびに昇進は、政治家との絡みや身びいきではなく実力や実績評価に基づくべきだと考えていた。とはいえ、政府の最重要ポストは最高の教育を受けたものが担うべきだとも主張していたのであったが……。

ルッツェルンとベルリンにしばらく滞在したあと、一九一二年に帰国したがイギリス滞在のせいか、話し方でよくイギリス人と間違えられた。二年後にコロンビア大学で政治学の博士号をとったが、そのときまだ二十五歳だった。学位を得て身についた権威や威光を強く意識していて、「モーゼス博士」と紹介されても決して嫌がらなかった。彼の学歴は、イエール、オックスフォード、コロンビアで最高にしてかつ完璧だった。

政府の仕事を志望したモーゼスは、ニューヨーク市調査局の養成学校に入った。この局は、地方自治体の利益供与、腐敗、浪費の排斥を目的とする全国的革新運動のための調査、諮問組織であった。すぐにも仕事に貢献したいもどかしさから、モーゼスは無給のボランティアとして働きだした。こんなことができたのも裕福な家族のおかげだった。こうして若い頃から、金よりも権力に執着した彼は、イエールで二流に甘んじなければならなかったせいか、仕事に携わるや否や、影響力のある地位に就くことに強くこだわった。焦燥感にかられ、調査局の古い慣習や、石橋をたたいても渡らない調査優先の傾向に対し次第に批判的になっていった。

モーゼスはまた調査局のローワーマンハッタンのオフィスで恋をした。一九一四年の冬、ウィスコンシン出身の秘書メアリー・ルイーズ・シムス——メソジスト派牧師の孫娘——をデートに誘った。頭脳明晰のがんばり屋で、透き通るような肌とブロンドのあふれんばかりに健康そうな女性であるシムスに好意を抱いたのだ。一九一四年の夏、二十五歳のモーゼスは一家がニューヨーク北部のレイクプラシッドにある別邸に行ったおり、メアリーのことをあれこれ話し、翌年には家族に引き会わせ、その年に結婚。ロバートとジェイン・ジェイコブズと同様、ロバートとメアリー・モーゼスもその後半世紀にわたり連れ添った。

調査局に働くうちに、政府組織と行政機関に関する彼の高度な専門知識が役立つ機会がやってきた。賭博や陰謀の徹底的取り調べで、一連の公職者を辞任に追い込んだ実績を持つ若い検察官、ジョン・ピュロイ・ミッチェルが一九一四年に市長になったのだ。三十四歳の「若造市長」は史上始まって以来の若い行政長官で、市政府革新に乗り出した。当時の市の行政府は悪名高いタマニーホール機関に牛耳られていて、利害相反取引、政府の契約に付随するキックバック、利益供与による票集めなど、世紀末の腐敗した自治体の典型だった。

ミッチェルが採用、昇進の体系改革をするにあたって、モーゼスはすぐさま彼の学位論文を持ち出し業績に基づく体制を提案、詳しい業務フローチャートで量的評価方法を示した。当時としては革新的なアイデアであったが、予想にたがわずタマニーホールつながりで気楽な閑職にいた連中は猛烈に反発、モーゼスが新制度を説明している聴聞会の部屋の後方でヤジをとばして不満をぶちまけた。モーゼスはふくらんだ書類鞄を抱えて、毎日同じ白のブルックスブラザーズのスーツを着つづけ、ヤジにも負けず説明を続けた。しかしながら、彼のこの大舞台は束の間で終わってしまった。一九一七年、ミッチェルはタマニーホール機関から出た候補者に敗れ、新政権はモーゼスの提案に関心を示さなかったのだ。政府に入って初めての彼の大構想は屈辱のなかで終わった。

その頃、米国は第一次世界大戦に突入。モーゼスは造船所の建造を促進させる目的で設立された政府機関、緊急船舶会社にやっと仕事を見つけた。だが資材調達作業の能率の悪さを指摘する辛口の報告書を出したかどで、一年もしないで首になった。その前にアッパーウエストサイドのアパートに移ったばかりだったのに、失業してしまったのだ。母親は送金を続けてくれたが、二人の娘、バーバラとジェインを長年慣れ親しんだライフスタイルで育て上げるには経済的に自立しなければならなかった。彼の夢は大人数の家族を持つことで、とりわけ息子が欲しかったが、医者がメアリーはもはや子供を産むことはできないと告げ、その夢も終わった。

◎

一九一八年の秋、モーゼスの人生を決定する電話がかかってきた。ベル・モスコウィッツ、四十歳になる気性の激しい改革者で、次期ニューヨーク州知事アルフレッド・E・スミスの側近である人物から、州政府組織を全面的に再構築する新設委員会の運営を打診されたのである。モーゼスはやる気満々でこれを請け負い、ニューヨーク市の行政機関再編に関する彼自身の考えを青写真に落としながら仕事を始めた。数ヵ月にもわたり、彼は徹底した書き直しを部下に命じた。仕上がった提案書類はあまりにも攻撃的、かつ野心的であった。モスコウィッツの忠告もあって、お偉方のお墨付きを得やすくするために、モーゼスはその書類の言葉遣いをやわらげた。

四百十九ページにわたる最終報告は、百七十五の州政府機関、部局、委員会を十六にまとめ、知事の任期を二年から六年に延ばすことで、行政長官により大きな権力を与え、役人の任命、馘首ができるようにしたものだった。権力を集約化することで政府は迅速かつ明確な行動をとることができるというモーゼスの常からの信条の発露であった。だが以前、市の政府機関再編ができなかったのと同様、この州政府再編案もまた挫折してしまった。一九二〇年の選挙でスミスは敗北を喫し、モーゼスはまたもや職を失ってしまったのだ。しかしモーゼスとスミスはその後も親しい関係を続け、二人してしばしばローワーマンハッタンを長時間散歩しながら政治や政府のことなどを議論した。育ちの違いを考えれば、この二人は奇妙な取り合わせだった。モーゼスはオックスフォード出の学究肌、片やスミスは「葉巻かみ」のアイルランド系なのだ。二人は返り咲きを誓い、一九二二年にスミスは再選を果たし、モーゼスは州都オルバニーで知事の片腕となった。モーゼスに肩書きはなかったが、間もなく側近中の側近に上りつめた。彼の発言は知事の意向を反映しているということは、議員の間でもよく知られていた。

「ボブ・モーゼスはわたしが公職在任中に出会った、最も有能な行政官だった」[*11]とスミスは部下を評価した。「法案草稿者としてオルバニーでも最優秀だった。イエールとオックスフォードに行ったのは承知しているが、彼の鋭さはどこの大学で学んだものでもない。汽車のなかだろうがどこであろうが、いつでも仕事の鬼なのだ。みんなが寝つく頃彼は仕事にかかるのだ」

知事として二期目の再選を果たしたあと、スミスはモーゼスをいくつかの重要プロジェクトの責任者に据えた。州刑務所システムの再編や平面交差路研究機構などだったが、そこでの彼の仕事振りにいたく感銘を受けた知事は、モーゼスの希望をかなえてニューヨークの公園運営総責任者に任命した。

モーゼスにこの思いが浮かんだのは、ロングアイランドをあちこちハイキングしていたからだった。暇ができるとメアリーと二人で借りたバビロンの山小屋からニューヨーク市東方の浜辺や入り江へ探索に出かけ、その折、州や市が保有する広大な土地や海辺を見つけた。一般の人々が、これら未開に近い地域に入るのは容易でなかったばかりか、州政府にもこれらの土地の維持管理、開発、取得について、きちんとした体制がないことに彼は気づいた。無秩序状態はロングアイランドで特に顕著だったが、それだけではなくこの問題が実は州全体に及んでいるのを知った彼はスミスに未使用の土地を大規模な総合公園システムに転換させる機構の設立を提案した。それらの公園は一般市民が車で新しいパークウェイネットワークを使って利用することができるのだ。

「赤いフラネルの下着で十分なのに、毛皮のコートまでくれてやれというのか？」[*12]スミスはモーゼスに言った。知事はこの計画のあまりの巨大さと莫大な費用を心もとなく思っていた。なにせ千五百万ドルの公債発行で広大な土地を購入し、そこに大規模娯楽施設をつくるのだ。だがモーゼスはスミスをロングアイランド、キャツキル、そしてアディロンダックなどに連れ出し、超一流の公園システムをつくることの潜在的価値を納得させようと試みた。モーゼスにとっては土を動かし、大規模公共工事を行い、道路を敷設すること自体がスリル満点だったが、かたや、スミスがこの案に興味を持つとすれば、公園は政策的にもよいことだ、という点だろうと彼は考えていた。有権者は公園が好きなのだ。何百万という市民が週末を過ごす場所を探しているのに、これといって魅力的な場所もなく、どこへ行くにも道路もないのが現状なのだ。

モーゼスはスミスを説き伏せ、知事は州議会に働きかけ、その案を一九二四年に成立させた。結局モーゼスは新設のニューヨーク州の公園委員会委員長ならびにロングアイランド州立公園局長に指名された。

そのようにして権限を手に入れ、資金的にも潤沢となったモーゼスはマンハッタンに事務所を借り、内装に惜しみなく金をかけた。秘書と職員、そして運転手を雇い、最高級の黒塗り大型乗用車パッカードを購入した。公園本部をもう一ヵ所、ロングアイランドのノースバビロンにあった金融資本家兼外交官のオーガスト・ベルモントの広大な敷地内に建てた。朝早くから真夜中まで働きづくめで、土曜日もかまわず働き、部下にも同じことをさせた。間もなく公園局の黒塗り乗用車が、農場のはずれに時間を問わず見受けられるようになり、測量技師が大規模な公園システムと道路網を地図の上に描き込んでいった。

モーゼスの考えでは、これらは単なる道路ではなく、美観整備されたパークウェイ、もしくは片側二車線で滑らかにカーブを描き緑の田園を貫く「リボン状の公園」なのだ。そこには信号も左折もなく、統一されたデザインのサービスエリア以外には商業施設さえもない。乗用車は専用道路を時速四十マイルで妨げられずに巡行する。モーゼスは、パークウェイに架かるすべての橋をバスが通過できない高さに抑えて乗用車専用道路にしてしまったのだ。

モーゼスにとって残念だったのは、ロングアイランドの住民が計画を温かく受け入れてくれなかったことである。農場主はモーゼスのチームメンバーを猟銃で追い払い、町議会幹部は州政府が前例を無視して入り込んできたことに抗議した。とりわけ、この計画はブルックリンやクイーンズ東の牧歌的田園に居を構えた裕福な地主の怒りを買ってしまった。アメリカで最も裕福な名門家族、モルガン家、バンダービルト家、ウインスロップ家、カーネギー家などであった。モーゼスのいくつかの公園用地拡張構想や、ふたつの主要な東西ルート、すなわちサザンステートパークウェイとノーザンステートパークウェイは彼らの広大な敷地の一角を切り取り、さらにはカントリークラブを横切ることになっていた。

それでもモーゼスは敢然と突き進んだ。「強制することもできるのだ」[*13]と、ある農家に言い聞かせた。裕福な住民との交渉は避けて、モーゼスは公園局が持っている法律上の権利を口にしただけだったが、この法案も実はモーゼスの自作だった。農場主たちは弁護士を送り込んできたが、訴訟ではモーゼスに分があった。なにしろ彼の後ろ盾はニューヨーク州の法律であり、必要な土地を「収用」することができたのだ。一九二七年になると、めぼしい抵抗勢力は崩壊、ブルドーザー、地ならし機や舗装機などが動きだし、モーゼスが夢見た公園と道路網の一部が姿を現した。

この勝利にモーゼスは大満足したが、この権勢もスミスが選挙で再び敗北を喫すれば、それで終わりだとわかっていた。以前一九一七年にジョン・ミッチェルが再選に失敗したとき、モーゼスは彼が提出した行政改革案が水泡と帰したのを目の当たりにしていた。これを回避する鍵は、一般の人々の期待感を高揚させて計画を前に進め、誰が当選しようと中止できないようにすることだった。まず心がけるべきは一般市民の参加なのだ。行政の参加は計画の遅延を招くだけで、大規模公共工事は政府の委員会などがやれるたぐいの仕事ではなかった。「なにをしようと不平不満の声は上がるのだ」と彼は言った。[*14]「新しい施設を待ちわびていらつく人々の要求にも、なにもしてほしくない連中の憤りの叫びや悪口にも、我々は対応しなければならない」

一九二〇年代あたりから、モーゼスはプロジェクトに対する否定的な見解、あるいは単なる問い合わせにも耳を貸さなくなった。ロングアイランドでの経験から、洗練され組織化された反対派をどう退治すればいいのかはすでに学んでいたし、そのうえ、強い権力を持った富豪からの反対は、逆に利用できるということにも気づいていたからだ。カントリークラブのメンバー[*15]が公聴会で、ロングアイランドが「市からきた下層の輩によって蹂躙される」事態を憂うと証言した際、スミスは応酬して言った。「下層の輩だと？　わしだってそうだ」。間髪を入れずモーゼスは、農園主やカントリークラブ会員は救いようのない利己的エリート主義者で、一般市民が楽しみにしているレクリエーション用道路建設を邪魔しているのだと喧伝した。「裕福なゴルファー数人、州立公園計画妨害で告発さる」と「ニューヨーク・タイムズ」は一九二五年の一月八日付の一面で報道している。「我々は、[*16]あらゆるたぐいの社会的、政治的な圧力に悩まされてきた」とモーゼスは嘆いていたが、反対派が「好ましくない人々」が公園にやってくると発言したのをとらえて、「もはやこれ以上議論の必要はない。あの男が我々を勝たせてくれた」と言い切った。モーゼスは事業を成就させるには、このような論争は、[*17]むしろ好都合で必要不可欠かもしれないと考えるようになった。

若かったこの頃のモーゼスは、ナポレオンⅢ世のもとで一九世紀パリの大通りや記念碑などをつくったオスマン男爵を自身の鑑としていた。パリ[*18]を変貌させたこの人物は「弁が立ち、仕事になれば冷酷で、独裁専制、公約不履行、あふれんばかりの独創性と急進性の持ち主だが、法律は全く無視する人として描かれていた。あらゆる面でスケールがけたはずれに大きかった」とモーゼスはのちに、惚れ惚れと書き残している。彼の「独裁的な才能がきわめて短期間にかくも大きな事業を成就させ、そしてまた多くの敵もつくったのだ。というのもあらゆる反対勢力を冷酷に蹴散らしたからだ」。

二〇世紀の民主主義国家アメリカでは、モーゼスに専制君主の後ろ盾があるはずもなく、そのため彼のプロジェクトが世の中に必要不可欠だと思わせる仕掛けをつくり上げ、民主主義につきものの抵抗勢力からプロジェクトを守ったのである。お手盛りの法律や積極的な広報活動のほか、敵を打ち負かすために彼がとった主要な作戦のひとつは単純なものだった、迅速な行動である。土地を収用、アスファルトで舗装し、とにかくプロジェクトに手をつけてしまえば、ひとりでに勢いがつくことを彼は学んでいた。工事途中や、完成済みのものに対して、反対派が争議を持ち出すのはきわめて難しいし、裁判所にしても、公的な資金がすでに支払われているのに今さら取り壊せなどと言うはずがないのだ。以前、更衣所建設工事に組合労働者を雇用しなかったという理由で、同輩がモーゼスを告訴したことがあった。裁判所はモーゼスを州法違反で懲戒したが、建物はすでに完成していて、そのままにされた。「最初[*19]の杭を打ち込みさえすれば、それを抜けとは言われないのだよ」。彼は友人にそう語った。

公園やパークウェイ建設の成功に続いて、モーゼスのほかの仕事も順調だった。辛抱強さが実を結びつつあった。スミスからの圧力もあり、州議会はモーゼス主導の州政府行革案を、一九二六年にようやく可決した。初登場してから六年後のことだった。さらに一年後、スミスはモーゼスを州務長官に任命し彼の努力に報いた。初めて州政府から俸給を受ける身分となったモーゼスは、仕事に没頭し、地位を利用して広範囲にわたる構想を強力に推し進め、病院、刑務所、そしてパークウェイなどを完成させた。スミスは一九二八年の大統領選の選挙運動中に、これらのプロジェクトに言及して自画自賛した。

だが州務長官としてのモーゼスの在職期間は短命に終わった。一九二八年に、スミスは大統領選挙でハーバート・フーバーに敗れ、人気上昇中のフランクリン・デラノ・ルーズベルト（ＦＤＲ）がニューヨーク州知事に選ばれたのだ。過去の経緯もあり、ＦＤＲとモーゼスは犬猿の仲だった。閣僚メンバーのなかで自分だけが再任されないことを事前に知ったモーゼスは、ルーズベルトが公表する前に自ら辞職した。

しかしルーズベルトも、モーゼスが公園システムの拡張発展において大きな力を持ち、しかもそれが市民や特に報道関係者に受けがよいことも知っていたので、不本意ながら公園関係の仕事だけは続けさせた。モーゼスが念を入れてつくり上げた作戦は思惑どおりだった。一般市民の支持さえあれば、誰が行政長官であろうと彼の地位は安泰なのだ。

◎

ロングアイランドの公園システム構想は、当初からきわめて大胆なものだった。だが一九二〇年代末になって、モーゼスはさらに壮大なことを思いついた。ロングアイランドの南海岸を探査していて、海流の変化、波浪、そして砂の堆積などによって新たに陸地が何マイルも形成されているのを見つけたのである。ファイアーアイランドとして知られる沿岸砂州の海浜は、ボートでしか近づくことができない。

封筒の裏に見取り図を描き込みながら、モーゼスはその近くの砂州を、公衆のための立派なレクリエーション地域につくり替える仕事に取りかかろうとしていた。そこに更衣所、レストランそしてベネチア風の鐘楼を建て、なかに貯水タンクを隠し入れる計画である。しかもこれだけのものが、マンハッタンのダウンタウンからほんの少し走るだけの距離にできるのだ。彼は技師や設計士からなる作業班をせき立て、精緻を尽くして非の打ちどころのないものをつくれと命じた。更衣所は砂岩とレンガ造で、広大な駐車場、劇場、そしてシャッフルボード（円盤突きゲーム）のような「健全な」ゲーム場が必要だと主張した。ジョーンズビーチの二ヵ所の更衣所は特別仕立てのレンガ張りとなったが、モーゼスお気に入りのこのレンガは、イーストサイドのホテルにも使用されたもので、更衣所一ヵ所につき百万ドルもする高価なものだった。デザインはムーア式とゴシック風、それに近代様式の取り合わせで、モザイク装飾、洗練された案内標識、噴水、手すり、そしてゴミ箱など海辺のイメージを彷彿させるものが完備された。モーゼスはどんな些細なことにもこだわりを見せ、おむつ交換用の棚板を自ら提案したほどであった。

モーゼスは以前からの持論をはっきり打ち出して、ジョーンズビーチ建設に必要な資金を州政府から引き出すことに成功した。すなわち一般市民——その大部分は白人の中産階級ではあったが——は当然の権利として最善のものを与えられるべきだし、そうすれば彼らは施設を大切に使ってくれるだろうという考えであった。[*20] ジョーンズビーチは「金持ちのプライベートクラブのように魅力的で、しかも大混雑や、事故が起きないように大きな規模であるべきだ。訪れた人は適当に散らばり、静かできちんとしているが、ゆったりとリラックスしている。雰囲気としては、あたかも大規模公共クラブといったふぜいで、客はまるでプライベートクラブメンバーのように振る舞う」とモーゼスは書いている。こうしてジョーンズビーチは一九三〇年に開業され、大好評を博し、何百万人という人で毎夏大にぎわいであった。このプロジェクトを成功させた功績で、モーゼスはそれから始まる政治的混乱のなかでも権力の座にとどまりつづけたのである。

ルーズベルトが一九三二年大統領選挙に出馬し、副知事だったハーバート・H・リーマンがニューヨーク州知事に持ち上がった。リーマンはモーゼスを、好意的というよりは我慢強く見ていたが、次々に予算を確保し、公共施設を建てていくその才能には一目置かざるを得なかった。大恐慌のさなか、不況対策として連邦政府支出が急増する世の中で、これは大変重要なことだった。リーマンはモーゼスを緊急公共事業委員会委員長に任命し、州内のあらゆる大規模プロジェクトに人をつけ事業を始めさせた。この頃の経験から、モーゼスは事業計画を数多く手元に用意して、いつでも開始できるように準備しておくことがきわめて重要だと悟っていた。そうしておけば連邦政府が新規の予算を組んだときに、ほかに先駆けてすぐさま行動に移れるからである。ヘンリーハドソン・ブリッジの走行ルート確保のために奔走した際にも、彼は連邦資金をあてにしていたのだったし、その後もまた、あらたに別のプロジェクトをワシントンの連邦政府に説明し、資金援助を受けようと躍起になっていた。それがトライボロー ブリッジ計画であった。

ニューヨーク市の技師が、一九一六年の初めにマンハッタン島とブロンクスそしてクイーンズを結ぶ橋梁を計画した。これはイーストリバーの端でワーズ島とランドールズ島を中継する予定で、橋は華麗な花崗岩で装飾され、鉄製の懸架ケーブルの支柱に挟まれたゴシック風のふたつのアーチが一組となって並ぶはずであった。だがこの計画は一九二九年の世界恐慌により棚上げされていた。新たにモーゼスが介入して、技師オスマー・アマンを指名、デザインを流線形にして、より近代的な体裁を整えた。この計画が実施されるかどうかは連邦政府の資金次第だったが、モーゼスは資金調達と、橋の補修整備をきちんと行うなんらかの半永久的組織をつくれば、ワシントンはこのプロジェクトを容認する可能性があるとにらんでいた。そこで彼は独立法人としてのトライボローブリッジ&トンネル公社を提案、これに建設と運営にかかわる資金調達を担わせることとした。この計画案は一九三三年の四月七日、リーマン知事によって署名され法律となった。この公社は連邦資金を補う追加資金調達のために、債券発行権限を付与されたうえ、橋の通行料という独立した安定収入も得ることができた。

その結果として市や州政府の財政上の抑制均衡原則《チェックアンドバランス》に影響されない自立組織としての運営が可能となったのである。こうして、トライボローブリッジ&トンネル公社はモーゼスの帝国の本拠地となった。彼はその帝国を築き上げるための法律草案を自分でつくり、まず役員となってその後総裁に就任した。この公社は市や州政府のものと同様に精緻をきわめた独自の社章を持っていて、それは五十人あまりの警備隊員の制服、公式書簡、許可証、そのほか構築物の目につく場所にもつけられていた。あたかもゴッサムの街、ニューヨークを改造する別の政府が出現したことを宣言するかのようであった。

州公園局の責任者になったときから、モーゼスは優秀で勤勉な人材をチームに加えることが肝要だと考えていたが、一方で彼自身の権威についてまで疑問を挟むような独立心が強い人間は、決して採用しないと決めていた。トライボローブリッジ&トンネル公社は従業員に住宅を供与したり、コンサルティング契約を結んで臨時収入を払ったり、幹部職員の連れ合いに給与を支払うことまでして手厚くもてなし、モーゼスへの忠誠心を養わせた。建築家や技師についても、エリート中のエリートを招聘した。スイス生まれの技師で、一九三一年に開通したジョージ・ワシントンブリッジの設計者として輝かしい功績を持つアマンもいたし、セントラルパーク動物園やブルックリンのマッカレンのプールの設計者で、アールデコ風の滑らかな近代的スタイルを好んだアイマール・エンバリーもいた。ランドールズ島にそれまであった病人や貧困者用施設を急遽移転させ、跡地にトライボロー本部の新事務所を計画したとき、モーゼスはエンバリーに命じて重厚な石灰岩仕様で、権力の拠点にふさわしい建物を設計させた。

ワシントンからの資金は絶えることなく流れ込み、公社は間もなく黒字になった。その結果、組合労働者やコンサルタント、不動産開発業者、保険会社、そして投資銀行家など大勢を雇うことができるようになったが、彼らの生計は基本的にモーゼスが面倒を見ていた。市や州政府からの完全な独立を考えて、彼はせっせと周りに堀割を巡らしていたのだ。

一九三三年にラガーディアがニューヨークの市長に選出されると、モーゼスにチャンスが巡ってきた。新市長は、モーゼスを政権の象徴となる開発事業促進の責任者に指名したのである。彼は、モーゼスをトライボロー公社の最高経営責任者兼総裁に就け、完全な権力を振るえるように配慮し、さらに市公園局長にも指名した。アルフレッド・スミスが市長だった当時、部局統合して新たに州公園局をつくったのと同じ手法で、モーゼスは市の五つの区の公園部局をひとまとめにする法案を作成し、ニューヨーク市のパブリックスペースの大がかりな建造と修復に乗り出したのである。五番街にある公園局の本部事務所前で、この事業に応募する建築家の行列が、二ブロックの長さに及んだ。

モーゼスは州で実行したのと同じように、市の公園システムの改良を熱心に進めていった。遊休市有地、州有地をくまなく管理し、荒廃した施設をきちんと整備しながら、地元住民が喜びそうな公園や遊び場などに次々と転換していった。ラガーディア市政の初期に、モーゼスはほぼ二千近いプロジェクトを同時進行させていて、公園のベンチ修繕といったものからゴルフコースの新設、セントラルパーク動物園の新装開園に至るまで幅広く取り組んでいた。ただ風邪で動物園の開園式典には出られなかった。職員は、彼がときに寝食を忘れるほど過激に働くことを危惧していた。スーツがすり切れても、靴に穴があいても、妻のメアリーが気づいて[*21]取り替えてくれるまで頓着せずにいたのだ。

仕事に没頭して疲れ果てたとはいえ、その成果はきわめて大きかった。三万八千ガロン分のペンキ塗装、七十マイルものフェンス、遊歩道、乗馬専用路、水飲み場数百ヵ所、休憩所、テニスコート、ゴルフコースそして新しい運動場三十四ヵ所などで市中をくまなく整備した働きぶりには、ニューヨークじゅうの誰もが感服せざるを得なかった。樹木は刈り込まれ、雑草は抜かれ、銅像は磨かれた。一九三四年のある日の「ニューヨーク・タイムズ」の社説は、これら[*22]の成果は「ほぼ奇跡的といってよい」と大仰に表現した。「まるでモーゼス氏が魔法のランプをこするか、古い壺に呪文を唱えるかして魔神を呼び出し、意のままに動かしているかのようだ」

この成功に有頂天となった彼は、ついに一九三四年州知事に立候補した。しかし結果としてわかったのは、彼は候補者というよりは政治的インサイダーのほうが適しているということだった。遊説中に、報道関係者を叱りつけたり、慣例の選挙用写真の撮影を拒否したり、選挙資金の寄付者に対し辛抱強い応対ができなかった。そのうえ演説は、まるでお説教だった。現職知事リーマンは評判もよく、穏健なニューディール派の民主党員でルーズベルトの支持も厚かったが、モーゼスはきわめて激しい、批判的な選挙運動を展開した。二人の家族は親しい関係だったし、またリーマンは公共事業プロジェクトをモーゼスに一任してくれたにもかかわらず、彼はリーマンを軟弱、愚か、腐りきった嘘つきと決めつけた。この攻撃は有権者の間に逆効果を引き起こし、モーゼスは記録的な大差で敗北した。選挙当日の夜、はやばやとリーマンへ祝福の電話をかけ、その後選挙運動員を引き連れサルディィの店で大盤振る舞いし、翌朝までにはすべてを過去に葬った。

リーマンとその幹部を選挙中に怒らせてしまったモーゼスは、再び職を失うかもしれない危機に見舞われた。リーマンやラガーディアの顧問はモーゼスの解雇を強く勧告した。ルーズベルト大統領までもがラガーディア市長に、今度こそきっぱりとモーゼスを切るようにと側近幹部を通じて圧力をかけてきた。そしてモーゼスを現職にとどまらせるなら連邦政府資金供与額を削減するという、ホワイトハウス勅令を起草させた。ラガーディアは一般市民に好評なモーゼスの公園改革を支持していたので、困惑し躊躇した。その隙にモーゼスは報道関係者を巧みに操り、この陰謀を漏洩、ルーズベルトは些細な政略に固執していると報道させた。最終的にリーマンは選挙活動中の攻撃を不問にして、モーゼスの現職留任を選んだ。幾多の公共事業計画が進行中であり、ここでモーゼスを失うわけにはいかなかったのだ。こうしてマスター・ビルダーは現職にとどまることとなった。

アメリカ合衆国大統領の裏をかき、へこませたことでモーゼスはさらに自信を深めていった。権力欲はいや増しに大きくなり、仕事ぶりは慎重さを欠いていった。委員会や協議会のメンバーが、決議に際し執拗に抵抗する場合、チームに命じて相手のアルコール依存や不倫情事などの身辺調査を行い恐喝材料とした。本当のところは、彼こそ不実の噂につきまとわれていたのであったが……。一九三〇年代の頃のモーゼスは、執念深く復讐心に燃えた男として当然ながら評判が悪かった。彼はセントラルパークの豪奢な宴会場であったカジノを、ジミー・ウォーカー市長が華美なプライベートパーティに使用したとの理由で取り壊してしまい、最も親しいアル・スミスを怒らせてしまった。また、八六丁目の端にあったコロンビアヨットクラブも、そこの支配人が彼に対して礼を欠いたという理由で取り壊してしまった。バッテリーパークからブルックリンに渡る新しい六車線の橋を建造するモーゼスの新たな計画をルーズベルトが潰したときには、ブルックリン＝バッテリートンネル案を不承不承受け入れた。しかしトンネルの入り口は歴史的建造物であるクリントン城とそのなかにある水族館を取り壊して、その跡地につくるべきだと強くこだわった。市行政の権外で行動していたモーゼスがむやみに建物を壊さないよう、ラガーディアが警察を出動させたことも一度ならずとあった。

モーゼスの辛口の弁舌は自身の州知事選に役立つことはなかったが、市の局長ならびに独立法人の長として、爆弾発言を気の向くままに投げつけることができた。モダンデザインのよき理解者であったにもかかわらず、建築家や都市計画家に対して特別ののしり言葉を使った。彼はフランク・ロイド・ライトと個人的な手紙を頻繁に交わしていて[*23]、グッゲンハイム美術館の建設も応援したのに、この高名な建築家を「ソビエトでは彼を、我が国で最も偉大な建築家」と呼んでいると酷評した。ルイス・マンフォードは都市計画の理論家で「ニューヨーカー」誌専属の建築評論家でもあったが、モーゼスは彼を、「歯に衣着せぬ急進派」で、筆は立つが建築実績は皆無、左翼の都市計画理論家の有象無象にすぎないとけなした。作為的に共産主義との関連をほのめかしたのである。それはジェイン・ジェイコブズが国務省に尋問されるよりも以前のことだったし、ジョセフ・マッカーシーの徹底した赤狩りもまだこれからという時期であった。にもかかわらずすでにモーゼスは事業の達成に精を出すかたわら、陰険なやり方で他人の足を引っ張る直感的センスを発揮していた。彼は人の愛国心に疑義を差し挟んだのだ。

モーゼスはきわめて気まぐれなたちで、敵だと見たら懲らしめ、忠実な友人や懐に飛び込んでくる人は手厚く遇した。一九六四年のクイーンズの万博会場予定地に忍び込んだ十四歳の少年、デイビッド・オーツを警備係が捕らえ、モーゼスに説諭させようとしたことがあった。しかしモーゼスは泥にまみれた闖入者にかえって好意を抱き、万博の企画仕事を彼にあてがった。オーツはのちに万国博覧会協会を率い、フラッシング・メドウズ・コロナパークの熱烈な守護神となった。モーゼスは遺言で万博の貴重な記念の品々をオーツに贈った。ほかにも生涯モーゼスから手厚く遇された友人がいた。動物好きの州知事アルフレッド・スミスにセントラルパーク動物園の鍵を贈り、引退後いつでも入園して動物を眺め歩くことができるように手配した。モーゼスは受けた侮辱は決して忘れなかったが、恩義も常に覚えていたのだ。部下は彼の怒りの爆発を恐れる毎日を過ごしていた。彼は口汚くののしり、人種的中傷を口にし、ときには政治的敵対者に対して暴力さえ振るった。魅力、怒り、感謝、報復などのさまざまな性格が回転板のようにめまぐるしく変化していたのだ。

観劇、オペラ、そして親友のガイ・ロンバルド率いる楽団の愛好者であったモーゼスは演劇にも高い見識を持っていた。一九三九年のニューヨーク万博では、演出手腕を発揮して楽しんだ。ラガーディアによって万博の責任者に指名されるや否や、彼は会場予定地をクイーンズの北辺にある灰置き場に決め、そこをフラッシング・メドウズ・コロナパークへと変貌させた。ここはのちにシェイスタジアムや一九六四年の万博会場にも使われることになった。世界各国の大都市にとって、万博の開催は大変重要な行事であった。パリのエッフェル塔、ロンドンのクリスタルパレス、シカゴのホワイトシティとして知られるボザール様式展示会場などが、次々産声を上げた。万博は未来の理想像を世界にアピールする絶好の機会で、モーゼスはテーマを「明日の世界」に定め、ゼネラルモーターズを誘致、高速道路によって網の目のように結ばれた二〇世紀都市モデル、フュチュラマを出展させた。四千五百万ともいわれる入場者は、この近未来的大都会の姿に魅了された。

万博の目玉が車や高速道路の展示だったことは決して偶然ではなかった。モーゼスは、中産階級家族が車で遠出することができれば、ニューヨーク市内に定住するだろうと確信し、大都市圏の総合的な道路ネットワーク計画を強力に推し進めていた。その一方で、大量輸送手段である混雑した路面電車、バス、そして地下鉄などは、過去の遺物と捉えていた。多くの都市は二〇世紀初頭には地下鉄システムを構築し、その後四十年にわたり乗客を大量移動させてきた。この方法は人口稠密地域における輸送手段として大変効率がよかったが、モーゼスは、自動車は大量輸送手段が太刀打ちできない機動性と利便性を兼ね備えていると考えていた。彼の念頭にあるのは乗用車やトラックに限られていて、大量輸送手段を都市計画に組み入れることは決してなかった。その頃シカゴをはじめほかの都市では、高速道路の中央帯に鉄道を敷設する方式の採用がすでに検討されていたが、それが容易にできる状況であってもモーゼスは一顧だにしなかった。[*24]「都市は自動車によって、自動車のためにつくられる」と断言していたのだ。

かくしてモーゼスは、ニューヨーク市内や周辺を改造し自動車走行に最適な状況を実現すべく強い決意で臨んだ。一九三七年、車両用の橋としては当時世界最長のマリンパークウェイ・ギルホッジス・メモリアルブリッジが開通、ロングアイランド南海岸のロッカウェイとジェイコブ・リースへの往来を可能にした。一九三八年、ヘンリーハドソン・ブリッジにふたつ目の橋床デッキ、アッパーレベルを設置。一九三九年、クイーンズとブロンクスを結ぶブロンクス＝ホワイトストーンブリッジ開通。ブルックリン、クイーンズ、さらに遠くロングアイランドまでを結ぶ道路ネットワークは、その全貌がちょうど姿を現しはじめたところだった、グランドセントラル、インターボロー、ベルト、ローレルトン、クロスアイランド、そしてホワイトストーンの各パークウェイがそれぞれ建設工事の最終段階に入っていたのである。道路網システムが渋滞する事態となっても、モーゼスの対応は相変わらず、高速道路をさらに広げ、さらに延ばしていくことに終始していた。

第二次世界大戦後再開された高速道路計画の直前にモーゼスが完成させた高架式ゴーワナスパークウェイは、進歩のあげくに都会の住民がどのような目に遭わされるのかを教えてくれた。計画段階でモーゼスはブルックリンの三番街沿いに四車線のパークウェイをつくることを提起していたが、そこにはすでに高架式の地下鉄、エルが走っていた。住民は日照が遮られ、陰気になる高架道路はエルよりもひどいとわかっていたので、一ブロック離れた工業地域へのルート変更を要求した。だがモーゼスは同意しなかった。スピュトン・ダイビルのヘンリーハドソン・ブリッジの場合と同じく、どこにルートを引くのが最善なのか、計算してわかっていたからだ。道路敷設権などに煩わされていれば、工事遅延を引き起こし結局高くついてしまうのだ。というわけでゴーワナスは高くそびえたち、ルート沿いの建物の窓をがたつかせ、街路を暗くしてしまった。近隣は荒廃し、商店は閉じられ、そしてあたりは犯罪に屈していった。

モーゼスは古い雑然としたニューヨークのような街を近代化するには、痛みが伴うのは当然ではないかと考えていた。ある程度の住民が移転を余儀なくされるのも、手続き作業が冷酷無慈悲と批判されるのも当たり前で、彼の手法が柔軟性に欠けているなどとはつゆ思わず、むしろ統制がとれていると信じていた。「まっさらな石板にはどんな絵を描くこともできるし、ニューデリー、キャンベラ、ブラジリアで計画するなら好き勝手、気まぐれいっぱいにもできようが、建て込んだ大都会での話なら、前に進むには大鉈《おおなた》が必要なのだ」と彼は言った。[*25]

◎

一九四〇年代の初めに、モーゼスは新たなプロジェクトに取りかかった。住宅事業である。一九四二年にニューヨーク州議会は再開発会社法を承認した。これは憲法上政府に付与された権限である土地収用権を市に行使させ、公的利用の目的で私有地を収用し整地することができるようにしたものだった。この新法のもとでは、収用された土地は、その後大規模住宅プロジェクトに投資を行う民間開発業者の手にわたる。低廉住宅を建設して中産階級の郊外転出を阻み、街なかにとどまらせるため、民間セクターの参加を求めたのであった。一番乗りは、メトロポリタンライフ生命保険会社でローワーイーストサイドの土地六十エーカーあまりに、建物三十五棟、住民二万四千人のスタイブサントタウンが建設された。

大規模住宅を手がける初めての大きなチャンスであると考えたモーゼスは、ラガーディアを説得し、このプロジェクトの総責任者となった。スタイブサントタウンは、白人限定という制限がメトロポリタンライフからの要求でつけられていたり、この場所に住んでいた低所得層のほとんどが強制退去させられたりしたことを巡って議論が巻き起こり、長い間悩ましい状態が続いたが、すくなくとも市内に手頃に買える低廉住宅が多く供給されたことも事実であった。こうしてとにかく、モーゼスは住宅分野への参入を果たした。

ニューヨークの再開発会社法は最初の一歩にすぎなかった。政府内では、モーゼスをはじめ多数の人間が、市内数ブロックを一挙に取り込む、巨大な再開発に向けて資金を確保する組織的な対応を計画していた。目標はスラムを取り払い、そこに住宅だけでなく商業施設、市民施設そして文化的施設を複合してつくり込むことにあった。モーゼスの友人でイエール大学の仲間でもあった下院議員ロバート・タフトが、連邦議会では国内主要都市の衰退を憂いて一九四九年に連邦住宅法をすぐにも承認する気配だと内密に教えてくれた。この法案には「タイトル1」と呼ばれる取り決め内容があって、各都市は土地収用法によって収用した不動産を民間開発業者に再開発目的で引き渡すことができるのだ。モーゼスは公園やトライボローブリッジなどに多額の連邦政府ニューディール資金を充てた経験から、「タイトル1」のもとで、ニューヨークの公共住宅向けに再び巨額資金を取り込もうと考え、いくつかのプロジェクトを準備した。この政策はのちに都市再生事業と呼ばれ、彼はこれでさらに大規模な事業に取り組むこととなった。

第二次世界大戦後、全国の主要な都市はこぞって衰退傾向にあるという見解が支配的であった。不健全で過密な生活環境、渋滞、工業基盤零落が顕著に見られ、それが都市再生事業のきっかけとなった。確かにニューヨーク、ボストン、フィラデルフィア、シカゴをはじめ大都市では人口が郊外に流出、経済が沈滞するのを懸念する声がますます高まっていた。モーゼスや都市計画家は解決策として、ダウンタウンへの往来を容易にする高速道路や駐車場などの社会インフラの充実、文化的で魅力ある施設、そして労働者階級や中産階級の家族が手頃に購入できる低廉住宅の大量供給をこぞって提唱した。だが各都市には、数百年にわたるそれぞれの歴史があるのだ。白紙に将来図を描くのではなく、歴史のある既成の地域を打ち壊さなければならない。そのためには、まずその地域が手の打ちようのないスラムであると認定されなければならなかった。モダニズム運動は、これを正当化する論理的根拠を持っていた。すなわち、きつく編み込まれた超過密の都会の街並みは撤去して、少数の高層建物に置き換え、その周囲に空地を配して日照と風通しをよくすべきだ、という思想であった。ごみごみしたヨーロッパ中世様式の都市はすでにその利用価値が消滅している。時代や経済情勢が居住に関して新たな取り組みを必要としているのだ。都市は静態的な場所ではないのだから、何世紀も昔からの市街ブロックや建物の位置レイアウトは再考され、改変されるべきだと考えられていたのだ。

モーゼスはいまや、ニューヨーク市の都市再生推進者として押しも押されぬ存在であった。彼はラガーディアの後継として一九四六年に市長に就任したウィリアム・オドワイヤーを説き伏せ、新設された「建設コーディネーター」職に指名を受け再開発事業に関して制約なき権限を得た。また、住宅緊急委員会の委員長にも指名され、その名称どおりの緊急性をもってプロジェクトを推進、予算確保に熱心に取り組んだ。一九四六年に彼はスラム撤去委員会の委員長になったが、ここを窓口にして連邦政府予算をニューヨークの都市再生に向けて流し込むことに成功、ボストンやフィラデルフィアの都市計画の大立て者に圧勝した。[*26] ニューヨークは以降十二年の間に「タイトル1」の予算として七千万ドルに近い金額を受領、二位シカゴの三千万ドルに大差をつけた。モーゼスの一人勝ちだった。

交通渋滞解決のために、高速道路、橋、トンネルで対応したのと同じように、住宅問題も、技術をもってすれば解決可能だとモーゼスは見ていた。自身では近代建築様式をあまり好まないと言ってはいたものの――事実彼はジョーンズビーチで採用した新古典派様式のような、大衆受けする伝統的な様式のほうが好みだった――その頃台頭してきたモダニズム形式の都市デザインは住宅建設戸数の極大化にはうってつけだった。ひな形はル・コルビュジエによって確立されていた。高く建つ箱形建物の周囲に空地が確保され、この開発地域に住む低所得層向け商業ゾーンの前庭的な役目を果たしていた。「タイトル1」の住宅事業で、モーゼスは民間業者にデザインと建設を任せていたが、なかには当時流行したモダニズム建築の模範となるような素晴らしい建物をつくった業者もいた。しかしながら、経費節減を目指す民間業者はややもすると一本調子な複合施設をつくってしまうことが多かった。間もなくニューヨーク市の都市再生や住宅事業は、大規模な長方形の構造体や十字形をした建物がお定まりとなってしまった。ジェイコブズがイーストハーレムで目にしたのは、スーパーブロックと呼ばれる大区画にX形の高層建物が配置された冷たく不快な周辺環境で、都市生活の基礎的な機能さえも阻害するものであった。次第にモーゼスは、ジョーンズビーチやプール、更衣所建物などを特徴づけていた見事なまでに精緻な建物細部への関心を失い、新規アパートの建設件数を重視するようになってしまった。これはちょうど彼の後期の高速道路がいずれも交通の円滑な流れだけを目的としてつくられ、ガードレールが木でできていたパークウェイのような優美さとは全く縁遠いものとなってしまったのと似ていた。一手に握った権力に心を奪われるあまり、より多くの住宅を建てるというただひとつの目標を追い求め、その結果プロジェクトが実際に機能するかどうかに気を配ることを怠ってしまったのだ。

ほかにも問題があった。モーゼスが使った民間開発業者は質素なアパートに加えて、市内で働く教師や看護師そして自治体の職員が入る利幅の大きい豪華住宅の建設に関心があった。しかし、取り壊される「荒廃した」地域住民にとっては、低廉住宅といえども高嶺の花だったのだ。退去命令を受けた住民は「タイトル1」のガイドラインで転居場所を保証されているはずだったが、何千という低所得者層や少数民族家族が落ちこぼれ、お役所仕事の手順がわからず新居への移転がかなわなかった。酷評する人は、都市再生を「黒人排除」と呼んだ。そして幸運にも新アパートに転居できた人も、間もなく新居の生活条件が事前に確約されていた水準にはとても及ばないことに気がついた。事業の実施を民間業者に移譲したことで、テナントの基本的な住居機能に関する不満でさえも無視されるというマイナス面が浮き彫りにされた。

都市再生と新住宅建設について高まる世間の不安を払拭するために、モーゼスは広報活動を活発化させた。[*27]彼は職員に作成させたパンフレットに、プランや説明文とともに「我々は不退転の決意をしているのです。手続きは全く公平で規則正しく問題はありません。困難はできる限りの手を尽くして対処いたします」と書かせた。

一九五一年には、モンドリアン風のグラフィックアートを表紙にした分厚い小冊子を作成し、すでに進行中の七件の主要な土地整理プロジェクトとともに計画中のものについても詳細な説明を載せた。ハーレムからグリニッジ・ビレッジあるいはモーニングサイドからブルックリンハイツまで、近代的都会生活が古く粗末な住居地域に取って代わることを宣言したのである。

「マンハッタンの中心、ウォールストリート、タイムズスクエアから五分[*28]の地にあなたの夢のような明日があります。才能、技術、ひらめきがそれを現実にしたのです」。ワシントンスクエアサウスイースト都市再生プロジェクトのパンフレットにはそう書いてあった。「それこそがワシントンスクエアビレッジなのです。ニューヨークそして世界のゆとりある都会生活の理念を先導しているのです」

見据えていたのは住宅事業をはるかに超えるものであった。モーゼスは市の主要な造作物をつくり直すことに取りかかり文化施設、市民施設、大学そして商業施設の複合開発を計画した。まず一九四〇年代半ばから一九五〇年代の初めにかけて、彼の功績として一番有名な再開発プロジェクト、リンカーンセンターが完成した。このアッパーウエストサイドの舞台芸術複合施設は、ジュリアード音楽院、メトロポリタンオペラハウス、フォーダム大学など、有力な非営利団体との協調を図ったものである。この施設のデザインコンペには名だたるモダニズム建築家が応募した。そこからさらに数ブロック南に行ったところで、モーゼスはコロンバスサークルの改造に取り組み、ニューヨークコロシアムを新設した。この巨大な市民公共施設は、セントラルパークの南西の角にある記念碑とロータリーの際に建てられた。そして国連本部。この時期モーゼスはさまざまな市の部局での地位にものをいわせ、新しい国連本部をニューヨークに設置させようと先頭に立って旗を振った。当初はクイーンズのフラッシング・メドウズ・コロナパークに置く案を支持していたが、結局四二丁目のフランクリン・デラノ・ルーズベルト自動車道の真上にモダニズム風の高層タワーと広場の複合施設をつくることで決着した。ル・コルビュジエに触発されたその巨大な垂直の矩形建物は、東と西の面は暗緑色のガラスそして北と南は白い大理石張りで、その建物の下には緩やかなカーブを描く国連総会ビルと公園とが配置されていた。完成するや否や、これは市を代表する構築物のひとつとなった。

ニューヨーク市の大規模再開発が万難を排して推し進められるにつれ、モーゼスは財界、学界、そして報道関係から先見の明のある偉大なるマスター・ビルダーとして賞賛された。将来にわたって、ニューヨークが経済的なパワーを保持できるか否かが問題視されているなか、誰よりも市の窮状救済に貢献していたのだ。市長は次々に新任され、また去っていくが、彼の卓越した存在は揺らぐことがなかった。オドワイヤーが汚職の容疑をかけられ辞任させられたあとに、権力の座に就いたビンセント・リチャード・インペリテリは、それまでの誰よりもモーゼスの意見を重んじてくれた市長だった。

竣工済み、あるいは工事途中のプロジェクトが山積みのなか、モーゼスは毎週のようにブラックタイ晩餐会に賓客として招かれ受賞し、ニューヨークの未来について聴衆を奮い立たせるスピーチを行った。むろんそのスピーチは自身の成し遂げた大仕事の数々に光を当てたものだった。ジョーンズビーチのパビリオンで催された華やかなパーティに、友人でもあるバンドリーダーのガイ・ロンバルドを伴って出席したり、あちこちにある仕事場に常に待機している料理人の賄いで豪華昼食を挟んだ御前会議を開いたり、あるいは主要な市民行事に特別ゲストとして呼ばれるのを常とした。時間があれば海岸で泳いだり、妻のメアリーがボブ[*29]と呼んでいた平底の小型モーターボートを駆ってグレイト・サウスベイでブルーフィッシュを釣ったりして時を過ごした。人生は最高だった。

一九五〇年代半ば、プールや運動場、そしてトライボローやヘンリーハドソン・ブリッジなどを竣工させ、勝利を手にしてから二十年もの歳月が過ぎていたが、モーゼスはとめどなく勝ちつづけていた。都市再生への連邦政府予算は、引き続き流れ込み、彼はニューヨーク市のあらゆる場所を変えることができた。市の幹部や財界人はみな、ニューヨークの主だった新規事業構想はロバート・モーゼスの許可なしではできないことを知っていた。

如才のなさでも、押しの強さでもモーゼスにかなう者はいなかった。ブルックリンドジャースのオーナー、ウォルター・オマーリーは何年かにわたり、ロングアイランド鉄道駅入り口近くの、アトランティックとフラットブッシュ通りの角地を徴用し、そこをドジャースの新しい本拠地にしようと考えていた。住宅郊外化の動きとモーゼスのつくった道路網のおかげで、ドジャースのファンは市中から逃れてロングアイランドの新興開発地域レビットタウンなどに居を移してしまったのだ。ドジャース本拠地のエベッツフィールドはロングアイランド鉄道の駅から遠く、しかも駐車場が七百台分しかないこともあって以前の活気はなくなっていた。入場者の数が顕著に落ち込み、野球場はさびれていった。オマーリーは、新たなドーム球場を民間資金で賄う計画を立てていたが、球場予定地には食肉市場や工場建物や倉庫などが建ち並んでいて、市の力を借りて整理する必要があったのだ。モーゼスは要請を拒絶し、球場予定地を「タイトル1」の対象プロジェクトに「扮装」させるわけにはいかないと主張した。とはいうものの、ほかでプログラムの適合基準を甘くしたことは、ままあったのである。新しい野球場をモーゼスも望んではいたが、彼はブルックリンではなく、クイーンズのフラッシング・メドウズ・コロナパークと万博の跡地で、のちにシェイスタジアムが建った場所を考えていたのだ。オマーリーと彼の考えは相いれず、モーゼスは一歩たりとも譲ろうとしなかった。

新たに市長に選出されたロバート・ワグナーは、ドジャースがニューヨークを見捨てるのではないかと懸念し、オマーリーとモーゼスの会合を呼びかけ、一九五五年になってグレイシーマンションのベランダでそれが実現した。CBSニュースのクルーが録画していた[*30]その会合で、モーゼスはオマーリーを金太りしたスポーツチームのオーナーが市を脅迫していると責めたてた。オマーリーはつまるところ、遊びをやめて自分のビー玉を拾い集めて家に帰りたいと、勝手を言っているにすぎないとモーゼスは切り捨てた。モーゼスとてオマーリー同様、野球場の今の窮状を憂いていたのだが、そのような言い回しのほうが一般の人の心に響くと思ったのだ。その年のヤンキースとのワールドシリーズ戦でオマーリーはチームをロサンゼルスに移すと宣告、今に至るまでオマーリーはドジャースをブルックリンから引き離した張本人として悪しざまに言われている。

モーゼスは権力の頂点にいた。政府内の地位は事実上聖域であり誰も手が出せないうえに、政敵の裏をかいて打ちのめす老練さでモーゼスは無敵の人となっていた。オマーリーは多くの有力者とつながりが深いアイルランド系実業家で、戦略的な考えの持ち主であったが打開策は見つけられなかった。市長はラガーディアからオドワイヤー、インペリテリそして最後はワグナーに代わったが誰一人としてモーゼスには逆らえなかった。歴代の州知事ははれ物に触るように気を遣い、そして大統領でさえも彼を追放できない状態なのだ。一九五六年頃には、一般の市民はいうに及ばず、もう誰もロバート・モーゼスと争いごとを起こして打ち負かすことなどできなくなっていた。

ましてや母親軍団などが勝てるわけがなかったのだ。

第3章 ワシントンスクエアパークの闘い

ジェイコブズは積極的に彼女の子供たちを近隣抗争の最前線に立たせ、中心的役割を果たさせた。これはワシントンスクエアパークを貫通する道路に反対したときの写真で、彼女の娘メアリー（左）は「テープ結び」式の先頭に立っている。1958年6月、公園のアーチの前で行われた、手入れの行き届いた芝生から車両を締め出すのに成功した勝利の式典であった

ジェイン・ジェイコブズは「アーキテクチュラル・フォーラム」の事務所を出てエレベーターに乗り、ロックフェラーセンターのロビー階で自転車を取り出してグリニッジ・ビレッジの家に向かった。ハンドルバーにつけたカゴにバッグを入れて、四二丁目を経てミッドタウンマンハッタンの喧噪を漕ぎ進み、エンパイアステートビルからヘラルドスクエアのメイシー百貨店前を越えた。二三丁目を過ぎてチェルシーに入りビレッジにたどり着くと、あたりの建物の高さが低くなり、道路は滑らかな舗装からごつごつした丸石敷きに変わった。ハドソンストリートで彼女は自転車を降り五五五番地まで押しながら歩いた。

郵便の束をめくっていると、「ワシントンスクエアパークを救え」と書いてある封筒を見つけた。新聞で公園が危機に瀕していることは知っていた。公園局長、ロバート・モーゼスが公園を半分に割って中央に車道を通そうとしていたのだ。彼は思い立ったことは必ずやり遂げることで有名だった。

なかの手紙はワシントンスクエアパーク救済委員会からのもので、モーゼス提案の説明が書かれていた。ニューヨークの大通り五番街は、ハーレムからワシントンスクエアパークまで一直線に延び、公園の有名なアーチ門で終わっていた。そこの馬車道で市バスが向きを変えて、その頃二車線だった五番街を逆に上るようになっていた。ジェイコブズの理解したところでは、モーゼスの提案はこの五番街を延伸させて公園内を通すというものだった。まっすぐ公園の南側に貫通し、ローワーマンハッタンまで続く南五番街となるのだ。

グリニッジ・ビレッジでモーゼスが考えていた大規模将来構想のなかでも、五番街延伸計画は特に重要だった。彼は市内数ヵ所に都市再生事業の狙いを定め、古くからのごたごたした近隣地区を取り壊し、新しい近代的な建物と幅広道路に入れ替える計画を持っていて、そのうちのひとつがここだった。モーゼスは公園局長であると同時に市長肝入りのスラム撤去委員会委員長の職にも就いていて、公園とハウストンストリートに挟まれた十ブロックほどを南方向に取り壊す作業に取りかかっていた。

このあたりには典型的なグリニッジ・ビレッジの趣があって、五、六階建ての建物には移民や低所得の家族、倉庫、あるいは帽子メーカーのように存続にあえぐ製造業者などが入っていた。第二次世界大戦後、この地域は荒廃し、保全状態も悪く、建物正面は貧相で室内も劣悪だった。モーゼスはここをスラム地域に指定し、大規模な取り壊しを行って、巨大な高層住宅を建て、月六十五ドルの低家賃の部屋を含めて四千戸以上の住戸を詰め込む構想を練っていた。建物はスーパーブロックと呼ばれる広大なスペースに建てられ、既存の狭小道路網は姿を消すのだ。その計画の第一フェーズでビレッジと命名される新たな集合住宅施設がつくられる予定で、そのために撤去される建物が百三十棟、そして百五十にも上る家族が家財道具をまとめて家を捨てなければならないはめに陥るのだ。住民は懐が許せば新住宅への応募手続きをするが、そうでなければ住むところを自力でどこかに探さなくてはならなかった。

ワシントンスクエアパークを南へ貫く道路は、そのビレッジへのアクセス道路となるばかりでなく、モーゼスの夢であるより大規模な高速道路構想の一部となる予定であった。この近辺の道はオランダ人やイギリス人の移民時代からのもので、キルト模様のように不揃いなのだが、これを撤去して新たにマンハッタンを横断する高速道路、ローワーマンハッタン・エクスプレスウェイを建設するのだ。こうしてハドソン川とイーストリバー間の東西走行を迅速化させ、自動車時代の到来に備えようという大構想だった。五番街を延伸すれば、この地域からその高速道路への車の流れは大幅に改善されるだろう。こうすることで近代的な道路網と巨大住宅再開発事業とが組み合わされ、一体となってうまく機能するのである。成功すればこれからのモデルケースになるという、きわめて重要な意味合いを持っていた。だが、ワシントンスクエアパークが邪魔をしていたのだ。

　ジェイコブズは以前、雑誌「アメリカ」に都市再生事業の記事を書くために調査をして、モーゼスの構想の後ろに連邦政府の力がはたらいていることを知っていた。「一九四九年の連邦住宅法」では、多額の連邦資金を供出した。ちょうど都市版マーシャルプランといった様子で、すでにニューヨーク市のハーレムからローワーイーストサイドまで、同一規格の高層住宅が並ぶスーパーブロックが古くからの近隣地域に取って代わっていた。ボストン、フィラデルフィア、シカゴ、そしてセントルイスでも同様だった。いまやワシントンスクエアパークは否応なく時代の変化に巻き込まれたのだ。

　ジェイコブズは、隣近所の人々と同様、この公園をこよなく愛していた。ヘンリー・ジェイムスが描いたように、そこは「確立した安息」の場だった。都市のコンクリート、レンガ、そしてアスファルトに囲まれたオアシスなのだ。十年前には彼女は公園の西方ちょうど一ブロックのところ、ワシントンプレイス八二番地に住んでいたが、そこは堂々たるアパート建築で、かつてはリチャード・ライトやウィラ・キャザーなどが住んでいた場所だった。ウィラ・キャザーは公園の魅力を次のように描いた。[*1]噴水は「虹の水を霧にして放ち……駒鳥の群れは大地をはね跳ぶ、芝は刈られ、まばゆいばかりの緑。アーチから五番街を見れば若いポプラの輝き粘る葉が目に入る」。この頃ジェイコブズは、その大きな建物から外に出るたび、右手に目をやり木々や噴水や、イタリアの国民的英雄、ジュゼッペ・ガルバルディの銅像などの心地よい光景を愛でる日々を過ごしていた。ハドソンストリート五五五番地に引っ越して、ロバートとの家族生活を始めた彼女は、母親としてもこの公園を満喫していた。一九五〇年代初め、彼女は息子たちを遊び場に連れていったり、木漏れ日の下をぶらぶら散歩したりしていた。

ジェイコブズが調査してわかったのは、歴史上多くの人々が全力を挙げてこの空間を守ってきたという事実だった。一九世紀後期、大規模な兵器庫を設置する計画を、付近の住民が団結して撃退していた。その後、市が大胆にも公園周囲に鉄柵を巡らせようとしたときにも、近隣住民は反抗して立ち上がっていた。

ワシントンスクエアパークにはアーチ門があったり、公園北側に整然と並んだ住宅の入り口階段が同じ形だったりして格式ばった面もあったが、外見だけ立派で実用できない観賞用では決してなかった。グリニッジ・ビレッジの人々は公園の使い古された心地よさをこのうえなく愛していたのだ。長い歴史とともにあって、今さら見栄えなど気にする必要もないのだ。ここに集まったのは多士済々、作家のヘンリー・ジェイムス、イーディス・ウォートン、ウォルト・ホイットマン、エドガー・アラン・ポー、スティーブン・クレイン、ウィラ・キャザー。さらにはアーティストのウィレム・デ・クーニング、エドワード・ホッパーそしてジャクソン・ポロック。はたまたさらにあとになると、ビート族の作家ジャック・ケルアック、フォークシンガーのボブ・ディラン、ジョーン・バエズ、ピーター・ポール＆マリー。

グリニッジ・ビレッジ周辺図

エド・コッチという若者は、のちにニューヨーク市の市長になるのだが、噴水のそばに来てはギターをかき鳴らしていた。抗議、行進、暴動、そしてデモンストレーションの本拠地として使われてきたこの公園は、言論の自由、少数民族への政治権限の付与、そして市民不服従などの象徴となった。ダウンタウンの実業家が園内を行進し、銀貨と金貨の交換比率について大声で抗議したり、トライアングルシャツウエスト工場の一九一一年の大火で百四十五人もの作業員が亡くなったのを悼んで女性が厳粛な祈りを捧げたりした。この公園は、ニューヨーク市民が日差しに顔を向けひなたぼっこを楽しむと同時に、心の良識に目を向ける場所でもあったのだ。

ニューヨーク市の名だたる施設が公園の周りにはあった。メイシー、ブルックスブラザーズ、そしてセンチュリー・アソシエイションのような社交クラブ、ブロードウェイに先駆けてのオペラ劇場や映画館、タイムズスクエアに移転する前のニューヨーク・タイムズ新聞社、アッパーイーストサイドが出現する前からの大邸宅やタウンハウス、そしてアップタウンに移転する前のメトロポリタン美術館やホイットニー美術館などがここにあったのだ。この公園から徒歩の距離のなかに世界に名だたる都市が形づくられていったのである。

しかしなんといってもワシントンスクエアパークは、どこもかしこも舗装された灰色だらけの都会の真ん中で、緑の芝や木々の間を走り回れる場所であった。一九五〇年代には、多くのアメリカ人が都会を逃れて郊外に移り住んだ。フットボールを楽しんだり、ブランコがある裏庭付きの一戸建てを好んだのである。だが、都心の住民にとって唯一の裏庭、子供たちを戸外に出せる唯一の場所は近所の公園なのだ。グリニッジ・ビレッジの人たちにとっては、徒歩圏にあるワシントンスクエアパークがそれだった。市民の健康と健全な精神という観点から、住民が徒歩で行ける大きな公園で都会の緑を楽しむという基本的な考えは、のちのセントラルパークのモデルにもなった。そしてそれはまさに橋や高速道路と同様、都会のインフラとして大切なものなのだ。

いまや一人の男がこの公園の歴史、市民による自主管理、安息、これらすべてを脅かしていた、ジェイコブズは怒りに燃えた。彼女の夫ボブも話を聞いて道路が公園の真ん中を切り裂くという事態に仰天した。モーゼスは道路の両側に造園工事を施し、見晴らしをよくすると公約していたが、緑地と遊び場が目障りな堅苦しい瀝青《れきせい》の縁石に置き換えられてしまうのは間違いなかった。建築家としてのボブの勘では、しまいには公園は荒れ果てて利用されなくなって放置されるだろうと思われた。「モーゼスのつくった小便神殿」である高速道路のそばなんかに誰も行きたがらないだろうと彼は言い、ジェインは声をあげて笑った。[*2]

ワシントンスクエアパーク救済委員会が同封してきた回答用紙を送付するだけでは満足できず、一九五五年の六月一日付でジェイコブズは直筆で市長のロバート・ワグナーとマンハッタン区長のフーラン・ジャック宛てに書簡を書いた。

[*3]わたしはワシントンスクエアパークの中央を半地下式車道が貫くという計画を聞き、驚きと不信感を隠せません。わたしと夫はニューヨーク市に大きな信を置く市民であり、それゆえ中心地に家を購入し、懸命の努力で模様替えをし（むさ苦しい物件をつくり替えてきたのです）、三人の子供を育ててまいりました。最善を尽くしてより快適に住めるようにしたのに、市当局が逆に住みにくく

する計画を練り上げていると知って落胆しております。別案としてワシントンスクエアパーク救済委員会が、公園でのすべての車両の通行禁止を提唱していることも承知しています。市の幹部の皆様におかれましては、ニューヨークをただ走り抜けるだけでなく、きちんとした生活の場としてお考えいただけるならば、こちらの別案こそ採用なさるべきだと考えております。どうぞ、ワシントンスクエアを車道から守っていただきたく、よろしくお願い申し上げます。

敬具

ジェイン・ジェイコブズ

ジェイコブズはワシントンスクエアパーク救済委員会への回答用紙に四車線道路案への反対意見と、バスの旋回を除くすべての車両禁止案に賛意を示した。このときから、ジェイコブズは都市を観察する記者でも、幼子の母親でもない、ニューヨーク市の活動家としての第一歩を踏み出したのだ。

◎

そのような論議を呼んだ場所にしては、ワシントンスクエアパークは見たところ実にあっさりした、ごく普通の公園にすぎなかった。こんもりと枝を垂れ、樹皮がはげているスズカケとアメリカ楡の木々が点在し、北西の角にはニューヨーク市内で最も古い木といわれていたイギリス楡もあった。ベンチは散歩道の緩いカーブに沿って曲げられていた。パリの凱旋門を思わせる堅牢なアーチ門は、国の初代大統領ジョージ・ワシントンの百周年を讃えて北側の縁の中央に、のちになって設置された。一八五六年に据えられた噴水は、奇妙なことに五番街の起点からまっすぐの位置ではなく、やや横にずれていた。噴水の周りには、遊び場や歩行者用遊歩道、ドッグラン、音楽家や大道芸人のたまり場などがあった。しかしこの公園は、パリのチュルリー宮殿のような特別な庭園ではなかったし、珍しい花や植物があるわけでもなかった。遊び場はごく平凡だったが、それでも心地よく安全だった。温かい雰囲気で、周囲もうまく柵取りされ、ブラウンストーンの建物やタウンハウス、教会そして大学の建物が並んでいた。五番街の起点に到達すると「あたかもあなたのために命のワインが、前もって心地よいなじみのパンチボールに注がれているような」と一九世紀の作家ヘンリー・ジェイムスは、この公園の名前を題名にした小説に書いている。

何気なく見ると、ここは厳密に計画されたように見えるかもしれない。確かに、その基本は一八世紀からのロンドンの住宅地域にある広場をモデルにして、計画的にデザインされていた。だがワシントンスクエアパークは、その嵐のような歴史が物語るように、ある種偶発的にできた公共空間だったのだ。

始まりはマンハッタン島のどこもがそうであったように、素朴で自然豊かな土地だった。オランダ人[*4]がやってくるまで、ここは泥炭地、松の荒原、アマモの低湿地、そして河口であった。ワシントンスクエアパークのあたりはマンハッタン島北部の険しい丘陵と、今のウォールストリートあたりで地表近くにせり上がった岩盤とに挟まれた湿った窪地であった。そこをミネッタクリークと呼ばれるマスが豊富な川がアシやガマのなかを蛇行して流れていた。実は今日でも道路の下にはその水路があって、地上の緑が育まれている。アメリカ先住民族でニューヨークに住んでいたレナペの人々は、オランダ西インド会社から最初にやってきた毛皮商人が、島の最南端に定住した頃でもまだ水鳥を狩猟していた。アフリ[*5]

カから奴隷が到着するようになって、ニューアムステルダム入植地を養うための農場が必要となり、街は止めどなく北へ広がりはじめた。オランダ人がヌートウィクと呼んでいた今のグリニッジ・ビレッジあたりに建てられた家は、レナペ族との抗争でいったんは放棄されたが、おびただしい数の奴隷を解放し農業用や家畜飼育のための土地を与えたので再び開拓が始まった。オランダ人そしてそれに続くイギリス人は、その後この土地を取り上げてしまったが、解放されたアフリカ人奴隷は、ワシントンスクエアパーク周辺グリニッジ・ビレッジの永久定住の先駆者となった。

イギリスが一六六四年に支配権を確立し、ヨーク公爵にちなんで街の名称を変えたあとでも商業の中心はまだローワーマンハッタンにあったが、イギリス軍隊の将校たちが母国のグリニッジを思い起こさせる北部田園地帯に大邸宅を建てはじめた。グリニッジの名前は定着し、この地域は街で最初の牧歌的な保養地となった。革命戦争のあとになると裕福なアメリカ人が押しかけ、平原と爽やかなそよ風が渡る田園に定住を始めた。のちにワシントンスクエアパークとなった場所はまだ開発の手がついていなかったが、もちろん当時は公園などではなく、ブドウ畑であった。

一八世紀の終わりに街は黄熱病に襲われ、市の職員は毎月亡くなった多くの貧しい人々を埋葬する場所を確保する必要に迫られた。ワシントンスクエアパークが埋葬地として指定された[*6]が、アレクサンダー・ハミルトンはじめ近隣の土地所有者は反対運動を行った。この抗議にもかかわらず一八〇一年には公共墓地が設けられ柵、樹木や植物が美しく整えられた。広場の下には二万人の死体が埋められているといわれ、骨片や骸骨でいっぱいの地下は建設工事や公共施設の掘削のたびに周期的に掘り返された。

この土地は公開絞首刑場や決闘の場としても使用された。そのため北西の角にある楡の大木は「吊るし首の楡」と呼ばれたが、公式記録にはこの枝で死刑が執行されたという事実は記されていない。フィリップ・ホーンがいなかったら、この場所はそのあともずっとそのような状態のままだったに違いない。一八一二年の戦争で英雄となったホーンは、一八二六年にニューヨークの市長になった。彼は、この地域をロンドンのウエストエンドの評判のいい広場のようにしたいと思っていた。ロンドンのそのあたりの土地の値段は急上昇していたのだ。彼はそこを軍事パレード用のグラウンドにする運動を始め、独立宣言の調印五十周年記念祝賀に間に合うように認可を取得した。そして広場をジョージ・ワシントンの名誉を讃えて正式に名称変更した。その後、ホーンは広場を当時の六エーカーから現在の十エーカーに広げた。やがてロンドンやフィラデルフィアを思わせる大規模住宅開発がワシントンスクエアパークの周囲にも出現しはじめた。その頃すでにフィラデルフィアではリッテンハウススクエアなどの周りにギリシャ復古調赤レンガの住宅が綺麗な線を描いて建てられていたのである。

　一八三〇年から世紀の変わりめにかけて、この公園周りの住宅はニューヨークで最も高い人気を誇っていた。テイラー、グリスウォルド、そしてジョンストンらメイフラワーまで系図をさかのぼることができる旧家の家族がこのあたりに集まってきていた。のちには、バンダービルトやアスター家が華やかなパーティや仮装舞踏会を催し、マーク・トウェインはこの南北戦争後の物質中心主義時代を「金メッキ時代」と名付けた。そのうちに、芸術家や文学者のコミュニティがこの広場の周りに出現した。エドガー・アラン・ポーは近くのアパートを住居にしていて、裕福な後援者の広間で彼の詩「大鴉《おおがらす》」を朗読した。ウィンスロー・ホーマーは角のスタジオでカンバスに向かって、ときには陰鬱な暗黒を描き、またあるときはまばゆい日の光を描いていた。

公園開設がブームとなりニューヨーク公共図書館裏のブライアントパーク、ブルックリンのプロスペクトパーク、そして土木技師フレデリック・ロー・オルムステッドが設計した八百四十三エーカーに及ぶセントラルパークなどがつくられた。公園新設ラッシュが一巡したあと、一八七〇年、タマニーホールの指導者であったボス・トゥイードは、すべての公園をあらためて整備し直す活動を始めた。小規模で、陳腐化した公共空間は改修すると市当局は布告した。そしてベネチアの土木設計士イグナッツ・アントン・ピラーがワシントンスクエアパークに新しい庭園とガス灯柱を新設する工事を請け負った。ピラーは今までの直線的な歩行路をオルムステッドの代名詞でもある曲線に置き換え、街の真ん中に広々とした田園風景を出現させた。またのちにモーゼスが提案した車道の前触れとなる馬車道をつけ加えた。

公園はこの頃までにはもはや正式にはパレードグラウンドではなくなっていたが、州兵軍の将校はこの公園を所有下に収めようと画策していた。一八七八年には兵器庫の建設が計画された。これは武器を貯蔵、補給する巨大な施設で、兵士が全国の都市に向けて出兵するための集合所でもあった。裕福な住民が、そのなかにはそこから東へ数ブロックのところにあるグラマシーパークの創設に力を注いだトマス・エグルストンやサミュエル・ラッグルスなどもいて、この案に反対し首尾よく撤回させた。ラッグルスは市の公園を開発の波から守る市民主体の組織を初めてつくった。公共公園保護協会であった。一八七八年にはニューヨーク州議会がワシントンスクエアパークを「永久に市民のための公共公園とし、これ以外のいかなる目的にも利用にも供さない」という法律を通過させた。市民による公園管理の伝統が始まったのである。

この公園のシンボルとなるアーチ門が一九世紀の終わりに設置された。市当局がジョージ・ワシントンの大統領就任百周年記念行事を企画した際、近所の住民でニッカーボッカー（オランダ人移民）の子孫、ウィリアム・ラインランダー・スチュワートが建国の父を讃えるアーチ門建設資金調達活動の旗を振ったのである。マッキム・ミード&ホワイト建築事務所はコロンビア大学の建物やペンシルバニア駅などのボザール建築で知られているが、明るい色のタカホー産大理石を使って高さ七十七フィートのロマネスク様式の記念碑をデザインした。記念碑は夜電灯で照らされ、アーチの円筒形天井にはめ込まれたパネルには複雑な模様が描かれた。ワシントン大統領の一対の彫像の上方にあるアーチの積柱には、精緻な円形装飾が施され、頑丈なつくりで装飾されたコーニスの中央には鷲が置かれていた。五番街の起点で公園の北側中央に正確に配置されたアーチ門はロンドンやパリに見られる荘厳さをならったもので、間もなくニューヨークやグリニッジ・ビレッジの絵はがきに盛んに使われるようになった。

威風堂々たる都市、ニューヨーク。とはいえ、ここにはまた絶望的な貧しさもあった。そしてここワシントンスクエアパークも決して例外ではなかった。公園の荘厳なデザインや、周囲の莫大な土地所有者たちの驚くばかりの豊かさはあったものの、この庭園は裕福な人たちの占有物では決してなかったし、グラマシーパークのように私有となって、限られた人以外立ち入り禁止になることもなかった。一九世紀の初め頃から公園で散歩する人々が多くなるにつれて、浮浪者や売春婦はごく当たり前の光景となった。中央広場はニューヨーク市民があらゆるたぐいの抗議集会、礼拝、デモなどを催す格好の場となった。一八三四年にニューヨーク大学が建物の大理石工事に囚人労働者を雇ったことに石切作業員が不満を爆発させ、公園周辺の邸宅に群がって窓を打ち壊し、マントルピースを粉砕したりした。その十五年後には、アスタープレイス・オペラハウスの暴動がイギリス人とアイルランド人との抗争に発展した。そして一八六三年には徴兵暴動で、アイルランド系労働者が公園周囲の道路を練り歩き電線を切断、黒人を殴打、殴殺した。女性参政権論者やスペイン・アメリカ戦争の退役軍人もここを行進した。ここでは不法侵入などあり得なかった。あらゆる階層、あらゆる政治的信条の人々が集まって、自己表明する場所だったからだ。

　世紀の変わりめに、グリニッジ・ビレッジに集まってきたのは反体制派の芸術家、絵描き、作家、そして社会問題評論家たちだった。ウォルト・ホイットマンや新聞界の先駆者だったホレス・グリーリはその先兵であってパッフスという近くのビアホールにいつもたむろしていた。スティーブン・クレイン、セオドール・ドレイザー、ジャーナリストのリンカーン・ステフェンズ、マルセル・デュシャン、マン・レイ。そしてさらに芸術家やインテリが移り住んできて三、四階建ての赤レンガのマンションが大繁盛となった。彼らは広場の周りにスタジオを構え、クラブでチェスを指し、カフェやブレボー、ゴールデンスワンなどのバーで詩を朗読、パリのセーヌ左岸を思わせるレストランで食事した。ペッパーポット、ポリーズ、レッドライオン、ロシアン・ティールーム、サモワー。インテリたちは結束してビレッジの住民ユージン・オニールの演劇の劇場をつくったり、ジェイムズ・ジョイスの著作や近所で出版している地元文学ジャーナルで足の踏み場もない路面店舗の本屋を開いたりしていた。[*7] 詩の朗読、タンゴ、自動演奏ピアノ、ファッションショー、仮装舞踏会、講演、談論会が昼夜を分かたずワシントンスクエアパーク周辺のグリニッジ・ビレッジで行われていた。第一次世界大戦の前後、ここは文化と新思想の都として多くの面でパリと競り合っていたのだ。

ワシントンスクエアに住もう
そこで綺麗なスタジオを見つけよう
……
民主的にやるのさ
屋根裏に住んだらさ
ワシントンスクエアでね

一九三〇年コール・ポーターの歌「ワシントンスクエア」が歌われた。公園は詩文、短編小説、絵画、演劇、そして映画の主題となった。「誰もそこでは道徳など気にしないし、家賃の話もしない。誰も、君もわたしも、懐具合など詮索しないし、どんな夜を過ごしたか聞きもしない」とハーバード出身の颯爽とした作家兼詩人、ジャック・リードは書いている。彼はウォルター・リップマンやリンカーン・ステフェンズなどと親交が深かった。家主はおおらかで、懐の苦しい芸術家や作家の家賃を見逃してくれた。広場の南にあった賄い付き下宿は、そんな連中でいっぱいで、天才宿と呼ばれていた。

ビレッジはその反体制精神を、狂乱の二〇年代そして禁酒法時代を通してずっと持ちつづけ、当然のことだったが悪名高いもぐり酒場もあった。大恐慌の際には、ビレッジの自由な政治思想は急進過激主義に傾いていった。「マッセス」[*8]などの独立系日刊新聞が刷られはじめ、労働者や反戦思想を支援した結果、共産主義シンパ摘発連邦調査官の関心を引くことになった。一方抽象表現主義などの現代芸術活動が盛んになり、画家のジャクソン・ポロック、ウィレム・デ・クーニング、エドワード・ホッパーらが名声を博しつつあった。八番街のホイットニー美術館は芸術鑑賞の場となり、劇場やカフェでは書き下ろしの演劇や詩文を楽しむことができた。間もなくグリニッジ・ビレッジには、移民の数をしのぐ大勢の芸術家が集まってきて、絵を描き、ステンドグラスをはやらせ、粘土や大理石の彫刻を制作した。

食うや食わずの芸術家がお湯なしアパートに群がった一方で、上中流クラスの家庭や、プロの芸術家は住宅を求めて群がり、ワシントンスクエアパークの周辺に不動産ブームが起きた。やがて高層住宅が公園北側、五番街の起点周囲に建ち上がりはじめた。新しい地下鉄路線もそのあたりに敷かれた。ニューヨーク大学は、大規模な新しいキャンパスの建物を広場に沿ってつくる計画を真剣に推し進めていた。グリニッジ・ビレッジは旅行者を惹きつけ、バスいっぱいの観光客は風変わりで個性的なボヘミアンの生活習慣や、ジャズクラブだの、セーヌ左岸に匹敵する上等なレストランなどを目の当たりにして呆然と見とれていた。

一九五〇年代に入ると、ビート族の作家ジャック・ケルアック、詩人アレン・ギンズバーグ、ジャズ音楽家チャーリー・パーカーそしてセロニアス・モンク、あるいはフォーク歌手のディビッド・シーアたちがグリニッジ・ビレッジのカフェ、クラブ、スタジオやアパートに入り浸りはじめた。ワシントンスクエアパークはヘンリー・ジェイムスの頃の堅苦しさをかなぐり捨てて、心地よいなじみの居間にいるような雰囲気に変わった。いってみればマクドゥーガルストリートのカフェの奥の部屋のような気分だった。街路に置かれたストリートファニチャーは壊され、芝は茶色に変色し、噴水は水漏れしていた。

都市歴史学者として、ジェイン・ジェイコブズはこの地の驚くべき発展を高く評価していた。墓地、絞首刑台、決闘場、ビクトリア風遊歩道と古典的ボザール風の記念碑、さらにはピート・シーガー、ウディ・ガスリー、ボブ・ディランたちの戸外のたまり場、そして水瓶座《ニューエイジ》の時代の到来までの驚くべき発展であった。フープドレスから黒のジーンズまで――。この発展は計画されたのではなく自然発生的なもので、これこそ、この地特有の力といえるのだ。この公園にはまともで、上品、貴族的なニューヨーク市の側面もあれば、支配階級、権威、そして秩序への抵抗という面も見られた。

◎

オックスフォードとイエール出身のその男は、全く違った見方をしていた。この公園は人に例えるなら、ひげ剃りと散髪が必要で定職を探す必要もある。詩文朗読はやめさせるべきだし、もう一度出直して、市のために現実的で役に立つ働きをする必要がある。現代的な都市の中心としての機能を果たすべきなのだ。グリニッジ・ビレッジの住民が心地よくて、気取らないと感じていたこの場所も、モーゼスにとっては荒れ果てた公園にすぎなかった。植え込みは枯れ、ベンチは破損するか、たわんでいた。モーゼスはこの荒廃を引き合いに出して大規模改良が必要だと訴えた。市中のほかの場所と同様に、ワシントンスクエアパークは改良、近代化する必要があるのだ。モーゼスは公園局長として、きちんとした再設計案を一九三五年に初めて提案した。大規模な環状交差路のなかに楕円形をした公園を置き、その周りを自動車が走る計画であった。公園の四隅は丸く削られ、十エーカーの広場は縮小されたうえに、噴水は取り壊されて、代わりに庭園とプールが中央に設置される予定だった。

新しい世紀に入って、公園周辺住宅開発が盛んになった結果、いくつかの近隣住民団体が生まれてきた。グリニッジ・ビレッジ協会、ワシントンスクエア協会、そして五番街協会（後者の二団体は一九二六年に合併し公園救済合同委員会となった）などがそれで、建物の保存と、ゾーニング変更を請願して開発を遅らせようとしていた。これらの団体は一九三五年に出されたモーゼスの新デザイン案に反発して、それまでバラバラだった活動をワシントンスクエアパーク救済委員会に一本化した。

　モーゼスはこの近隣住民の反対を迅速にさばく必要があると判断し、反対しているのは、「家の裏庭にだけはごめんだ」と言い張る救いようのないエリート連で、社会の進歩を妨害している輩だと決めつけた。ロングアイランドで高速道路に反対した土地所有者への対応と同じだった。ただ、今回はさらにもう一歩進め、グリニッジ・ビレッジの住民が協力しないならすべての改良工事を中止すると脅かした。計画内容の説明を求めるグリニッジ・ビレッジ協会の招きを断り、代わりにその団体に皮肉たっぷりの書簡を突如送付した。

　[*9]ワシントンスクエアパークの再構築は後世に託されることとなりました。また地元でどう勘ぐられておられようとも、我々が極端な変更を決定した事実はないことも、ご理解いただけたと思われ大慶に存じます――もちろん公園の将来について、今まであらゆる面からの検討をしてきたことは事実でございますが。この時点でわたしどもが計画したのは現行公園の基本的特徴やデザインを変えることなく、広場の保全と改良に取り組むことだけなのです。ワシントンスクエアパークの周りにはあらゆるタイプの方々が住んでおられ、さまざまな考えをお持ちでございます。この街のいずこにおいても、各人がこれだけ多くの違った考えを持っておられる地域はございません。そしてそれを皆様が断固、固持なされておられるのです。これの調停仲裁は……わたしには荷が重すぎます。

ブロンクスのオーチャードビーチでの盛り土工事、ブルックリンのジョーンズビーチやマリンパークの開発、そしてトライボローやヘンリーハドソン・ブリッジはこれに比べれば子供のままごとにすぎません。

一九三九年にモーゼスは新たな計画を担ぎ出してきた。基本的には公園周囲の一方通行は変えず、四隅を切りつまみ、中央に細長い睡蓮の池がつけ加えられていた。住民の一人で元副市長だったヘンリー・クランはワシントンスクエアパークの長方形に代えて、モーゼスが提案する楕円形はまるで「バスマット」のようだと言った。この名前がまとわりついてしまい、公園局長を困惑させた。ますます大きくなる反対派の声に、モーゼスは再び住民に対し警告を発し、仮にも彼の計画案が実行されない場合には、今後ワシントンスクエアパークでのいかなる改良工事といえども、優先順位は最下位になると言った。このあたりの住民はニューディールで支給される何百万という多額の資金と、賃金労働をどこかほかの場所にみすみす差し出すことになってしまうのだ。

この脅しはただちに効き目を現した。ワシントンスクエア協会の会長ジョン・W・モーガンは、当初は「バスマット」案に反対だった。だが協会員のなかには、この案を前向きにとらえる者もいた。緊急に必要な公園改修工事と、さらに一九三〇年代に入り安っぽくけばけばしくなってきた公園南方地域の再開発のふたつを、交換条件として取引するのも悪くないと考えこの案を支持したのである。その結果、協会は一票の僅差でモーゼス構想の受諾を決めた。だがそれに反発した会員が分派して数千に上る反対署名を集めてきた。ワシントンスクエアパーク改良有志委員会の会員たちで、この事態に激怒し、公園がスピードウェイと化して生徒や子連れの母親が危険にさらされると主張したのだった。

ニューヨーク大学の学生団体も、この公園の造作を変更するのに反対で、歩行者の安全が脅かされると主張した。彼らは、学生の慣例行事ができなくなるのではないかとも危ぶんでいた。イタリアの愛国者ガルバルディの銅像前は新入生や二年生をしごく場所だったのだ。学生やグリニッジ・ビレッジの住民でモーゼスに抗議する人たちは、団結して市の予算委員会への圧力集団をつくった。この予算委員会は当時のニューヨークでは強力な行政管理委員会で、公園の新たなデザインを認可する権限を持っていた。委員の一人でマンハッタン区の区長であったスタンレー・アイサックは以前モーゼスとブルックリン＝バッテリートンネルの件で悶着を起こした人物であったが、バスマット案は近隣住民の十分な支持を得ていないと声明を発表し、結局この案は棚上げとなった。

第二次世界大戦が開始され、モーゼスの公共事業の多くは中止を余儀なくされた。そしてこの偉大なるマスター・ビルダーは、ビレッジや公園から手を引くこととなったが、自分のやり方が通らなかったことにいらついて、最後の攻撃を仕掛けてきた。

「公園の周りに住んでいる何人かの偏狭で、傲慢そして利己的な人たちのおかげで痛手をこうむるのは残念なことです」と彼はペリーストリートに住む十一歳のナオミ・ランディに語った。[*10] 彼女は新聞紙上に公開状を載せ、遊び場の改良を請願した「グリニッジ・ビレッジの子供たち」の一人だった。

◎

厄介なのは、わたしたちの計画が、愚かで自分のことしか頭にない近所の住民によって妨害されたことで、この人たちは子供たちに遊ぶ場所をつくってあげようなどとは夢にも考えておらず、ワシントンスクエアパークを昔のままの姿で残したいと言い張っているのです。大きな農場があったり、村がまだ小さかった頃の芝生、牧草地、そして風景をそのまま残したいと思っているのです。この人たちは公園を静かで趣のあるものにしたいと思っていて、子供がうるさく遊んだり、わたしたちが考えたさまざまな催しなどに反対しているのです。

こんなわけですから、わたしたちは……作業員や工事資材を、もっと人が混雑していて本当に遊び場が必要とされている市内のほかの場所に……そこの人々が喜んでくれて邪魔しないところに移すことにしました。

◎

彼のコメントには真実の響きがあった。住民は実質的に公共広場の所有権を主張しているに等しく、いかなる変更も拒絶しているかに見えた。ワシントンスクエアパーク計画をあと回しにする一方で、モーゼスは新たな方策を入念につくり上げた。いったん計画を思いついたら、この男の場合あきらめることはまずなかったのだ。そして終戦後、彼は公園南側の都市再生計画を携えて再びこの地域に関心を向け、ニューヨーク大学の幹部職員と、都市再生事業のもとでの共同再開発について秘密の会合を開いた。また、近隣を保全したいと願う住民への批判も続けた。彼の動きは上陸のため、砲兵隊司令官が敵戦力を攻撃して弱体化させるのに似ていた。モーゼスは彼なりのやり方が通らないことにいらだちを隠せない一方、敵を打ち負かす巧みな弁舌の才を発揮したのだ。

彼は一九五〇年に、史跡保存を要求している著名な住民に宛てて次のように書いた。

わたしはワシントンスクエアパーク南側の再開発にあたって、一部の方から悲痛な叫びが上がっているのを承知しております。この方々は、システィーナ礼拝堂の聖母マリア像は、かつてキャバレーや売春宿だった古い建物の地下室で描かれたとか、ミケランジェロのダビデ像は近所のむさ苦しい屋根裏で形づくられたとか、ポーの『大鴉』、ドン・マーキスのゴキブリの物語『アーチーとメヒタベル』、そしてマロリーの『アーサー王の死』などはグリニッジ・ビレッジの場末の理髪店、スパゲッティ屋、靴磨き店などで書かれたとか、あるいは聖なる史跡に手を触れた輩は、罰があたって雷に打たれて死ぬか、さもなければ死刑にすべきだ、などと馬鹿正直に信じ込んでいるのであります。[*11]

ワシントンスクエアパークの改造は忍耐力のテストといえた。そしてモーゼスは今まで同様、今回も粘り勝ちできる自信に満ちあふれていた。公園南側の都市再生計画はすでに進行していて、モーゼスは開発業者に対して、この新たな再開発地区を五番街という住所にすることを公約していた。業者たちは、つまるところ彼の都市再生構想を実現してくれる仲間内だった。

彼の決め手は、一九五二年の新聞の一面で明らかとなった。車道は南北を結ぶ片道二車線の全四車線。噴水は撤去。ローラースケート場が車道の片側に設けられ、その反対側に新しい遊び場。モデルにしたのは、リバーサイドパーク。そこではハドソン川西岸に沿って長く延びた緑の帯がウエストサイドハイウェイの出口車線や滑らかに車が流れる走行車線と優雅な一体感を醸し出している。これから先ずっと、車はワシントンスクエアパークを貫いて走り、五番街は都市再生事業によって生み出された大都会の成功モデルとなり、抵抗運動は不首尾に終わるだろう。

◎

一九五二年にジェイン・ジェイコブズが国務省から新しい職場「アーキテクチュラル・フォーラム」に移ったときには、近隣住民の政治的対立に口を挟む気持ちは毛頭なかった。仕事は多忙、そして二人の息子、おまけにあとになると幼い娘メアリーの育児に追われた。だがワシントンスクエアパーク救済委員会からのビラに応えて、市長とマンハッタン区の区長に自分の見解を書き送っただけでなく、この運動を組織している女性、シャーリー・ヘイズにただちにメモを送りつけた。「素晴らしいご努力に感謝します」[12]、ジェイコブズは救済委員会への参加勧誘用紙の左下にそう書き入れた。「わたしは市長と区長に宛てて、それぞれ同封書簡を送りました。お力になれることがありましたら、どうかお知らせくださいますよう」

ヘイズは四人の子供の母親で、ワシントンスクエアパークからほんの徒歩の距離、西一一丁目に住んでいて、喜んでジェイコブズをこの抗議運動に迎え入れた。熱心に近隣住民を団結させ、手紙を出し、ボランティアを募集、そして夜の集会。この女性について知れば知るほど、ジェイコブズは感服してしまった。一九一二年シカゴ生まれ。画家そして女優としての教育を受けたシャーリー・ザック・ヘイズは、ブロードウェイを夢見てニューヨークにやってきた。マリリン・モンロー風の髪型の美しいブロンド娘、ヘイズは彼女の将来の夫ジェイムスと「ハムレット」で共演して結婚。ジェイムスは広告の仕事に就き、夫婦はグリニッジ・ビレッジで四人の子供を育てていた。母親としてヘイズはビレッジやワシントンスクエアパークをとても大切に思っていた。近頃、巨大な高層住宅がやたらに建ち上がるのを見て、だんだん心配になっていたところに、追い打ちのようなモーゼスのワシントンスクエア南側都市再生プロジェクトを知って、仰天してしまった。公園に車道を許せば近隣は未来永劫破壊されてしまうと彼女は考えた。「この有名な公園とグリニッジ・ビレッジの住居地域を犠牲にすることは、たとえそれがモーゼス氏の公約であろうとも……あるいは行き詰まった交通事情の解決に、このつぎはぎでろくでもないアプローチが必要だといったところで、決して許されることではありません」と彼女は言った。[*13]

一九五二年にモーゼス案が提示されたあと、ヘイズはワシントンスクエアパーク委員会を設立した。これは三十を超える地域グループ、教会グループ、そして地元の学校の父兄団体などを結集したものであった。そしてもう一人この問題に熱心な母親で政治活動家でもあるエディス・リオンと一緒に、逃げ場のない近隣住民の意向をおおやけに発信する草の根運動を始めた。[*14]「多くの女性が団結してノー、ノー、ノーと叫んでいるのです」

こまめに手紙を書き、積極的に連携工作を広げていたヘイズは、市役所で一番影響力を持っている幹部職員を探しあて、近隣住民の意見に耳を傾けるよう迫った。絶え間ない請願が功を奏し、彼女はマンハッタン区長の諮問機関であるグリニッジ・ビレッジ地域社会計画会議の理事となった。会議の席上、彼女は理事会は公園での代案を検討すべきだと主張した。さらにヘイズは住民、店主、牧師などできるだけ多くの人たちに、この活動への参加を呼びかけた。一九五三年には、近くに住んでいたエレノア・

ルーズベルトに手紙を書いた。アセンシオン教会派の司祭のロスコ・ソーントン師、セントジョセフ派のシスター・コロナ、そしてビレッジテンプルのラビにも手紙を出し、教会のお説教で公園集会について触れてほしいと依頼した。また、近所の人を四つ角に立たせて交通量を測り、モーゼス側の資料に頼ることなく自分たちの証拠資料を用意した。道路計画案反対の嘆願書を回し、数週間もしないうちに四千通の署名を回収、新聞記者に数十通もの書簡を送付した。

一九五二年当時のマンハッタン区長はその後間もなく市長になったロバート・ワグナーだったが、彼の執務室は投書の山だった。モーゼスはヘイズが一揆運動を起こしかねないと憂慮して一九五三年になって彼女宛てに個人的な手紙を書き送り、彼女の見解を十分に斟酌すると確約した。

ヘイズは条件交渉をして危険性が少ない道路で決着をつけようなどとは毛頭思っていなかった。いかなる道路もいかなる車両も公園を通過させないこと、ただそれだけをひたすら求めたのだ。交渉もなければ妥協もない。ジェイコブズも、ヘイズのこの戦術を頭にたたき入れた。

一九五五年に、初めて[*15]この運動に参加したジェイコブズの立場は、指揮官というよりは歩兵だった。嘆願書[*16]を家の周りの店先に投げ込むのを手伝い、店番やお客と、近所で起こっている事態について話し込んだ。地域集会に顔を出し、公園変更案の最終決定権を持つ予算委員会にも初めて出席した。やがて彼女は、フルタイム専任者を置くなどして、活動をいっそう強化する必要を感じた。道路戦争の紆余曲折を、ただ後追いするのでは十分でなかったからだ。市役所で最終的に否決されたようにみえても、モーゼスの画策で計画案はいまだに生きつづけていたのだ。

実は一九五二年の五月、グリニッジ・ビレッジの住民はいったん勝利を手にしたのである。マンハッタン区長のロバート・ワグナーが道路計画をさらによく検討すべく撤回命令を出したのだ。それなのに、一九五四年、都市計画委員会は公園南側の再開発が次のステップへ移行するのを許可してしまった。これでモーゼスは勢いづいて、公園貫通道路をつくる決意を新たにした。そして一九五五年、彼にしてはずいぶん思い切った譲歩をした。四車線を半地下に沈め、その上に歩行者用の橋を架けるというのである。車道を低くすることで反対が弱まり、本格的なトンネルを掘らずにすむかもしれないと思ったのだ。トンネル案は地元のパン屋でのちにグリニッジ・ビレッジの市長という通称で呼ばれたアンソニー・ダポリトが推奨していた。都市環境のなかで車両を走行させるには地下を掘削するのが通常考えられる案であり、すでにニューヨークではグランドセントラル駅の近くで採用されていた。しかし公園の地下を掘削し、人工基盤を築いて公共空間をつくり込むとなればコストは莫大だった。モーゼスが譲れる限度は、半地下掘削と歩行者用架橋までだった。

近隣住民はこの半地下車道案に非難を浴びせ、最初の四車線案からなにも改善されていないと酷評した。一九五七年まで、ヘイズとリオンは何千もの抗議の投書で市役所をあふれさせた。ワグナーの後継区長フーラン・ジャックは最初モーゼスの半地下車道案に肩入れしたが、途中でひるんでしまい、より小幅の三十六フィート、二車線道路案を提案した。モーゼスから見ると、ジャックは明らかに弱腰すぎた。モーゼスはその案は「途方もなく狭すぎて」全く機能しない、民衆煽動家との妥協はもはやこれまでだ、と明言した。四車線、幅四十八フィート。真ん中の中央分離帯には植栽、そして必要なら半地下にするが、さもなければ地上。これ以上の修正はしない。

モーゼスは住民を優位に立たせまいと躍起になった。公聴会を土壇場まで引き延ばしたり、そうかと思えば、参加者を絞るために唐突な日程を組んだりした。ワシントンスクエアパークの再設計に二十年も無駄にして、彼は忍耐心を失っていた。そして彼の公約、五番街の延伸に向けて強引にことを運んだ。シャーリー・ヘイズとエディス・リオンの二人は、見事な運動を展開してきたが、それでも計画案はモーゼスの粘りで、いまだに前向き検討事案として生き残っていた。決してたやすくは死なないのだ。グリニッジ・ビレッジは、活動をさらに拡大させなければならなかった。

一九五八年に転機が訪れた。ワシントンスクエアパークから数ブロック先のグラマシーパークに住んでいた過激なコンサルタント、レイモンド・S・ルービノーがボランティアとして骨折ってくれることになったのだ。ロシア生まれの父親は社会保険制度の生みの親といわれているが、彼自身は経済学者でニューヨーク市の近隣住宅地域や歴史的建造物の保存に取り組み、カーネギーホールが解体されるのを守るたぐいの仕事に没頭していた。彼はまず最初にジェイコブズを戦略ならびに報道関係担当とした。また協議の結果、グループの名称をワシントンスクエア車両走行禁止緊急合同委員会に改めた。

「我々は、公園への道路敷設という特定問題に限定して、反対運動しているのです。ほかのあらゆる思想、主張に対応しようなどとは毛頭考えていませんでした」。ジェイコブズはのちにそう回想している。「この問題を浮き立たせ、明確にするために、この委員会のような名前が必要なのです。『○○団体』ではだめなのです……そういうわけで今までにもグリニッジ・ビレッジでは風変わりな、でも素晴らしい名前がはやったのです。例えば『ジェファーソン・マーケット裁判所の大時計を動かす委員会』とかがそれなのです。目指しているものがはっきりします。なにかのイデオロギーがあるのでもありません。特定のことを目指しているのにすぎないのです」[*17]

ヘイズはそれまでこの運動に広範囲の活動家を引き込んでいたが、ルービノーとジェイコブズは、さらに強力な攻撃兵力を招き入れた。彼らは、エレノア・ルーズベルトを説得、緊急合同委員会に参加してもらい、またビレッジの住民で文化人類学者のマーガレット・ミードにも声をかけた。ジェイコブズは親しくなった「フォーチュン」誌の編集者で『組織のなかの人間』の著者ウィリアム・〝ホーリー〟・ホワイト・ジュニアに参加を依頼するとともに、地区で評判がいい牧師、ニューヨーク大学の法学部の教授、新しい前衛的新聞「ビレッジボイス」の発行人などを招聘した。

緊急合同委員会の初期戦略会議で、ジェイコブズはモーゼスの立場が強まったことを警戒、この運動をはっきりした扱いやすい役割分担に細分化することが重要だと強調した。ここ数年、モーゼスは都市再生構想を市内各所で実行に移しており、経済衰退に歯止めをかけて、金儲けを狙う有力開発業者から支持されていた。公園南側のワシントンスクエアビレッジの建設はすでに始まっていたので、なおさら車道建設が必須だとモーゼスは主張した。[*18] 開発業者は、「スラム撤去法によって五番街住所をおおやけに約束されているほか、倉庫街に置き換わる新しい集合住宅へのアクセス道路も保証されているのだ」。

ジェイコブズは自分たちの論争がモーゼスの描いている大きな構想に巻き込まれるべきでないと強調した。緊急合同委員会の最大の論拠はワシントンスクエアは公園であり、公園に車道は不要、という点だった。いっさいの妥協なしが、ヘイズの戦略。それに加えてジェイコブズは、どんな開発事業が隣で行われようとも公園は公園、ならば車は許されない、という立場をとったのである。交渉には応じない。フーラン・ジャックが以前提案した、四車線を二車線にして多少危険を減らす案も否認。もしも道路ができてしまったら、そしてそれがローワーマンハッタン・エクスプレスウェイにつながったら、疑いもなく最後には拡幅されるのが落ちだったからだ。今ただちに、ワシントンスクエアの道路案を握りつぶさない限り、モーゼスの大きな夢を阻止することは到底できないのだ。

このためには住民の間で厳格な規律が必要だ、とジェイコブズは言った。交渉に応じたり、妥協したり、交換条件をのむような誘惑に負けてはいけない。また広報活動の強化にあたり、ルイス・マンフォードを起用した。彼は「ニューヨーカー」誌の建築評論家で、以前ハーバードでの講演で現代の都市計画の手法を彼女が批判して以来親しくしていた。

数年前[*19]、マンフォードはモーゼスの再設計計画を評して「馬鹿げていて、まるでソーセージのひき肉作業」のようだと言った。一九五八年に彼は緊急合同委員会宛ての声明書を記者団に公開した。「市の[*20]公園局による、ワシントンスクエアへの攻撃は許しがたい蛮行である」

「この半端な交通計画をごり押しする本当の理由を、モーゼス氏自身が白状している。すなわち『五番街』という名前の持つ経済的価値を、ワシントンスクエア南側の再生事業に携わる土地保有者に付与するということなのだ、しかもほとんど公金で。動機そのものが不適切。手口も常識を超えている。一部の不動産屋や投資家を優遇するあまり、五番街の趣を変えてしまうだけでなくワシントンスクエアの価値を低下させ、劣化させるのをいとわないのだ」。彼は続けてモーゼスを非難し、一般常識や善良なる市民感覚への「横柄な侮辱」だと言った。「ワシントンスクエア……は歴史的称賛に値するにもかかわらず、モーゼス氏は自分以外の人が、過去に成し遂げた仕事を賞賛できないたちなのだ。昔乞食の墓場だったこの場所は、いまやモーゼス氏の貧相で瀕死の都市計画案を埋葬する場にふさわしい」

ワシントンスクエアの車道は、つまるところ不動産開発業者を利するものだというマンフォードの指摘は反響を呼んだ。都市再生の基本は民間部門を呼び込んで再活性化を図ることにあった。このため、ワシントンスクエア南側の計画には非営利団体のニューヨーク大学も参加していた。モーゼスは開発業者から直接的な金銭的利益など受けてはいなかったが、マンフォードはこのプロジェクトの仕組みそのものがインサイダー取引だと追い打ちをかけ、モーゼスを守勢に立たせた。モーゼスは記者団宛て声明文を発表し反撃した。

「一般市民[*21]が吹き込まれているのは、このあたりはスラムではないとか、我々が行き場のない零細企業を非情にも追い立てているとか、非合法に低賃料住宅を潰して高賃料住宅に換えるのだとか、はたまた我々の事業が『盗人をして、安売りをする。まだ完璧に使える建物を取りつぶしてしまう』というたぐいのことなのだ」とモーゼスは言った。「批判している連中は『タイトル1』の目的が、スラムと標準以下の地区の撤去に限定されていることを理解していない。法律は再開発のやり方までは規制していない、あとは地域の発意に任されているのだ」

民間開発業者やニューヨーク大学の参加がなければ、古い倉庫は放置され引き続き火災発生現場となりうるだろう、とモーゼスは議論した。「誰がこのジャンクを片付けるというのか？」

だが、マンフォードによる攻撃は、たとえ都市再生といえども公園を車道で破壊していいわけがない、とがんばる人々を奮い立たせた。数日して、有名なニューヨーカーが運動に参加してきた。エレノア・ルーズベルト。初めからモーゼス案に懐疑的だった彼女は、「ニューヨーク・ポスト」紙の執筆コラム「わたしの一日」をこの論争のために割いてくれたのだ。「ロバート[*22]・モーゼスの口実を受け入れて……そのあげく公園の雰囲気を台なしにするよりは……いっそ公園を車両通行禁止にし、車は公園を迂回してもらうほうがはるかによいとわたしは思っています」。マーブルカレッジエイト教会の牧師ノーマン・ビンセント・ピールは「小さめの公園や広場は、それが昔の趣や魅力を残している場合にはことさらに、神経を鎮めてくれるし、多分、魂にもよいのだろう。ワシントンスクエアパークを、このせわしない街なかに浮かぶ静寂な島として、大切に保存することを分別を持って考えてみましょう」と説諭した。[*23]

そしてついにチャールス・アブラムスが登場する。彼はコロンビア大学教授でグリニッジ・ビレッジの住民でもあり、高い知性と旧家の出自というふたつの点で、モーゼスに似ていた。街なかの健全な地域を維持しようとする努力が、今まさに危機に瀕しているのだとアブラムスは主張した。「反乱がアメリカで起こらんとしているのだ」。一九五八年六月の満員の地域集会での演説であった。「アメリカの都市は多様な経済文化保存の戦場である。そしてグリニッジ・ビレッジはこの闘いのバンカーヒルといってもおかしくない……ワシントンスクエアの闘いでは、モーゼスといえども退却している。そしてモーゼスが退却したなら、神のご加護は我らにある」。アブラムスはこの演説を「ワシントンスクエアと都市の反乱」という題名のエッセイにまとめ「ビレッジボイス」に載せた。[*24][*25]

このきわめて明快な支持は励みとなった。これを契機に、勝てそうな闘いに見えはじめたのだ。だが油断は禁物、とジェイコブズは思っていた。天敵モーゼスをよく知るために、雑誌関係で培った技にものをいわせて、できるだけがんばってきたのである。彼はランドールズ島の穴蔵から、政府のあらゆる部署を操っているかのようだった。ロングアイランドからスピュトン・ダイビルに至るまで、長年にわたり、地域や反対住民との闘いを繰り広げてきた歴戦の勇士に勝つには、優れた戦略が絶対に必要だった。緊急合同委員会の夜ごとの戦略会議で、ジェイコブズは指揮官役を務め、三方面作戦を推し進めた。

草の根組織を通じた支持者増強、地元政治家へのさらなる圧力、報道関係の注目惹起の三面であった。

一九五〇年代のグリニッジ・ビレッジは政治家を巻き込む格好の場所だった。特に当選が危ぶまれる政治家や、新人候補などがそうだった。ジェイコブズはこのことを念頭に、政治状況を観察した。多くの住民は市役所に対して地元の発言力を高めたいと強く願っていたし、聞く耳を持たない市の行政を変えたいと考えて、政治の世界に飛び込んでいった。野心的な若い女性、キャロル・グレイツァーは、地域コミュニティに高まる閉塞感をテコにして市会議員になった。「我々自身で計画を考える、そんなことは今までになかったのだ」とグレイツァーは語った。「ハラハラするぐらい刺激的な時代だった」[*26]

その後ニューヨークの市長となるエド・コッチは、まだ政治家になったばかりで、ビレッジ・インディペンデント・デモクラットのメンバーであった。この団体は一九五六年にアドレイ・スティーブンソンの大統領選挙運動の最中に設立されたもので、自由で進歩的な議論を支持し、また政権に居座るタマニーホール政治機関出身者の対立候補を支援するのが目的であった。コッチは政治の世界を義理と恩情から切り離し、一般市民の真の代表になることを目指していた。ジェイコブズはコッチのような人物は、実力者の恩恵にあずかることなく、自力で地元の関心事に関与して評判を得ようとするタイプだと見ていた。

すでに権力の座にある政治家に対しては、また別の扱い方があった。マンハッタン区長、フーラン・ジャックは地元住民の反対を熟知しているはずなのに、いまだに公園の新しい車道案に固執していた。誰か別のチャンピオンが必要だった。ある晩ジェイコブズがうたた寝していると、夫のボブが公園への車両閉鎖を今度の選挙の争点にすることを思いついて、彼女を揺り起こした。州議会議員のビル・パッサナンテは共和党新人候補と厳しい競争をしていたが、この相手は車道案には反対だった。パッサナンテに、もう一歩踏み込むように勧めてみようとボブは言った。[*27]公園の周囲に支柱を立て、バスと緊急車両以外は全部そこで遮断する案に彼が合意するなら、緊急合同委員会の大量の票を入れ、そうでないなら票は敵方に行く。すぐさまパッサナンテは走行車両閉鎖案を支持した。ジェイコブズはまた近所の活動家に勧めてハンサムな若い共和党員で連邦議会議員に立候補しているジョン・V・リンゼイにアピールさせた。結果は敵方の民主党候補も含め二人とも、ただちに公園車道案反対に回った。

ジェイコブズと緊急合同委員会指導者は政治家との非公式な接触を続け、車道戦争が有権者の主要関心事であることを悟らせようとした。だが予算委員会、都市計画委員会、知事職、議員、立候補者などに対する市民圧力をさらに高めるには、なによりも効果的なもうひとつの手段があると考えていた。報道だった。彼女自身ジャーナリストであったから、メディアの注目を集めることにかけては精通していたのだ。

一九五〇年代はニューヨーク市の新聞業界に変化が起こった時期だった。二〇世紀になって早くから新聞社の数は減少していたが、それでも「ニューヨーク・タイムズ」「ヘラルドトリビューン」「ワールドテレグラム・アンド・サン」「ジャーナルアメリカン」「デイリーニュース」、それに「ニューヨーク・ポスト」が特ダネを巡って激しく競争していた。記者は抜けがけされるのをおそれているので、タイミングのよい記者発表が無視されることはまずないとジェイコブズは確信していた。ニュースの少ない週末は特にそうだし、住民グループの信用が厚く、報道に値するならばなおのことであった。一般に、記者は役人から情報を仕入れることが多く、役所丸抱えの彼らは、都市計画家や委員会理事などに逆らった記事を載せるのに慎重になってしまうのだ。モーゼスの場合がまさにそれで、巨大な報道機関の幹部に親しい友人が多く、脇にそれた記者を追い出した。対抗するには競争をテコにするほかなかった。

ジェイコブズから見ると、それまでの新聞報道は決して満足のゆくものではなかった。例えば「ニューヨーク・タイムズ」は、この闘いを完全に取材していたにもかかわらず、常にモーゼスの言を長々と引用していた。そこでジェイコブズは、地元住民の怒りの気持ちを表明するのに最適な場として「ビレッジボイス」を選んだ。「ボイス」は一九五五年にダン・ウォルフ、エド・ファンチャー、作家のノーマン・メイラーによって設立された前衛的都会派新聞で芸術や文化に強いうえに、地域あるいは政治的な懸案事項にも熱意と明確な信念を持って取り組んでいた。激しく攻撃的な報道と批判記事でピュリツァー賞に三回も輝いたのだが、同時に地元住民問題をも取材して、特に一般市民の視点に照準を当てていた。

「ボイス」のジャーナリストでグリニッジ・ビレッジに住むメアリー・ペロー・ニコラスはワシントンスクエアパークに関係するすべての公聴会や集会を取材したうえ、その後もウエストビレッジやローワーマンハッタン・エクスプレスウェイでの都市再生計画をカバーした。ジェイコブズとニコラスはワシントンスクエアパークの闘いの最中に親しくなっていて、この新進ジャーナリストが内部情報を入手できるように気を配った。新聞業界の人物とよい関係を持つことは有益だと考えていたからだ。ニコラスのニュースストーリーと「ボイス」の社説は、地域コミュニティの政治活動の大切さと公共空間の価値、これら双方を擁護する世論を高めてくれた。[*28]「我々が主張しているのは、ワシントンスクエアパークでの改修は、それがいかなるものであれ、コミュニティとしてのグリニッジ・ビレッジの終わりの始まりになるという点にある。グリニッジ・ビレッジは、個性のない場所になりさがってしまうのだ」。ウォルフは社説に次のように書いた。「ワシントンスクエアパークは多様性のなかにおける団結の象徴である。アーチ門から一ブロックもしないところには高級マンションもあれば、お湯なしの安アパートもあり、一九世紀の大邸宅もあれば、大学さらには零細企業の集積もある。公園は変化に富んだ趣向や素性を持つビレッジの住民をひとつに結びつける絆なのだ。最もよい点は複雑なニューヨークの素晴らしさを享受できることにあるし、最も悪い点は、自分が他人とどれだけ違うのかを、あらためて思い起こさせることにある」。[*29] モーゼスの部下は、グリニッジ・ビレッジの「不愉快な芸術家の一団」は、はなはだ迷惑な存在で、なにをするにも意見が一致することはないと苦情を漏らしていたが、ウォルフは「ここから石を投げれば届くところに、そのように迷惑な存在は何千とあるのだ」と誇らしげに宣言した。

「ボイス」がこの争議に肩入れしてくれている間に、ほかのメディアも巻き込まねばならなかった。新聞にはよい写真が必要で、ジェイコブズは有名な戦術を打ち上げた。子供たちを前面に押し出し中央に置いたのだ。つまるところ、遊び場を使い、公園中を駆け回るのは子供たちなのだから。[*30] 彼女は大勢の「いたずらっ子」を手配してポスターを貼らせ、嘆願書への署名を集めさせた。幼い子供たちは報道写真家にとって絶好の撮影機会となった。実は子供が公園を巡る争議のシンボルとなった例は以前にもあった。一九五六年、セントラルパーク近くの住民が、六七丁目のタバーン・オン・ザ・グリーンの駐車場を拡張するというモーゼスの計画案に対して、闘いを挑んだときのことである。母親はベビーカーを押して現場に向かい、ブルドーザーを立ち往生させた。「幼い兵士たち」の写真——よちよち歩きの幼子が遊び場を建設作業に明け渡すのを嫌がっている——は不朽の聖像となった。ついにモーゼスは手を引いた。ジェイコブズはそれを見て、これぞ勝利の戦術だと思ったのである。

「週末[*31]になると母は公園に三人の子供を連れてやってきて、道路計画の中止と公園への車の永久閉鎖の嘆願書を集めていました」とジェイコブズの息子ネッド・ジェイコブズは回想した。彼は一九五八年当時七歳であった。「この時代はビートニク全盛でした。弟とわたしは『公園を救え』と描いてある広告板をサンドイッチマンのようにつけさせられました。これはビレッジのなかでさえ、いつも笑われました。なぜなら〝公園〟は決して絶滅品種ではなかったからです。この頃はマッカーシズムがまだ生きていました。みんなは、ビレッジの人でさえ、嘆願書に署名することを怖がっていました。彼らの名前がなにかのリストに載って、その結果職を失うのではないかとおそれていたのです。それでもわたしは、みんなのところに歩み寄ってお願いしました。『僕たちの公園を救うのに手を貸してください』。すると、みんなの気持ちがやわらいで、署名してくれたのです。後年、母は思い出話でわたしたち子供がいつも一番多く署名を集めたと言っていました」

役人や報道関係者に子供の目線で考えさせることをジェイコブズは生涯を通じて続けた。ある日[*32]彼女がメイシーで息子ネッドとジムの長袖の下着を買っていたところ、係の人が狩猟用か、魚釣り用かと尋ねた。「ピケ用なのよ」と彼女は答えたのである。

戦術はうまく作動しはじめた。一九五八年の六月二十五日のこと、住民の反対を受け入れ、市は道路問題をさらに掘り下げて検討する間、ワシントンスクエアパークを一時的に車両禁止することに同意した。その翌日、「ニューヨーク・デイリー・ミラー」紙はメアリー・ジェイコブズ、三歳半、ボニー・レッドリッチ、四歳が「逆テープカッティング」として象徴的に結ばれたテープを高く掲げている写真を掲載した。見出しは、「怒りの結び目」であった。

◎

地域住民のメディア対策が上首尾だったことに、モーゼスが気づかないわけはなかった。即座に彼は、多分緊急合同委員会側は勝利するだろうが、その場合、この地域を交通渋滞で絶望的混乱に陥らせた責任はとってもらうことになるだろうと応酬した。[*33]「ここでひとこと言っておかねばなるまい……この非合理な反対をまかり通させてしまった事態に対してだ。やってみるがよい、うまくいくはずがない。ワシントンスクエアでの車の往来を全く断つことなぞ、どうしてできようか？　荒唐無稽にすぎる」

都市計画委員会は公園を一時的に車両禁止としている間に、今後どうするかについて慎重な審議を続けていたが、一九五八年の七月になってついにフーラン・ジャックの縮小案を採択した。[*34]モーゼスはさらに雄弁を振るい、最終的には自分の計画が勝利すると断言した。「あの手この手の地域ヒステリーが収まれば、泥仕合は終わり、常識と善意がものをいうのだ」

しかしその年の秋までには、地域の運動は最高潮に達し緊急合同委員会側は決定的な行動に出た。ニューヨーク州の州務長官で民主党指導者、そしてタマニー機関の実質的首領であったカルミネ・デサピオに訴え出たのだ。彼はまさに保守派の古狸でルービノー、コッチ、そしてグレイツァーやビレッジ・インディペンデント・デモクラットのメンバーがこぞってニューヨーク市政から追い出したいと願っていたタイプの人間だった。だが彼はグリニッジ・ビレッジの住民でもあった。彼がこの車道案に反対して立ち向かってくれたなら、それは大きな影響をもたらすだろう。ニューヨーク大学のノーマン・レッドリッチが使者となって意向を聞いたところこの民主党の首領は、この問題のよき理解者であることが判明した。デサピオは予算委員会は本件について公聴会を開くべきだと言い、滅多にないことだが彼自身が公開証言を行うつもりでいることを公言した。三万人にも上る車道計画反対署名者の名簿が彼に届けられた。市役所前に集まったたくさんの住民は、「広場を救え」と書かれた緑色のバッジをつけ、「公園を住民に」とプリントされた日傘をくるくる回していた。群衆のなかにはジェイン・ジェイコブズ、シャーリー・ヘイズ、そしてエレノア・ルーズベルトも交じっていた。

トレードマーク[*35]の濃いサングラスに、報道陣のカメラのフラッシュの光を反射させながら、デサピオはグリニッジ・ビレッジならびにワシントンスクエアパークは「金では買えない最も貴重な市の財産であり、そうであるからして八百万人の同胞であるニューヨーク市民一人ひとりの財産なのだ……ビレッジの貴重なシンボルの持ち味を変えてしまうのは、究極的にはこのたぐいなき地域コミュニティの根本的な持ち味を、跡形もなく根絶してしまうことにつながるのだ」と演説した。

数年間この強い影響力を持つデサピオと一緒に働いた経験からして、モーゼスは王手詰みで敗北したことを悟った。公聴会の一ヵ月後、フーラン・ジャックは、デサピオの指示で二車線道路案を撤回した。予算委員会は、交通局長に、バスならびに緊急車両以外すべて禁止するよう命じた。

紆余曲折はあったが、これがモーゼスの車道計画案の最期であった。もはや五番街の住所が公園南側の高層住宅につくことはなく、絶え間ない車両の走行もないのだ。[*36]この秋、モーゼスは予算委員会で再考を促すべく見込みのない演説を行った。この案件がこうして彼の手を離れてしまうのは腹立たしい限りだった。「この案には誰も反対していないのだ」と彼は言った。「誰も、誰もしていないのだ、ただ母親の一団、彼らだけなのだ」。彼が背を向け車に向かって歩き去るのを、ジェイコブズは驚きと満足感を持って見守った。

◎

勝利の祝賀パーティは一九五八年十一月一日土曜日にワシントンスクエアのアーチの下で行われた。プラカードや子供たち、「広場の兵士」と書かれた風船、そして大変な人だかりで昼近くにはお祭り騒ぎのような雰囲気が巻き起こった。この催しには正式な名前がついていて、公園への車の「大閉鎖」というものだった。緊急合同委員会はテープカットとは逆のテープ結び儀式を用意し報道陣へ絶好の写真撮影の機会を与えた。デサピオ、フーラン・ジャック、ビル・パッサナンテそしてレイモンド・S・ルービノー。みんな誇らしげに緑の細長い布切れを手に、カメラに向かって笑顔を向けていた。ジェイコブズも後方にいた。

「公園を住民に」のスローガンがついたピンク[*37]の日傘、「広場を救え」と書かれた緑のバッチがまたもや大挙して見られた。ジェイコブズは記者がメモ用紙に走り書きしたり、写真家が素早くスナップ撮影をするのを見守っていた。ニューヨーク州知事アベレル・ハリマン、市長ワグナー、そしてルイス・マンフォードなどからの祝いの言葉が代読されていた。「わたしはできるだけのことをして、この道路が再び開けられることが決してないようがんばります」とパッサナンテは見得を切った。「通りを見てごらんなさい。交通渋滞など見えますか？　公園を通り抜けたいなどといっている車がありますか？　わたしには人しか見えませんよ」

昼過ぎに、西一一丁目の住民スタンレー・タンケルが使い古されたミニバスに「公園を走る最後の車」

と書いた横断幕を飾りつけ、アーチ門の下をくぐり抜けて五番街へ向けて運転していった。

ほぼ七ヵ月後に住民は別の祝賀会を開いた。千人もが参加した仮装舞踏会は多くの政治家や新聞関係や地域の芸術家でにぎわった。真夜中になって劇場グループが組み立てた原寸大のボール紙製の車に誰かがライターを近づけ、車はロバート・モーゼスへの勝利を刻むかのごとく丸焼けとなった。ジェイコブズやグリニッジ・ビレッジのみんなは夜を徹してパーティを楽しんだ。

この祝賀会はもしかしたら尚早だったかもしれなかった。なぜかというと車両走行禁止はいまだに一時的措置であったからだ。市はこれを実験と考えていたのだ。だが、閉鎖してから週が経ち、月を経るにつれ、ことは思ったよりもずっとうまく運んだ。パッサナンテがテープ結びの日に、いみじくも観察したように、モーゼスが予測した交通渋滞は全く起こらなかったのである。ニューヨーク市内のこのあたりの街路網は大規模に広がっていて、運転手はどこでも好きに選んで走れたのだ。このワシントンスクエアパークでの実験は現代交通工学の礎となった。すなわち、車が昔からの街路網を通り抜けるとき、速度は遅いかもしれないが、混雑した一本道の高速道路より早く目的地に着くこともしばしばあるのだ。街を横断するのに車をやめてほかの交通手段、例えば大量輸送機関を利用する人もいることだろう。

モーゼスはこの敗北を潔く認めようとはしなかった。一九五九年、彼は公園での車両禁止を認める条件として、公園周囲のすべての街路を八十フィートに拡幅したうえで、芝生の角を隅きりして丸め、車両が楽に走行できるようにするべきだとがんばった。だがもはやモーゼスはこの案件に対する影響力を失っていて、市は新たな提案をして闘いを続行するような雰囲気ではなかった。五番街バス会社のバスは相変わらずアーチ門のちょっと先で旋回していた。

二年もしないうちに、バスは姿を消すだろう。ジェイコブズは、その頃にはもう著作業に戻ってい て、争議のこの段階ではあまり積極的な役割を果たしていなかった。だがシャーリー・ヘイズやエド・コッチは次第に強大になっていくビレッジ・インディペンデント・デモクラットを代表して、ワシントンスクエアパークでのすべての車両の排除に向けて圧力をかけつづけていた。新たに就任した公園局長のニューボルド・モリスはこの圧力に屈し、交通局の幹部にバスの旋回をほかの場所でやるように命じた。ワグナー市長のおかげで、ワシントンスクエアパークが永久に、バスも含めてすべての車両に対して閉鎖されたのは、ジョン・F・ケネディが一九六三年十一月に暗殺される数週間前のことであった。バス用の舗装車道はもはや必要ではなくなって、一エーカー半の土地が公園に戻された。この日、コッチとヘイズは記念に最後のバスを公園の外まで見送った。

母親の一団にとってこの勝利は完璧なものだった。モーゼスは一九三五年からワシントンスクエアパークの整備に従事したが、四半世紀経ってあきらめたのだ。この勝利を機にあちこちで住民が開発事業や、公共事業そして特に公園に関して口を挟み、自らの意見を主張するのが流行となった。ワシントンスクエアのアーチ門下のテープ結び儀式から一年して、ニューヨーク・シェイクスピア・フェスティバルの幹部ジョセフ・パップはセントラルパークでの無料の演劇許可取得を巡ってモーゼスと口論した。ニューヨーク市民は公共空間の所有権について新しい感覚を身につけたのだ。

ワシントンスクエアパークでの道路閉鎖はさまざまな結果をもたらした。北側は心地よいブラウンストーンの建物のままだったが、南側の境界の雰囲気はワシントンスクエアビレッジの高層住宅や遊び場で――延伸されるはずだった五番街というゲートウェイはつくられることはなかったにしても――全く変わってしまった。モーゼスが南五番街と名づけたかったその道路はラガーディアプレイスと名づけられた。一九九四年には、普通の歩幅で歩く姿の知事の銅像が、二棟の高層住宅に挟まれた低層建物内の店の前に建立された。ニューヨーク大学は公園南側に新しい建物をつくる積極的な計画案を実行した。そのなかで最も目立つのはボブスト図書館で、仮にモーゼス道路が完成していたら、公園からの南出口となる場所に建っていた。激しい住民の反対を押し切って建てられた赤錆色のモダニズム箱形建築はフィリップ・ジョンソンが手がけたものだが、ワシントンスクエアの南側部分に影を落としている。

公園は大繁盛だった。フォークソングや、一九六〇年代にはやりはじめた反体制文化の野外本拠地となったほか、ときには反ベトナム戦争の抗議作戦本部、あるいは土曜日の昼下がり噴水のあたりでギターを弾くボブ・ディランに出合える場所となった。ジェイコブズの考えでは、そこは計画されたものではない自然のままの公共空間であった。一九六一年に彼女は書いた。「周りを縁石で囲まれた噴水池[*38]は……環状舞台、円形劇場で……誰が見物人で、誰が役者なのか全くはっきりしなかった。みんながその両方を演じていた。ギター弾き、歌手、走り回る子供の群れ、即興舞踏家、日光浴する人、おしゃべりする人、見せびらかし屋、写真家、旅行者。それに交じってやや迷惑顔で本に夢中な人がちらほらと紛れていた。そこが混み合っていたのは、ほかに場所がなかったわけでは決してなかった。それが証拠には東側の静かな場所にあったベンチの半分はあいていた」

公園周囲の住民は[*39]、相変わらず自分たちはそこの世話係だと自認していた。若い母親たちは遊び場によりよい遊具を置くよう運動したり、一九七〇年代に公園を占拠しはじめた薬物売人や常習者に対する厳しい対応を求めた。今日では、ワシントンスクエアパークはちょうどセントラルパークと同じように民間資金で管理委員会によって運営されている。ベビーカーを押す両親が音楽家や曲芸師、チェスする人たちの間を縫って歩いていく。今、このあたりのタウンハウスは人気の不動産として五番街と互角に競っていて、付近には人気沸騰のレストラン、マリオ・バタリの「バッボ」もある。

実のところ、この場所を巡る論争はいまだに終わっていない。二〇〇五年に市はまたもや別の再設計案を出してきた――それには公園の周り全部に画一的な鉄の柵を巡らす案や、噴水の場所を動かしてアーチと一直線の位置にするなどが含まれていた。周辺の住民は、この千六百万ドルもする改修には反対で、そんなことをしたところで、公園を格式張ったものにするだけだと言い張って、機会さえあればジェイン・ジェイコブズを引き合いに出している。この場所は永久にジェイコブズとは切っても切れない仲なのだ。彼女の死後、追悼会はこのアーチの前で行われた。

◎

モーゼスにとって、ワシントンスクエアパークの闘いは、これから襲ってくる厄介ごとの先触れとなった。彼は、地域住民勢力がこれを機会にニューヨークのあらゆるかたちの進歩に対して抵抗するのではないかと懸念していた。また彼個人にとって屈辱的な敗北でもあった。時を同じくしてマンハッタン・タウン・スキャンダルが起こった――アッパーウエストサイドの民間開発業者が関係しているもので、古いテナントビルを片付けるはずだったのに、そのまま運営しつづけて高額の家賃収入を得ていたのだ。モーゼスが直接関係していたのではなく、不当利得行為に関与したのは少数の部下だったが、このときモーゼスと彼の都市再生について否定的論説がニューヨークの主な新聞に初めて載った。さらにワシントンスクエアパークの報道はモーゼスの神秘的雰囲気をなし崩しにしていった。なんといっても、最終的責任者は彼。ここにきて初めて、一般市民の意識のなかに彼の計画案が必ずしも市のために最善とは限らないかもしれないという疑念が芽生えた。

ワシントンスクエアパークの闘いのあと、モーゼスは公園局長の地位から身を引いた。在任中彼はニューヨーク市の緑地を倍以上のほぼ三万五千エーカーに広げ、六百五十八の運動場、十七マイルに及ぶ海浜、動物園、レクリエーションセンター、そして球技場をつくった。ワシントンスクエアパークは彼が職を辞した時点で、数少ない未完のプロジェクトであった。

ジェイコブズはその間さらに自信を深めていった。モーゼスは彼女の近隣地域に踏み込んできて追い返された。それは事実だが、それだけでなく、これにはもっと大きな意味合いがあったのだ。つまり一般市民は、モーゼスに代表されるトップダウンの計画にも挑戦することが可能だと悟ったのである。しかもニューヨークに限らず全国のどこの都市であれ、それは可能なのだ。ワシントンスクエアパークの闘いは、彼女がこれから書く予定の現代都市計画評論に大きな影響を与えた。「アーキテクチュラル・フォーラム」に載ったハーレムとフィラデルフィアに関する彼女の論評、ならびにハーバードでの一九五六年の講演は同じ結論を導き出していた。すなわち都市を素晴らしいものにつくり上げているものが、都市がどのように機能しているのかを理解していない人々、あるいは都市を深く理解していない人々によって、組織立って打ち壊されているということなのだ。

ワシントンスクエアパークの闘いがいよいよ高まってきた一九五八年に、ジェイコブズはこの論争の核心部分の出版を決めた。彼女の「アーキテクチュラル・フォーラム」での仕事や、緊急合同委員会での取り組みに注目が集まっていたのだ。「フォーチュン」誌の編集者であるウィリアム・〝ホーリー〟・ホワイト・ジュニアは彼女に「ダウンタウンは人々のものである」という随筆を発注してくれて、それは一九五八年の四月号に掲載された。その後間もなく記事はアンカーブックス出版の『爆発するメトロポリス』という書籍に組み入れられた。この出版社は、新しくできたペーパーバッグ専門出版社でネイサン・グレイザーとジェイソン・エプシュタインの共同編集によるものである。前者は著名なハーバードの社会学者で、後者はのちに「ニューヨーク・レビュー・オブ・ブックス」を創設した。

やがて彼女の人生と経歴の転機となるときがやってきた。将来期待をされる都市再生の著作家の仲間入りをした彼女は、ロックフェラー財団主催、フィラデルフィアのペンシルバニア大学で開かれる都市デザインの論評集会に招待されたのだ。ツタに覆われた講堂の外で休憩時間を使って催された歓迎パーティでジェイコブズは、夫人連を除けばただ一人の女性だったが、ふくらはぎ丈のドレスをまとい黒のハイヒールでハンドバッグを小脇に抱え、当時の名だたる理論家や実践家たちにとけ込んでいた。ルイス・マンフォード、イアン・マックハーグ、ルイス・カーン、I・M・ペイ、そしてケヴィン・リンチ。彼女はまたロックフェラー財団のチャドバーン・ギルパトリックとも会話を交わした。ギルパトリックは「ダウンタウンは人々のものである」を土台にしてなにかより大きな計画を考えているのではないかと質問した。ええ、と彼女は答えた。そのとおりだった。

「読者に対してわたしが与えたいのは、都市の別のイメージなのです。わたしや誰かの想像や願望から描かれたのではなく、できることなら、実際の生活から描かれたイメージなのです」。[*40] 彼女は一九五八年の夏、そう書いて彼に送った。都市に関する長編論文を書きはじめるにあたって、ギルパトリックは二千ドルの奨学金を用意してくれた。ジェイソン・エプシュタインは、その頃すでにアンカーブックスからランダムハウスの代表編集者になっていたが、ジェイン・ジェイコブズの都市と都市計画に関する著作はすごい本になる、とみんなをうまく説得してくれ、彼女は千五百ドルを前払いでもらえることになった。小切手は十一月に公園で催されたテープ結び儀式のあと、間もなくして到着した。

ジェイコブズを信頼していた男性たちは、彼女が約束を果たすだろうと疑いもなく信じていた。[*41]「ジェインに会うと、ある種恋におちいったようになるのさ」。エプシュタインはのちにそう述べている。「元気はつらつ、独創的、男まさり、そのうえ、実に親切」

こうして一九五〇年代が終わりに近づく頃には、緊急合同委員会の戦略会議での作業に代わって、ハドソンストリート五五五番地の二階で新品のレミントンのタイプライターを朝から晩までたたきつづけることになった。ワシントンスクエアパークの経験は、彼女の心に鮮やかにとどまって励みになっていた。コミュニティの組織化はきわめて重要な鍵なのだ。しかし実力行動を伴った彼女の言葉は、これから先、さらに大きな力を持つことになるのである。モーゼスをニューヨーク市の地域住民政治という塹壕のなかで打ち負かした。そしていまや、知的急進主義活動として一冊の本を出版しようとしているのだ。その本は都市計画に変革をもたらし、モーゼスをはじめ、偉大なモダニズム建築家たちに一発逆転を食らわせることになるのである。

第4章

グリニッジ・ビレッジの都市再生

グリニッジ・ビレッジでの都市再生計画に闘いを挑む作戦会議は毎日のように行われた

ハドソンストリート五五五番地でタイプライターに向かいながら、ジェイン・ジェイコブズは『アメリカ大都市の死と生』の原稿に打ち込んでいた。著述は遅々として進まなかった。ほぼ一年前、彼女はロックフェラー財団に資金と時間がさらに必要になると伝えていた。「ヴォーグ」や「ヘラルドトリビューン」誌に書いていた頃は、もう少したやすく言葉が出てきていたのだ。雑誌の記事は千字ちょっとで、ジェイコブズは題材をちょうどいい長さに書くことに長けていた。インタビューを詳しく引用したうえで、自分の考察を明確にそして平易に書き綴ったものだった。しかし本を書くことは、ずっときつく、ときに孤独そして苦痛でさえあったのだ。

その本の半分は、今まで都市で行われてきたお粗末な事例についてのレポートであり、もう半分はなにが都市を繁栄させたのかについての解説になる予定だった。彼女はその前の四年を費やして国中を旅行し、都市計画の「被害者」と思われる事例を研究してきていた。フィラデルフィアではロバート・モーゼスの役割をエドマンド・ベイコンが果たしていたし、ボストンではごみごみしたウェストエンドが取り壊されて、チャールス・リバーパークの高層住宅に変わろうとしていた。セントルイスでは一九五一年に建築家のジョージ・ヘルムートとミノル・ヤマサキがデザインしたプルーイット・アイゴー公営住宅団地を見て回った。ヤマサキはル・コルビュジエの信奉者で、のちにニューヨークのワールドトレードセンターのツインタワーを建てた人物だ。完成間もなくしてプルーイット・アイゴーは失敗作だと、烙印を押された。高層住宅は流線形で、効率もよいと喧伝されていたのだが、実際には建物下の公園からロビー、そしてエレベーター、階段吹き抜けなどが殺風景で、強盗やほかの犯罪の温床となっていた。セントルイスでの経験は、モダニズム建築運動がもたらした都市再生は欠点だらけだというジェイコブズの確信をさらに強固にした。都市計画家や建築家は、アメリカ大都市を救済するはずだったのに、実際には死滅させているのだ。スラムや安い賃貸住宅を取り壊し、単調で機能不全なプルーイット・アイゴーやシカゴのロバート・テイラー住宅プロジェクトのような建物に建て替えてしまい、死に至らしめる。シカゴのこのプロジェクトでは広大なあきスペースに一組の高層住宅を建てたのだが、住民はすぐに安全面での不安を感じたのだ。

うまく機能していない実例はすでに原稿に書き記してあった。今彼女が呻吟《しんぎん》しているのは、どうすれば都市が本当に機能するのかを明確に書き表すことであった。活気に満ちた都市近隣地域のモデルを提示する必要があったのだ。彼女はすでにそのような都市の基本的な条件を特定できていた。街区は短くて、規模の違う新旧の建物が入り交じり、さらに重要なことは、それらの混合利用《ミックスト・ユース》にあった——住居が店舗、事務所、レストランそしてカフェなどと程よく交じり合った状態である。訪ね歩いた都市には、みな一様にそのような古くからの近隣地域があった。だが本当に、混合利用は活力、地域社会、安全そして自己再生力をつくり出すことができて、しかも孤立した高層住宅では絶対に真似ができないのだということを立証する必要があったのだ。

そうこうしているうち、やがて突然バグパイプの音楽が聞こえてきた。

立ち上がって、二階の窓辺に歩み寄りブラインド越しにのぞいた。茶色のトレンチコートを着た男が、スコットランド高地地方のメロディをバグパイプで吹きながら、気取って練り歩いていた。人の群れが集まりはじめ、スキップする人、くるくる回る人、踊る人などがあとをついていった。彼が演奏をやめると、ついてきた人たちは拍手を送った。ハドソンストリート沿いの画廊やカフェの戸口に顔を出したたくさんの人たちも一緒だった。

ジェイコブズは、にっこり微笑んでブラインドをもとに戻し、この小柄な男は誰なのだろうかと思った。一瞬ためらったがもう一度のぞいて、今度は集まった人々の群れに思いをはせた。たった一ブロックあれば、雑多な人々が集まって、あのように無意識で自然な喜びが表現できるのだ。そのブロックは人々が束の間を楽しむのにうってつけなのだ。近所の人も見知らぬ人もともに安全で居心地がよく、そこでは誰もひとりぼっちではなかった。

『死と生』の執筆中、ジェイコブズはしばしばその窓辺に佇んで、グリニッジ・ビレッジの生活が繰り広げられるのをじっと見守った。シフト明けの港湾労働者が酒場に群れていく光景、子供が地元の学校から下校する様子、朝ゴミが回収され、洋服屋、床屋、肉屋が店先の歩道を掃いている光景は、まるで踊りの振りつけのようだった。そこには[*1]葉巻屋のスルーベさん、錠前屋のレイシーさん、そしてキャンディ屋のバーニーもいて傘を貸してあげたり、若者がタバコをねだるのに小言を言ったりしていた。母親はよちよち歩きの幼子をベビーカーで押していた。ティーンエイジャーは、店先の窓ガラスに映る自分の姿をのぞき込んでいた。夕方には、会社員が食料品店やドラッグストアから包みを抱えて家路についた。この街独特の素晴らしい動きがそこにはあった。そしてジェイコブズは、その後長く名文として讃えられることになる記述を思いついて書きつけた。「まるでバレエのようだ」と。朝から晩まで、近所の住民や店の主人、そして勤め人はみんな即興舞踊の一部のように見えたのだ。彼女は次のように考察した。「そこでは一人ひとりの踊り子とアンサンブルとが別々の役割を担っていて、それが不思議にも互いに相手を引き立てながら、全体の秩序を構成している。健全な都市の歩道上で繰り広げられるバレエは、ここそこで決して同じ繰り返しは見られないし、そのうえどこであっても常に即興に満ち満ちているのだ」

ある晩のこと、偶然酒場から出てきた人が、ころんでガラス窓を突き破った少年の腕に止血帯を巻き、それを見て玄関口のポーチに座っていた女性が十セント玉を借りてきて病院に緊急電話連絡をした。ここには通りを見守る人の目があるのだ。ジェイコブズには近所の住民の自然な折り合い、それ自体が人間の最善の力を引き出すのだと思われたのだ。機能的で、かつ多様性に富んだ都市近隣地域の最善例を、彼女は自宅二階の窓の外に目の当たりにしていた。こうしてハドソンストリートの彼女が居住するブロックは、やがて世界を変える彼女の著作のなかで、際立った役割を果たすこととなった。

◎

ジェイコブズはグリニッジ・ビレッジのこの小さな街角を観察しつづけた。その頃そこは、大変な変化の真っただなかにあった。以前のウエストビレッジは労働者階級の住居地区で、低賃料が移民や低所得者層には魅力だったが、今は多くの面で荒廃していた。ワシントンスクエアパークから西にほんの少し歩いたところだが、公園の語りつがれた歴史や金メッキ時代のあでやかな面影はなかった。治安は悪くなかったが街はずれにあって、線路がでこぼこ道を横切って扇状に延び、ところによっては頭上を高架で走っていた。配送便やトレイラートラックが一四丁目南で貨物の荷さばきを行っており、あたりは精肉業者、ボールベアリングの部品倉庫、帽子やコートを積み込む繊維製品用の小さな駅などで迷路のようになっていた。工場はエレベーターなしの四、五階建ての建物が味気なく並ぶ列の角にあった。あたりの住宅は低廉、質素で、港湾労働者や自治体職員が住んでいた。多くはアイルランド系カトリックのブルーカラーで職場の近くで家族を養っていた。一九四七年にジェインとロバートがハドソンストリート五五五番地に転入したことは、今でいえばブルックリンやニューアークのあちこちで、街の荒れた地区にヤッピーが転入しているのに匹敵するもので、二人はすでに何十年も前にアーバンパイオニアとして時代を先駆けていたのだ。

『死と生』を書いている頃には、ジェイコブズのような白人の専門職や、あとになってこの地域を特徴づけることになる同性愛者に加えて、プエルトリコ人やアフリカ系アメリカ人が移り住みはじめていた。労働者階級と富裕層との混住は緊張を生み出した。ブルーカラーは、低所得者層や、違う人種の家族が移り住んでくることに脅威を感じていただけでなくジェイコブズたちのように懐豊かな人々がここを新「発見」することにも、それにつれて必ず起こる不動産投機にも脅かされていたのだ。いくつかの建物が一夜にして高級マンションに改造されていった。ジェイコブズ自身も過度の「発見」が近隣地区の調和を乱すことに気がついていた。[*2]「彼ら地上げ屋の勢いは、まるでこのあたりの地下に石油でも湧いているみたいだわ」と彼女は言った。大規模なアパートを改修している開発業者は不動産の急激な値上がりの真犯人なのだ、と彼女は考えた。改修目的でぼろ家に移り住む彼女のような個人に罪はないし、実のところ評価額が早く上がるのを逆に防いでいた。[*3]「気長に徐々に修理していって、費用を抑え込むためには、浴室を丸ごと新しく発注などしてはいけません」と彼女は一九六三年の新聞記事で勧めている。「なるべく近所の古道具屋でハンパものを買い、できるだけ自分で修理しましょう」。それでも、ウエストビレッジの周辺部は荒廃し、住居地域は派手派手しくなっていった。この動きのなかで、多くのアイルランド系カトリックは地区の将来がどうなるのか見極めるまで住みつづけようとはせず、転出してしまった。とにもかくにも当時の都会の生活は、すぐにでも喜んで手放したいと思うような惨状だったのだ。彼らはアパートを売ってスタテンアイランドのような郊外の小さな一戸建て住宅に移り住んだのである。

　ジェイコブズはこういった複雑な状況を把握していて、ここでの文化の多様性と手頃な廉価性を維持する一方で、なんとかしてウエストビレッジを改善していかなければいけないと感じていた。近隣地域はすべての人に対して機能しなければならないのだ。当時まだ「高級住宅化《ジェントリフィケーション》」という言葉は人の口に上っていなかったが、肌の色が違い、宗教そして懐具合も違う多種多様な人々が、互いに近接して住むことができないなら、彼女が賞賛してやまない文化の多様性は、もはや存続の危機に瀕しているといってもよかった。容易なことではなかったが、ジェイコブズは適切な指導さえあれば、ウエストビレッジでその均衡を保つことはできると考えていた。そしてまた、それができる場所があるとすれば、自分の住んでいるこのブロックだろうとも確信していた。ウエストビレッジは労働者階級の持ち味を保ちながらも、新参者が持ち込む改善で利益を享受できるはずなのだ。

　ジェイコブズの考えでは、地域住民は彼女が「脱スラム化」と名づけた自発的なやり方で、地域を改善する力を持っていると信じていた。住民が自力で、民間と公共資金の双方を活用して建物の再生を図り、その結果、地域の経済的文化的多様性を維持するのである。この考えは彼女が一九六一年一月にランダムハウスから出版した『アメリカ大都市の死と生』のなかで明確に浮き彫りにされた。

だがロバート・モーゼスの時代に都市を取り仕切っていた人々は全く違う見方をしていた。彼らは近隣地区の改善は、緩やかで漸進的な手法では遂行不可能だと考えていたし、そのうえ連邦政府もごたついた時代遅れの都市近隣の自力での改善努力などには関心がなかったのだ。モーゼスの見解は、ロバート・ワグナー市長の市政やワグナーが指名した都市再生実行チームの面々にも浸透していて、彼らはウエストビレッジの四階建ての建物や製造工場、貨物線路などのつぎはぎ細工を保全することにはなんの価値も認めていなかった。この地域のある場所は衰退し、ほかの場所は土地投機にさらされていた。そのような地域は全部撤去して、跡地に政府プログラムを適用して「中所得者層」用住宅をつくる絶好の場所だった。もちろんこの政府プログラムは、モーゼスの構想から生まれたもので、社会経済面でのバランスをニューヨーク市にもたらすことを目的にしていた。彼の考えではこのあたりの近隣は初めからもう一度、完全にやり直すべき場所なのだ。

◎

ジェイコブズ[*4]は一九六一年の二月二十一日、「ニューヨーク・タイムズ」の紙面に目を通していた。それは彼女が原稿を提出してからひと月もした頃のことであった。すると、「下町で二ヵ所荒廃地域選定、都市再生対象に」という見出しが目に入った。記事中の二ヵ所の「荒廃地域」とはローワーイーストサイドにあるトンプキンスクエアパークとグリニッジ・ビレッジの西側地区と思われる十四ブロックであった。添付の地図にはハドソン川とワシントンスクエアパークに挟まれた対象地域がはっきり示されていて、ジェイコブズの住まい、ハドソンストリート五五五番地はそのちょうど真ん中にあった。市の表現ではウエストビレッジは古びた工業ゾーンで、安アパートのなかにはすぐにも移転可能な六百世帯しか住んでいなかった。修復作業や中所得者層向け住宅新規建設への政府出資はほぼ七百万ドルで、そのうちの三分の一が市の負担分だとその記事は報じていた。本格着手の前に、その地域を正式に荒廃地域指定できるのか、市は三十万ドルかけて事前調査を実施する予定だというのだ。

ジェイコブズは新聞を置いたが、めまいがした。ちょうど書き終えたばかりの著書のなかで、都市の模範として取り上げた彼女の住まいや近隣が、ロバート・モーゼスが始動させた都市再生の仕掛けによって、標的にされているのだ。

そのことを新聞で読むのは苦々しい限りだった。というのもワグナーは一九五四年に市長に選ばれてから間もなくして、市民参加や透明性の高い思いやりに富んだ緩やかな都市再生事業をすると公約していたのだ。ジェイコブズは新市長の公約が、本心からのものではなかったと知って失望してしまった。

父親は、下院議員で都市再生のもとになった連邦住宅法の草案者だったが、息子ワグナーはモーゼスの政策実行があまりにも高圧的だと感じて、一九五九年にスラム撤去の手続き改正を命じた。改正手続きは、より優れた住民移転措置、歴史的建造物保存などに配慮してあった。また、これに関連して市中のゾーニング変更と、ニューヨークの開発が目指す全体像、マスタープランが改めて示された。今後地域住民と市役所とは、地域改善のため協調してことにあたる。少なくともそのように見えた。

この措置の背後にある政治的動機は明らかであった。モーゼスは数々の成功を収めていたことは事実だが、スラム撤去委員会委員長、建設コーディネーター、また住宅事業の帝王として在職中に、都市再生事業の評判を落としたこともまた事実だった。彼の指揮のもとで、職員や開発業者は再開発区域の世帯に対して明け渡し通告を手交していたが、ブルドーザーによる取り壊しまで、九十日しか猶予を認めず、その間に移転の援助は事実上皆無だった。民間開発業者に対して、過度の権限移譲が行われているという批判が高まってきた。彼らはコミュニティが困っていることなど、顧みようとはしなかった。アッパーウエストサイド工事での金銭不正行為により職員が解雇された事件、いわゆるマンハッタン・タウン・スキャンダルによって、世間の批判はさらに強まった。リンカーンセンターの建設工事で、住民が住み慣れたブラウンストーンを離れたくないと嘆願した。あるいは、地元の事業主が市役所前に泊まり込み、生計手段が失われると抗議したこともあった。だが、こういった請願は全く顧みられることがなかった。やがて、ニューヨーク市民は大がかりな再開発プロジェクトがもたらす人的犠牲に気がつきはじめた。都市再生事業は世間へきちんとした説明を行うPR活動に問題があったので、ワグナーはそれを一九五九年の法律で解決しようとしたのである。

困難な課題を抱えて、モーゼスはだんだんいらついてきた。彼はニューヨーク市都市再生の先駆けとなって、数千戸の住宅を建ててきた。しかしそれは人に感謝されない縁の下の力持ち仕事で、住民はいつも不満だらけだった。ニューヨーク市の膨大な住宅需要を完全に満足させるだけの十分な資金などあるわけがなかった。それに比べれば橋や公園の改良はずっとましだった。とはいえ、ワシントンスクエアパークでの敗北のあと、モーゼスは公園局長の地位から退く予定だった。一九六〇年に彼は一九六四年の万博の会長に任命されていた。また市長、知事と取引し、公園局長、建設コーディネーター、それにスラム撤去委員会委員長の地位を放棄する代わりに、トライボローブリッジ&トンネル公社での強大な地位は手放さずにすんだ。この結果、彼の関心はまたもや道路、橋だけに集中されることになった。モーゼスのやり残した住宅事業や都市再生事業を、地域住民に歓迎されるやり方でさらに推進できるか否かは、いまやワグナーの腕次第だった。そのために彼は新たな住宅担当チームを組成した。

まず、都市計画委員会委員長にジェイムス・フェルトを選任した。ニューヨークで不動産業を営む一族の子孫として、フェルトは一九一〇年代にローワーイーストサイドで育ち、父親の不動産業で修業し、独立して大型梱包物の取りまとめや、明け渡し住民の移転業などの専門会社を設立した。小柄で、ちょっとはげぎみで蝶ネクタイのフェルトは、ニューヨークの不動産業界では枢要な人物であったが、以前はラビになろうとを考えていたので、しばしばタルムードの言葉を引用していた。[*5]「強き者は激情を抑え、敵を味方に変える」というのが彼の好んで使った教訓であった。彼は市が高い自己再生能力を持っていることに驚嘆し、一九六一年にはゾーニングを総点検し、二〇世紀初頭のウェディングケーキ形摩天楼に代わる、流線形モダニズム高層タワーへの道を開いた。フェルトはまた交通渋滞を緩和し、市中人口密度を低下させ、すべての地域がそれぞれ厳密に定められた単一機能を持つように注力した。[*6]すべてのことには決められた場所があるのだ、ゾーニングの新しい手法を説明するお披露目で、フェルトは図表を指し示しながらそう言った。

ワグナーに指名されたもう一人の重要人物は、J・クラレンス・デイビス・ジュニアだった。彼もまたニューヨーク市の不動産業の古参で、父親は一九世紀にブロンクスの大規模な土地開発を指揮していた。勇み肌、第二次大戦中戦闘機のパイロットとして勲章を受けたデイビスは、慈善活動や市の都市生活問題の指導者として著名な人物だった。都市再生の考え方にひたむきだった彼は、リンカーンセンター、あるいはブルックリンの都市再生プロジェクト、キャドマンプラザの事業などに尽力した。だが、市民住宅計画協議会の議長で、史跡保存委員会も歴任していたにもかかわらず、コミュニティの政治活動には寛容でなかった。市民全体の住宅需要を充足しようとする政府の足を引っ張っていると考えていたのだ。「全市民的な要望と地域住民グループのそれとが相いれないときは、多数の要望が優先されるのは当然である」[*7]と彼はあるとき述べた。ワグナーはデイビスを市の新たに設置された不動産部の部長にするとともに、モーゼスのスラム撤去委員会を引き継いだ住宅再開発評議会の議長にも任命した。

フェルトとデイビスのコンビに、新聞社説や報道関係は好意的だった。そしてワグナーは都市再生事業の新時代の到来、計画の専門的なアプローチ、手続きの公正化などを宣言した。事業は名前も新たに、「コミュニティ再生」となった。こうして「ウエストビレッジ計画案」が世に出たのである。

近所を取り壊す計画を「ニューヨーク・タイムズ」の記事で読み、ジェイコブズは実際のところ変わったのは名前だけだったのかと憤慨した。この計画案も本当の市民参加がないままつくられたのだ。住民は出てきた案に受け身で反応しなければならなかった。「都市再生」を新たな言葉に変えて、見栄えをよくしただけ。計画案を秘密裏に作成し、本格的な抗議運動が組織化される前に強引に実施してしまうモーゼスの流儀はなんら変わっていなかった。モーゼスは住宅事業ならびに再開発から身を引いたものの、各種委員会の一員として残れるように画策していた。[*8]ある年、都市計画委員会の委員として自分が再任されず、しかもワグナーがシラを切ってそれを書類上のミスだと言ったのを聞きおよんだ彼は、委員任命書用紙を秘書からもぎ取り、自分の名前を書き込んでワグナーの机越しに突き出した。市長はモーゼスの剣幕におそれをなし、署名して無言のまま机上を滑らせて返してきた。

実のところ、フェルトとデイビスは全くモーゼスの鋳型にはめられていたのだ。二人ともニューヨークの不動産開発業の出身であり、市民参加を嫌うモーゼスの考えにも共鳴していた。フェルトは特にそうで、偉大なるマスター・ビルダー、モーゼスの子分といっても別段おかしくはなかった。一九四〇年代にフェルトはモーゼスがマンハッタン島の東側に沿って開発したスタイブサントタウンやピーター・クーパービレッジの立ち退き住民の移転を請け負っていて、モーゼス側に立って働いていたのである。ワグナー市長の側近はのちになってフェルトはまるでモーゼスの弟子のようだったと認めている。「味方だと思ったのに、実はモーゼスの配下だったのだ」[*9]

さらに悪いことには、ウエストビレッジの荒廃地域指定調査には報復の気配が色濃かった。モーゼスがワグナー、フェルト、デイビスに引き継いだ都市再生の候補一覧表には、すでに進行中のプロジェクトだけでなく、新たに標的となる地域が載っていた。ビレッジはワシントンスクエアパークの件で、モーゼスが初の敗北を味わった場所であることを考えれば、彼が後継者に命じて、ブルドーザーをハドソンストリートに向けさせるだろうと容易に推察することができた。

ときとして、ジェイコブズは近隣地区へ襲いかかってくる攻撃の背後に、見えない復讐の手があるように感じた。ちょうど一年前、一九六〇年にジェイコブズの息子ネッドはハドソンストリートの歩道に測量技師が印をつけているのを目撃した。聞いてわかったのは、車道拡幅と歩道縮小計画が近隣に告知されることなく行われようとしていたことだった。[*10]ジェイコブズがその晩ネッドを寝かしつけたとき、彼は母親に家の前に植えた木がなくなってしまいそうだと告げた。

「なぜそんなことを言うの？　木は立派に大きくなっているのよ」。ジェイコブズは言った。

ネッドはそこで測量技師の言葉を彼女に伝えた。翌朝、ジェイコブズは嘆願書を作成し地元の印刷屋にコピーを依頼した。ネッドと妹のメアリーはハドソンストリート五五五番地の前に机を出して署名を集め、ドアの前にポスターをテープで貼りつけた。「ハドソンストリートの歩道を救え」。ジェイコブズはその年、歩道救済委員会を設立し、マンハッタン区長に宛てて嘆願書を送りつけ、拡幅計画案を棚上げさせてしまった。[*11] また一九六〇年に、自分の子供たちを州知事の事務所正面で行われたピケに連れていった。近隣で高級マンションへの改造工事が猛威を振るっているのに、政府はなすべき監視を怠ったとして抗議するためのピケだった。

著作を終えて、ジェイコブズは作家兼編集者になりきろうと考えていたが、モーゼスが始めた都市再生計画案に、決着をつけないわけにもいかなかった。市の計画案についての新聞記事を読んだその朝、ジェイコブズは歩道をウエストビレッジの公園の方角に歩いて、この愛すべき近隣地域が今にも取り壊される危機にあると、みんなに警告して回った。

何日も経ずして、数十人もの住民が一致協力、ウエストビレッジ救済委員会を結成、ジェイコブズと近所の歯医者、ドナルド・ドーデルソンが共同委員長となった。彼らは住民の賛同を求めて運動しながら、ウエストビレッジの荒廃指定に一ヵ月猶予を要求する嘆願書への署名を集めた。うまくいけば、市の主張を論駁する機会が生まれるのだ。[*12] ジェインはホワイトホース・タバーンで噂を広め、また彼女の夫も、アイルランド系カトリックの港湾労働者がたむろする酒場に足を運んでは、日曜のお説教にこの話題が取り上げられるよう励んだ。

それからジェイコブズは闘争を次の段階に進めた。ウエストビレッジの住民を動員し、特に市の都市計画委員会や予算委員会などの集会に参加させた。このふたつの集会は通常、型にはまった事項の協議に終始していて、多数の人間を受け入れるのに不慣れだった。だからビレッジ住民は、そこで大きく点を稼げるとジェインは考えていた。

「ニューヨーク・タイムズ」紙に記事が載った二日後のこと、さまざまな住民三十人を超すグループが列をなして予算委員会の公聴会に乗り込み、荒廃地域指定調査に関する説明を求めた。住宅再開発評議会のデイビスの補佐役が聴衆に対して、まだ全く白紙の状態だと請け合った。市はただ単に「タイトル1」に基づいて事務的調査請求を開始したにすぎないと彼は説明した。

住民は抗議した。それが本当なら、なぜ「ニューヨーク・タイムズ」は「プロジェクト」がウエストビレッジで着々と準備されているという記事を載せたのかと彼らは尋ねた。[*13]この集会前にジェイコブズは下院議員のジョン・V・リンゼイがワグナー市長宛てに出した電報を手に入れていて、それには「住民は十分な事前通知を受けていない」と明記されていた。手続きに瑕疵があると思っているのは住民だけではないと、彼女はその電報を振りかざしながら叫んだ。

三日後、三百人あまりの人々がセントルークス・スクールの講堂に繰り出し、ウエストビレッジ救済委員会の初会合が開かれた。ジェイコブズは「荒廃調査」についての「ニューヨーク・タイムズ」の記事を冷静に読み上げたうえで、実は「調査」はおざなりで、結論が先にありきなのだと説明した。対象の十四ブロックが荒廃地区に指定されれば、あたりはブルドーザーや解体鉄球だらけになり、地域に投資は行われなくなる。建物は劣化、近隣はまさに市の役人が指摘したとおりのスラムに姿を変えていき、ついには政府が言っていたとおりになってしまうのだ。こういった有り様を以前に何回も見てきたとジェイコブズは説明した。ニューヨークをはじめ全国で起こっているこのような現象を、彼女の本は収録していたのだ。

「まずは近隣地域がスラムかどうかの調査から始まります」[*14]と彼女は説明した。「そして、そこにブルドーザーを乗り入れ、土地は結局大きな金儲けを狙う開発業者の手に落ちてしまうのです」

ウエストビレッジ計画案に関する政府の型どおりの配布記事を読みながら、近所の住民に一連の手続きは名目上、低廉住宅扱いになっているにすぎないとジェイコブズは解説した。調査[*15]とは名ばかりで、近隣地域の古い建物や賃借人を排除して、「高額の税金を払える豪華版に入れ替える」政府による不正行為の先触れ的欺瞞にすぎない。「にぎやかで、親しみやすく、むさ苦しいこの地域を好きだというなら、都市再生事業には立ち向かわねばなりません」。ビレッジ住民で雑誌編集者、ジェイコブズの友人でもあったエリック・ウェンズバーグは彼女がそう言ったのを覚えていた。

市の計画だからといって、黙って受け入れなければならない理屈は全くないのだとジェイコブズは主張した。自らの立場を堅持し、一歩も引かず、このプロジェクトを徹頭徹尾否定するべきだ。条件交渉にはいっさい応じてはいけない。もしもフェルトやデイビスと交渉を始めたなら、ほんのわずかな土産しか手にできずに家に帰るはめになるのだ。

「委員会[*16]の目指すところはこのプロジェクトを完全に潰すことです、なぜならこれはコミュニティの崩壊にほかならないからです」とジェイコブズは言った。荒廃地域調査計画を、完全に退治したときに初めて「代替案を考えればよいのです。建物を法的に保全するのが願いであり、破壊を望んでいるのではありません」。このことはワシントンスクエアパークの抗争の際に、彼女が明確に学び取った教訓だった。車道の幅を狭くして、危険をより少なくするために闘ったのではない、車道を全くつくらせないために闘ったのだ。

モーゼスが都市再生事業の最高責任者だった頃、一部の地域住民やいくつかの都市生活問題団体は、歩み寄りに走った結果、計画案のささいな修正、もしくはいくらかの家族に多少ましな移転先をあてがう程度の譲歩しか得られなかった。一九五一年から一九五四年にかけて、ウイメンズ・シティ・クラブ・オブ・ニューヨークは都市再生の移転に伴って生ずる大きな人的犠牲について詳しい報告書を出した。だがそれは都市再生事業そのものに対して反対するのではなく、より効率のよい、人道的な移転手続きを訴えたにすぎなかった。また、ベルビュー病院周辺の都市再生対象地域の住民は、全体の計画案の中止ではなく、特定建物の修復保全を求め、撤去案の部分修正を甘んじて受け入れてしまった。一方、都市再生の一連の活動を完全に停止させようとした人々、例えば五十三エーカーのリンカーンセンター再開発の阻止を要求した二千百世帯および数百の商店の試みも、またうまくいかなかった。

「進歩の大鎌は北に進む」[*17]、標的となったリンカーンセンターの十八ブロックを引き合いに出してモーゼスは言った。そこはコロンバスサークルに最近彼が完成させたばかりのニューヨークコロシアムから北へほど近いところにあった。事業参加する大きな組織体、舞台芸術のリンカーンセンター、メトロポリタンオペラハウス、フォーダム大学などは住民の痛みを和らげるため、移転支援の手を差し伸べようと努力した。しかし結局、長年にわたってここに住んできた住民は、現状に劣らない新居が与えられる保証もなかったし、あるいは立ち退きがきちんと補償されるのかも定かでなかったのだ。

オーガスタ・ホーニングは州知事宛ての書面で、ウエスト六三丁目の彼女の生家からの立ち退きについて抗議したが、市の考え方はより大きな進歩のためには人は本分を尽くすべきだというのだった。リンカーンセンターのテープカットの儀式で、モーゼスは無神経にも、もはや都市の再建は転居なしには不可能だ、それは卵を割らずにオムレツがつくれないのと同じことだと演説した。

「人の移転なしには都市の再建は不可能です」[*18]と彼は言った。「居住者のみなさんには心よりの同情を申し上げるとともに、できる限りの配慮をする所存であります。とはいえ、すべてのみなさんや弁護士の要求に応えるわけにはいきません」。彼のメッセージは明らかだった。もしも市がブラウンストーンから立ち退くすべての家族に手こずっていたなら、営利目的の開発プロジェクトを期限内に、しかも予算内に推進することは不可能なのだ。

◎

グリニッジ・ビレッジの住民は、通称「ビレッジャー」と新聞紙上では呼ばれていたが、リンカーンセンターでの不首尾の一部始終を観察していた。そしてモーゼスが「ニューヨーク全体の進歩」だともっともらしく説明するのに対抗して、自分たちは一体どのような主張をすれば悪役に回ることなく、最終的に敗北を免れるのか考え込んでしまった。だがジェイコブズは、大きな試合を前にしたフットボールのコーチのように、みんなをあおった。思い起こそうではないか、ワシントンスクエアパークでは車両禁止を勝ち取ったではないか、ハドソンストリートの車道拡幅も差し止めたではないか。闘うことは可能だし、事実今まで闘い抜いてきたではないか、市役所を相手にして。

仲間内のボランティアといるときは疲れを知らず、前向きにみんなを励ましていた彼女だったが、心のなかではもっと抜け目なく対応しなければいけないと思っていた。軌道に乗った都市再生事業をやめさせるには、最前線で漏れのない活動が必要だった。より多彩な作戦が望ましく、彼女はそれを闘いのなかで追加していった。

まず顔の利く政治家に助力を求めた。ビレッジ・インディペンデント・デモクラットで重きをなしていたエド・コッチ、当時下院議員だったジョン・リンゼイ、州議会議員ルイ・デサルビオ。彼らはみんな選挙区の支持を取りつけることに躍起になっていた。さらに今回もまた報道関係の協力が必要だった。彼女は集会に集まった報道陣が、反対派の数の力を肌で感じられるように手配した。一般市民が時と場所をわきまえず発言し騒動を起こせば、格好の記事になるだろうとにらんだのだ。

闘いが進行するにつれ、ジェイコブズはまたもや新しい戦略を思いついた。フェルトとデイビスの信用失墜を狙い、手続き関係、法律的専門事項に集中砲火を浴びせることにしたのだ。この二人のチームは市民参加を口にはするものの、実はワグナーの新しい手続きを無視してウエストビレッジの計画案を地域住民に開示しなかった。[*19]「ブルドーザーを使う手口は禁止」「これから練り上げる改良計画はすべて物理的、美的にも、ビレッジの伝統と調和を図らねばならぬ」とワグナーは一九六一年の夏にはっきりと公約していたのだ。

ジェイコブズはそのような公約は「方便のための常套句」だと言い捨て、ワグナーのチームは、実際のところいまだにモーゼスの影響下で事業を行っていると指摘した。[*20]市は「アヒルを行列させる」かのように、注意深く選んだグループをなだめすかして準備に怠りなかった。そのグループには親モーゼス派のグリニッジ・ビレッジ協会と地域政治団体から各々一人ずつ、そしてモーゼスの友人である枢機卿が自ら指名したセントベロニカ教会の大司教などがいた。ジェイコブズはこの問題に飛びついて訴訟を起こし、この再生計画案の告示が地域に十分行き渡っていなかったと告発した。裁判を起こして手続き上の不備で懲らしめようとしたのだ。フェルトとデイビスはそれまで難攻不落の官僚組織のなかで守られていたが、いまや危ない橋を渡らねばならなかった。

市役所内友人からの通報によって、ジェイコブズとビレッジャーは、役人の動きを探り、あらゆる機会を逃さず彼らに歯向かった。矛盾を指摘、本音を暴こうと必死だった。ボブ・ジェイコブズも優れた戦略洞察力を発揮した。彼の攻略法は、常に役人に対して基本計画案を明確にするよう求め、もし彼らがそんなプロジェクトや計画は存在しないと否定したならば、それを記録に残すというものだった。言質をとってあるから、のちに強引に計画を推進しようとしても、必ず阻止できるのである。手間も根気もいる仕事だったが、成果は大きかった。もしフェルトやデイビスが裏でこそこそたくらんでいることが明るみに出れば、二人は公開の場で恥をかくことになり、市長の信頼が揺らぐのだ。この戦術は市のお抱え住民団体の動きを鈍らせるのにも役立った。[*21]ウエストビレッジ救済委員会が、某団体は都市再生案を是認していると公表すれば、「その団体は否定するだろう。いっぺん否定したら、もう翻すことは不可能だ」とジェイコブズは言った。

ウォーターゲート事件が起こる十年も前に、ジェイコブズはすでに近代的な事実究明型の報道のテクニックを使っていた。そのひとつは取引経緯をたどる新たな戦術であった。インサイダー取引の証拠がないか見張り、コンサルタントや開発業者が再開発事業から巨利を得たり、都市再生を正当化するために最前線であれこれ画策していないかを監視したのだ。

[*22]毎晩のように、ビレッジ救済委員会の主要メンバーはジェイコブズの家で落ち合い、食卓を囲み、マティーニをすすり、タバコをくゆらせた。だんだん人が増えたので、呼び鈴を不通にしてドアは開けっぱなしにした。だがなんといっても、ウエストビレッジ戦争の脈動を肌で感ずることができたのは、「ライオンズ・ヘッド」という名のカフェバーで、のちに編集者や、コラムニスト、そして記者のたまり場としてその名をとどろかせた場所だった。

大きなリビングルームはテーブルや椅子で埋まっていて、ひいきの客は席に着いて「ビレッジボイス」誌や「ビレッジャー」誌そして英国やフランスの新聞を読みながらコーヒーを飲んでいた。いまや店が立ちのきの危機に瀕したオーナーのレオン・サイデルは、ウエストビレッジ戦争にこのうえなく熱心だった。記者は近隣住民の動きを探るために、ここに立ち寄るのが常で、サイデルはいつも時間を割いて彼のコメントを記事に引用させた。[*23]ビラ広告原稿は午前一時にコピーに回され、仲間の印刷屋のおかげで翌朝には準備完了。サイデルはのちにニューヨーク市議会選挙に立候補して落選したが、「彼はほかの誰よりも早く情報を得て、誰よりも早く広めてくれます。コーヒーや夕食のためでなくニュースを仕入れにレオンに立ち寄るのです」とジェイコブズは言った。

「ライオンズ・ヘッド」で、ビレッジャーは攻撃計画を立てた。まず訴訟を申し立て、正式な調査案を遅らせるよう市役所に嘆願。続いて自分たちの居住地域はスラムではないと立証する。すなわち、このあたりの建物は危険な状態とはほど遠いし、修復ができないほど劣化が進んでいるわけでもないことを立証するのである。この作業に外部専門家を雇うのは容易ではないし、また費用の点もあって、住民は自力で鑑定調査を実施することにした。建物所有者、住民、そして店員たちにブロックごとのウエストビレッジの状態を質問して回ったのだ。

にわか鑑定員たちは、連邦住宅金融局の地方行政官、レスター・アイズナーの指導で建物面積、居住者数、キッチンや浴室の有無、そして支払い賃料など個々の記録を作成した。調査員の一人がアイズナーを説得して一緒に近所を歩いて回った結果、委員会の即席アドバイザーになってくれたのだ。豊かな多様性、さまざまな所得層の広がり、そして地域の全般的な健全性に好感をもったアイズナーの目には、ウエストビレッジが都市再生の有力候補地であるとはとうてい見えなかった。

彼はジェイコブズに市との間で交渉ごとを始めたり、文化施設の設置や、改良工事を要望したりすると、この計画案の賛同者とみなされ、市は地域コミュニティの支持を得ているると主張するだろうと教えた。

「決して、『この地域がこうなったり、ああなったりするといいのだが』という言葉を使ってはいけない」[*24]。成功するにはこの計画案を徹頭徹尾たたき潰すしかないのだというジェイコブズの信念を、アイズナーは裏書きしてくれたのだ[*25]。

ビレッジャーは、戸別訪問し、三月末の予算委員会へ提出する調査に必要な情報を集めて回った。「市は我々の家や商店を打ち壊そうと狙っているのです」。ボランティアがつくったビラには英語とスペイン語でそう書いてあった。「これを防ぐには、大至急この地域の詳細情報が必要なのです。担当者が訪問した際は、ぜひご協力をお願いします」。すべての必要な情報が集まったとき、住民の一人、広告代理店の上級アナリストがこれをとりまとめてくれた。結果を見ると、一人あたり一・三部屋、建物劣化の確固たる証拠なし、十分な広さのキッチン、浴室設備ありと、どれをとっても、この地域をスラムだとする根拠はなかった。

ビレッジ救済委員会は活動を続行し、さまざまな努力を重ねた。マンハッタン区の新区長エドワード・R・ダドリーに嘆願書を回し再生計画案を頓挫させるよう促した。[*26]「わたしは貴職が次の予算委員会で、提議されているウエストビレッジ都市再生事業案に反対することを求めます」。山のように積まれた署名済みの嘆願書にはそうあった。「この案は、健全な近隣地域を台無しにしてしまうのです。根拠のないものであり、またありがた迷惑でもあるのです」

調査員がクリップボードに情報を書き留め、小さい子供たちが署名を集めている間、サイデルは「ライオンズ・ヘッド」の店内で取り仕切っていた。

「[*27]連中は、全く青天の霹靂のように出してきた計画案に対して、一ヵ月もしないうちに代替案を提出せよというのだが、そもそもこの地域に改修改善の必要ありという証拠はなにひとつ見当たらない」と、彼は不動産評価額の上昇を示すおびただしい査定書類を振りかざしながら記者団に説明した。「これを見て近隣地域が衰退しているといえるかね？　せっかく何年もかけて住み着いて、購入費用の返済をすませたと思ったら、開発事業で立ち退きを食らってなにもかも失うのだ。どこかにすぐ移せるわけはない。最初からやり直さねばならんのだ」

まるでダビデとゴリアテの話ではないか、と思いながら新聞社は記者団を派遣し、高まりつつあるウエストビレッジの反乱を調査させた。ジェイコブズは報道陣を案内し近隣地域が荒廃していない証拠を見せて回った。

「数歩も歩かないうちに、子供たちが署名入りの嘆願書を両手いっぱいに抱えて出て来た」と「ヘラルドトリビューン」[*28]の記者が報じた。ジェイコブズについて記者は「堅実な……子供三人の母親」であり、また都市評論家でもあると描写した。地域救済の活動に弾みがついたのは、まさにこの近隣地域が大切にしてきたことの証だ、とジェイコブズはその記者に言った。印刷屋がビラをただで刷り、店員は時間を割き、隣近所は道に出て互いに見守ってくれる、これぞみなコミュニティが緊密に織りなしたものなのだ。

「ニューヨーク・タイムズ」[*29]の記者が自ら進んで分析を試み、「古いけれど、しっかりした」一世帯用と二世帯用住宅で、天井が高く、大きな暖炉付き、梁のある木造の建物を分類してみた。その結果、専用トイレ付き洗面所がないのは下宿屋では一軒だけ、ホテルでは三軒だけだということを見いだした。その報道記事には写真が並べてあって、ウエストビレッジの住民が家の前の歩道に木を植え育てている様子、輸入品倉庫、ハドソンストリートで隣人たちがジェイン・ジェイコブズと談笑している様子、そして六六一番地のアパートの心地よい居間などが載っていた。

◎

だが闘いの火蓋は切られたばかりだった。市の役人は自分たちの荒廃調査計画は予定どおりにそのままにして、ビレッジャーが細心の配慮でまとめた調査結果を握り潰そうとしていた。当然[*30]のことだが、標的にした地域をできるだけ悪く印象づけたのだ。写真家を雇って木製の梁にある細かなひびや、ひどく暗く狭苦しいはって歩くような場所を探し回ったりもした。救済委員会が提出した調査結果は市の目的には合わなかったのだ。

住宅再開発評議会の長、デイビスはウエストビレッジが荒廃地域として選ばれたのは、混合利用状態《ミックストユース》だからで、「タイトル1」のガイドラインのもとでは、それは「欠陥」と定義されると述べた。地域の荒廃を定義する尺度はほかにもあった。安下宿屋、時代遅れの建物、超過密状態などだったが、これらのすべてがウエストビレッジには存在していたうえ、モーゼスは以前の再生プロジェクトにおいて、すでにこのことに言及していた。言い換えれば、ビレッジジャーたちが家屋一軒一軒シラミ潰しにして調査した結果など、実はどうでもよかったのだ。都市再生ガイドラインのもとでは、その地域は当然にして再開発候補地だったのだ。

フェルトとデイビスは反撃するのにモーゼスの作戦にならった。すなわち分断支配だった。モーゼスはこの戦術をロングアイランドとワシントンスクエアパークの闘いで採用していた。一部の住民に条件の改善を約束することによって支持を確保し、反対派を分断したのだ。グリニッジ・ビレッジ協会はウエストビレッジ計画案に反対する団体だったが、その集会でデイビスの補佐役ウォルター・S・フライドはついうっかり口を滑らして、次の予算委員会の集会には計画の支持者が千人参加するだろうと言ってしまった。問い詰められ、フライドはビレッジ中所得者協同組合、通称ミコブからの支持者だと答えた。この団体は派生団体をつくっていて、それがウエストビレッジ借家人委員会であった。この委員会は、この地域の都市再生計画と、それがもたらす低廉住宅の実現を求めてロビー活動するという特定目的のために設立されたと彼は述べた。

ミコブはソーホーにおける大規模住宅再開発計画実現を期待して創立された市民団体であった。だが結局その再開発案は実現されず、ミコブは住宅プロジェクトなしの市民団体となってしまったのである。グループの指導者で最近メイン州から転居してきたシャーロット・シュワブは、市のウエストビレッジ計画を新聞で見て「わたしたちは支持することに決めたのです。ミコブは低廉住宅推進後援団体として力を貸したいと願っているのです」と言った。

ジェイコブズはすぐさまミコブの参入に対抗して行動を起こし、ミコブを「住宅再開発評議会がでっち上げた、操り人形、あるいはお手盛りの後援団体」と評した。市は「市民参加」をうたうために、どこかの市民団体を味方につける必要があり、ミコブはそれにうってつけだった。[*31]ジェイコブズは記者団に、シュワブは新しく建てられる住宅のなかからマンション一戸を提供されているのだと告発し、シュワブはそれを否定した。その点を追及されると住宅再開発評議委員会は千人の市民は一人ひとり自発的に参加し純粋にウエストビレッジ再開発がもたらす低廉住宅を求めているにすぎないと釈明した。

ウエストビレッジ計画を支持していたのはミコブだけではなかった。[*32]一九六一年には、強力な市民団体でロジャー・スターが率いる市民住宅計画協議会が新聞紙上に自らの見解を公表し、市は「地域を均一化することを目指したり、上質な住宅を打ち壊したり、住民が誇りにしている近隣の趣をいじくり回すようなことなど」もくろんではいない、だから事業は推し進めるべきだ、と言った。

ジェイコブズに加えほかの四市民団体は、計画が地域の陳腐化した工場や倉庫の撤去だけで終わるという確証はどこにもないとすぐさま反論した。市役所内の情報源によれば、建物保存の具体的計画など全くなく、撤去と再開発に限られていたのだ。

市民住宅計画協議会はニュース枯れの週末を狙って記事を出し巷間の耳目を集めた。ジェイコブズは、これに対抗し全市内で都市再生計画案が出されている各場所の市民代表者を束ね、また新顔のインテリ軍団を起用した。彼らはワシントンスクエアパークの闘いの際のルイス・マンフォードやチャールス・アブラムスに匹敵する優秀な人材で、ウエストビレッジ都市再生計画は欠陥政策だと批判した。社[*33]会学者のネイサン・グレイザー、ストートン・リンドそれに美術史家、都市デザイン評論家のマーティン・ジェイムスたちだった。

だが、ウエストビレッジの都市再生推進の背後にいた戦略家たち、ワグナー、フェルト、デイビスそしてデイビッド・ロックフェラーなどは、この時点で画策を始めていた。ロックフェラー一族の財団はジェイコブズが『死と生』のなかで展開した都市再生批判論に対し資金援助する一方、おおやけにはニューヨークの都市再生を支持していたのである。彼らの見解では都市再生の使命は、圧倒的に不足している低廉住宅の供給を増やすことにあった。ウエストビレッジ都市再生計画は、この観点からすれば、地域の高級住宅化《ジェントリフィケーション》問題の救い主になりうるのだ。

[*34]「きわめてはっきりしていると思うのですが……もしもウエストビレッジ地区が手つかずのまま残されてしまったなら、ビレッジは間違いなく高級住宅だらけの街になってしまうでしょう、もちろん、我々は力不足で、それを防ぐことなどできません」。デイビスは同僚に宛てた手紙にそう書いた。「この傾向はすでにして大変強くなっていて、ジェイコブズや仲間が、そのままにしておきたいと切に望んでいる現在のビレッジの姿を、逆に壊してしまうことになりかねません」

ジェイコブズにとって幸運だったのは、彼女が申し立てた訴訟、ジェイコブズ対ニューヨーク市がまさにちょうどいい頃合いで間に合ったのだ。一九六一年の四月二十七日、ニューヨーク最高裁判所判事は市長、予算委員会、都市計画委員会、そして住宅再開発評議会など、すべてに対し裁判所命令を出し、ウエストビレッジが荒廃地域か否かを調査するという法的妥当性の根拠を示すよう要求した。この計画案についてあらかじめ公聴会を開かねばならぬという、ワグナー市長自身が決めた要求事項を市は遵守していなかったからだ。

ジェイコブズを先頭に、近所の活動家やウエストビレッジ救済委員会の弁護士らは市役所に向かって行進し、その裁判所命令を予算委員会の席上でワグナー市長自身に手渡そうとした。[35]上着の折り襟にスローガンをつけ、安っぽいサングラスにマスキングテープでX印を入れ、収用家屋のシンボルとした。[36]AP通信の写真班がスナップ撮りし、住民が抗議している写真が全国を、そして全世界を駆け巡った。ようやく都市再生事業のなにが問題なのか世間の理解が盛り上がりつつあるなか、これはジェイコブズやビレッジャーにとって嬉しい限りだった。ジェイコブズは、X印は都市再生案が地域住民に与える空恐ろしい脅威を目につく形で表した重要なシンボルだと考えていた。

[37]「都市計画家の手によって魔法の印をつけられた人は、あたかも制圧者によってこづき回され、奪われ、追い立てられるかのようだ」彼女は『死と生』にそう書き記した。「何千という数えきれないほどの小規模の商店が取り潰され、補償といっても名ばかりで、経営者は破綻させられる」

ジェイコブズは判事の勧告を使ってフェルトとデイビスを辞任させようと努力した。

[38]「住宅再開発評議会が、この手続き上、大変な詐欺行為を行った事実を証拠だてる手はずを整えてきました」と彼女は言った。ベトナム戦争での、死者数のごまかしや秘密裏に行われた侵略行為、さらに

はウォーターゲート事件などが暴露される何年も前に、ジェイコブズは政府はおよそ頼りにならず、信頼に値しないと見破っていたのだ。

ワグナー[*39]は笑って、たった今受理したばかりの裁判所命令にはコメントしようがないと言った。しかし集会に参加した八百人ものビレッジャーは、この判事勧告で力関係に変化が起こるだろうことを肌で感じ取っていた。

公聴会[*40]のあと、フェルトは積極的な広報活動を推し進めた。そしてニューヨーク再建の「新たな」、よりきめ細かな配慮を施した都市再生案を提出し、全市を挙げて公聴会を開くと公約した。例えば、イーストビレッジのトンプキンス・スクエアのような地域は徹底したオーバーホールの必要がある一方、地域によっては外科手術的再開発で十分かもしれない。市民は自分たちの言い分を述べることができると彼は断言した。フェルトは「ニューヨーク・タイムズ」の記事で、「再生とは現存する構造物の保全と改善を行い、古くからの既成の近隣地域になじむ新規開発を行うことを意図するものである」と述べ、暗にビレッジャーの再生案への批判は的外れだとほのめかした。

一九六一年五月[*41]の公聴会で、一部のニューヨーク市民は市民参加を受け入れる市の新たな姿勢を誉め讃えた。「再生計画の進捗につれ、公聴会を頻繁に開催するという発表を我々は大いに評価しています」と、ウィメンズ・シティクラブ・オブ・ニューヨークのジュリエット・バートレットは言った。「初めて計画の企てが用地の選択より先になったのです」と、市民ユニオンのジョージ・ハレットは言った。市民住宅計画協議会のロジャー・スターは、ロバート・モーゼスの時代は終わった、そしてより優れた企画と、より多くの低廉住宅の時代の到来だと宣言した。だが、ジェイコブズはそう楽観的ではなかった。都市計画委員会の目的は低中所得者層によりよい生活を与えようというよりは、市の課税標準を広げることに関心を持っているのだと言った。異議を唱えたのは、彼女ただ一人だった。

一九六一年六月、ジェイコブズとビレッジャーは次の手を打った。市役所で都市計画委員会がウエストビレッジ都市再生計画案について慎重審議している間に、彼らはフェルトとデイビス両名の辞任を要求する嘆願書を市長秘書に手渡していた。この二人は度を超した再開発を押しつけ、地域住民の要求を無視して「公職を汚した」のだ。嘆願書[*42]は誰か公明正大な役人に二人の追放を検討させるよう要求していた。州議会議員のルイ・デサルビオは、ビレッジャーが極端な行動に走ったのは、もとはといえば不当に扱われたとの思いからであって、「彼らは生活のやり方にまで、官僚的な干渉を受けたくはないし、またその必要もない」と述べた。

最初ワグナーは、むきになって守りを固くした。彼の指名した人物が証拠もないのに、非倫理的振舞いをしたと責められるとは馬鹿げた話ではないか、と彼は言った。嘆願書に対抗して敵方の住民団体のいくつかがフェルトの弁護に回った。だが八月になると、予備選挙を目前にしてワグナーはウエストビレッジ都市再生への考え方を和らげるよう指示した。

「記録のために述べておきたいのだが、わたしはグリニッジ・ビレッジの根本的性格を変えるような調査には強く反対するものである」と彼は言った。この地域のこじんまりとした街の雰囲気、特色、そして豊かな文化遺産を誉め讃えたのだ。

それ[*43]でも市長の陳述はジェイコブズを満足させなかった。ワグナーが本気なら、彼はその計画全体を棚上げにするべきだと彼女は主張した。

一九六一年の秋、その計画を棚上げにする政治的圧力が高まった。予備選で民主党指名権をワグナーと争っていた州会計検査官のアーサー・レビットが、選挙に勝ったらその計画を反古にすると言ったのだ。カルミネ・デサピオは市長は予備選までに白黒はっきりした立場を決めるべきだと要求した。

投票日の前夜[*44]、ワグナーはついに屈して次のように述べた。「健全な都会のコミュニティ生活の模範ともなる地元の生活を保全し、さらに前向きにつくり上げていこうというウエストビレッジ地域住民の希望に、深い関心を抱くとともに共感を覚える」。彼は、都市計画委員会にこの計画を棚上げして、初めからやり直すよう指示した。「グリニッジ・ビレッジのコミュニティの人々に受け入れられ、かつ彼らの熱意と才覚を生かした計画作成への前向きな取り組み」が望ましいと述べた。ジェイコブズとビレッジャーが市長にスポットライトを浴びせつづけた結果が功を奏し、今のウエストビレッジ案をそのまま推し進めれば、自分もモーゼスと同罪だと責め立てられるはめになると市長は自ら悟ったのだ。

◎

フェルトはワグナーの頼みに「真剣な検討」をすると約束したものの、市長を裏切ってでも、当初案で進めることをすでに心に決めていた。モーゼスに薫陶を受けたフェルトは、たとえそれが上からの反対であったにせよ、ものともせずやり通す自信があった。[*45]フェルトは報告書で、市長は計画の撤退を要求する権利を持ってはいるものの、「そのような要求は、委員会の独立性を損なうものではなく」逆に、委員会が要求に屈してしまったなら「職務怠慢になる」と述べた。「公聴会で述べられたコミュニティの意見が、即委員会の結論になるべきだという議論は、委員会の役目や責任、さらには公聴会の本来の役割を曲解するものである」とその報告書は述べている。

ワグナーからの頼みで行われたジェイコブズならびにウエストビレッジ救済委員会との会見で、市長[*46]はビレッジャーに「フェルトの顔を立てるために」このあたりの地域を描き込んだ地図をおおやけに受け入れてさえくれれば、この大騒ぎを鎮静化できると示唆した。ワグナーは、そうなれば、もはや実力行使は心配しなくてよい、ブルドーザーもかけないし、そこでの都市再生の遂行はないと確約した。だが救済委員会はその取引を拒絶し、闘いを続行するのに必要なら裁判にかけると言い切った。

メンツを立てるそぶりをジェイコブズに強要することができなかったワグナーは声明を発表し、再生計画への反対見解を繰り返し明言し、その案が予算委員会に上がってきたなら自分は反対票を投じると述べた。

だがフェルトと都市計画委員会は、その後すぐに、驚愕すべき声明を発表した。[*47]一九六一年の十月十八日、満員の市役所での集会で、委員会はすでに非公開決議でウエストビレッジを荒廃地域として指定済みだと発表したのだ。委員会はフェルトが書いた委員会の独立性を正当化した報告書を公表した。

「フェルトを倒せ！　フェルトを倒せ！」ジェイコブズとビレッジャーは叫んで、すぐさま席を蹴って立ち上がり前の方へ押し寄せた。群衆はフェルトがディビッド・ローズ・アソシエイツ建設会社と、秘密取引を結んだと非難した。またしても民間開発業者がニューヨーク市の再開発で巨額の利を手に入れるのだ。都市計画委員会の決定は違法行為であり、市長は「裏切りにあった」のだ。

フェルトは小槌をたたいて規律を守るよう命じた。警官に合図を送り無秩序な群衆を取り押さえるよう命じた。ビレッジャーは、茫然自失となってしまった。委員会は一般からの反対意見を一応聴取したうえで力を誇示するかのように、民衆の声は受け入れられないと宣言したのである。

規律を保つために、フェルトはマイクに向かって、この集会は公聴会ではないので、一般市民の発言は許されてないと念を押した。しかし彼は州議会の下院議員であるルイ・デサルビオに話す時間を与え、群衆は彼らを支持してくれる人の話を聞こうとして静かになった。

「この非難されるべき奇妙な決定は」デサルビオは次のように断言した。「市、州、そして連邦政府の都市再生プログラムをロバート・モーゼスの専制独裁で非人間的なやり方の暗黒時代に戻してしまったのだ」

フェルトはデサルビオやそのほかの公選職にある人たちに別途内密の会見を提案した。つまり密室での取り計らいを狙ったのだ。ジェイコブズの周りにいたビレッジャーは激怒した。

[*48]「お前は公選職員ではないぞ！」とステファン・ゾルは言った。彼はクリストファーストリートの住民で、マクミラン出版社の編集者であった。「お前はディビッド・ローズと取引したのだ！」フェルトは警官に彼を排除するよう命じた。「お前の名前は決して忘れんぞ！」ゾルは何人かの警官に付き添われて外に連れ出されながらわめいた。

「あんたはフルシチョフの仲間だわ！」と女が叫んだ。「あんたがなんでそんな権限を持っているというの？　一体自分を何様だと思っているのさ、建築会社に肩入れするなんて？」

怒りに身を震わせたフェルトは、小槌をガンガンたたいて休憩を宣言した。中断中に、彼はさらに警官十人を追加で呼び寄せた。市民の騒擾《そうじょう》は、一九六〇年代を経て今日に至ってはもはや当たり前のようになってきたが、一九六一年当時では前代未聞であり、ましてやニューヨーク市の都市計画委員会の集会ではあり得ないことであった。

「これはわたしが今までに見たなかで最も恥ずべきデモだ。このような無秩序な振る舞いのなかで続行は無理だ」フェルトは報道陣に対してそう言った。

一時間後、フェルトは規律を立て直して集会を再開したが、青い制服姿が会場を取り囲んでいた。その場に残っていたビレッジャーは別途新たな公聴会を行うよう求め、フェルトの密約、そして市長への裏切りを大声でわめきつづけた。

「諸君は集会を妨害する連中を、逮捕する義務がある」フェルトは警官にそう言った。ウエストストストリートに住む俳優のジェイムズ・クエバスが静粛にすることを拒むと二人の警官が彼をつまみ出し、足を抱えて外へ運び出してしまった。彼らはそのほかにも何人かのビレッジャーを連れ出したが、逮捕はしなかったし、ときには友好的に談笑していた。

これ以上、もはや集会は開かれない、この計画案は予算委員会にはかられると、フェルトは冷静さを失わないように努力しながら言った。ビレッジャーが立ち上がり抗議するなかで、彼は再び小槌をたたいて集会は終了したと宣言し、横の出口から逃げるように立ち去ったのだ。

◎

モーゼスの場合は表に出てこないで、集会にも姿を現さず、直接的対決はできるだけ避けられたが、フェルトの立場でそれは許されることではなかった。彼の職務はいってみれば、よりよいおおやけの手順の遂行にあった。このため彼はジェイコブズにとって格好の餌食だったのだ。今は逃げ回っているこの蝶ネクタイの委員長は、いずれ指を突き立てて非難するビレッジャーとの対決を余儀なくされ、自分の立場を弁明しなければなるまいと彼女は考えていた。

フェルトはこの対決を避けようと躍起になり、モーゼス譲りの戦術をもって、集会予定日の公表をぎりぎりまで引き延ばしたりしたが、ジェイコブズ側は市役所内部に放ったスパイから集会の日時や場所を事前に情報提供させていた。何ヵ月間にもわたり、ほぼ毎週のように開かれる夜の集会で、フェルトの目に映るのは、いつも最前列に陣取るジェイコブズの姿であった。彼のタルムード的な忍耐は、極度の不安にすり替わったが、不安におびえるのは彼だけではなかった。委員会の理事の何人かは、実際に脅迫された。都市再生に賛成のふたつの市民団体、市民住宅計画協議会と市民ユニオンはビレッジャーの振る舞いは公聴会の将来を危うくさせると述べ、「民主的な組織に対する危険きわまりない攻撃」だと警告を発した。ニューヨーク近隣住宅連合とニューヨーク児童市民委員会も、住民の振る舞いを非難し、市住宅局の局長は「無知、情緒不安定、不誠実、名誉毀損、無秩序でうんざりだ」と決めつけた。

だが時は一九六〇年代の初めであり、すでに変化の大波がグリニッジ・ビレッジそしてニューヨーク全体に押し寄せていた。一九五〇年代には権威に対する信頼感は着実に失われはじめていて、政治的権力者に異議を唱えたり、不正行為に対して立ち向かったりすることが、社会的にも受け入れられる風潮が出てきていた。ワシントンスクエア・パークの噴水付近にはフォークシンガーがたむろし、ボブ・ディランが得意のハーモニカを持って街に現れ、時代の変化を宣託した。この新しい時代にあっては、世間から傍若無人のそしりを受けるのは、人々の意見を傲慢な態度で却下したり、秘密主義に固執している都市計画委員会であって、抗議する人々ではなかった。フェルトは秘密裏にしか人に会わなかったばかりか、市の車両がそのあたりをうろつき回るのに公式紋章を取り外させたりした。住民の不信感は明白で、ジェイコブズは市民不服従の必要性をわかりやすく説明した。

「わたしたち市民は、今まで紳士淑女として振る舞ってきて、その結果、振り回されてしまったのです」[*49]と彼女は言った。「わたしたちは、決して暴力的ではありません。そうではなくて、わたしたちの近隣やわたしたちの市で今起こっていることに大きな不安を感じているのです……だからこそ、昨日声を大にして抗議したのです」

都市計画委員会での対決のあと、ジェイコブズはスラム指定とその撤去によって利益を得る民間開発業者についてさらに深く探ることを決め、都市再生を支持するいくつかの住民団体の背後に、彼ら開発業者がいるのではないかと目を光らせた。彼女は、開発業者のスパイを見張るために近所の子供たちに協力を求めた。このスパイを彼女は「卑劣な連中」と呼んだが、彼らはウエストビレッジの街区のなかをうろつき回り、各家庭の生活状況について聞き取りを行っていたのである。子供探偵団のおかげで、ジェイコブズは何人かの卑劣漢を追跡しディビッド・ローズ・アソシエイツをつきとめることができた。この会社こそ取り壊し計画で、このあたりの再開発を市から指名された会社なのだ。

彼女はその後さらにこの探偵仕事を一歩進めた。保管[*50]しておいた今までの書簡の束をめくり返すうちに、ジェイコブズはこの会社の一員でバリー・ベネペという男が彼女宛てに出した手紙、旅費給費奨学制度について問い合わせた手紙を探し出したのである。そこで気づいたのは、都市計画支持派の住民団体から出されていた記者発表文と、この手紙の書体とがびっくりするほど似ていることだった。双方の文書にrの文字が出てくるたびに、その位置が少し下にずれていた。ジェイコブズが雇った専門家によれば、開発業者の書簡と都市再生支持派で建前上は市民ベースだという団体――それにはミコブも入っていた――の書簡は同じタイプライターで打たれたものだと確認された。このタイプライターはコロンビア大学にほど近いところにある事務所のなかにあることが判明。ジェイコブズの友人で大学で働いているエリック・ウェンズバーグが、探りを入れにその事務所に立ち寄ってみた。その事務所の机の上で彼が見つけたものはローズ・アソシエイツから発信された電報であった。

これは劇的なすっぱ抜きとなった。最初から、ジェイコブズは都市再生賛成派の市民団体の存在については懐疑的だった。彼らは戸別訪問活動を通じて数百のビレッジャーに再開発を支持する請願書に署名するよう、説得し回っていた。ジェイコブズは署名をした住民に直接会って、彼らが再生計画を誤解し、実際に約束されているものよりもずっと多くの利益を得られると勘違いしていることをつきとめた。そしてビレッジャーから公正証書化した百通以上の陳述書を集めて、このごまかしを記録文書として作成した。ビレッジャーは、対立する近隣団体からだまされていただけでなく、ウエストビレッジの再開発事業で金銭的利益を狙う開発業者からもだまされていたことが、いまやはっきりわかったのだ。

彼女が見つけた事実を、おおやけにする機会がやってきた。それは騒々しかった都市計画委員会の集会の翌日、ライオンズ・ヘッドで開かれた近隣住民の戦略会議でのことだった。[*51] 怒りに燃える住民や報道陣に囲まれて、ジェイコブズは書類を入れた茶封筒を取り出した。そのなかにはウエストビレッジ都市再生プロジェクトの素案は、自分がつくったと誇らしげに吹聴する某コンサルタントの経歴書も入っていた。本来、「タイトル1」では市がまず最初にスラム認定を行って、その後初めて民間セクターを招き入れ再活性化するはずなのに、ここでは順序が逆で、最初から民間開発業者が、甘い汁を吸える不動産スキーム全体の手順を取り仕切っていたのだとジェイコブズは断言した。

「またもや、いつもの手口なのです」[*52]とジェイコブズは言った。「最初に建設会社が物件を選んで、次に都市計画委員会にスラム指定させ、それから人々を家から追い出してブルドーザーをかけるのです」

ディビッド・ローズ・アソシエイツとコンサルタントは、計画が秘密裏につくられたことはないし、また本来市が決定権を持つことに、影響力を振るったこともないと口裏を合わせた。近隣委員会のボスであり、グリニッジ・ビレッジ協会の以前の会長で、六十年以上この近隣の住民でもあったジェイムズ・カークは建築会社との関係を全く否定したうえで、ジェイコブズこそ弱いものいじめだと言い張った。

「この十年間、荷揚げ作業員、トラック運転手、港湾労働者など波止場の周辺で働いているビレッジの住民は、みんな立ち退き要求にあって引っ越さなければならなかった」[*53]。彼は一九六一年十月、記者にそう語った。「建物が取り壊され、高級マンションに建て替わるか、さもなければ小ぶりのマンションに改装されるのだが、値段は高いし、家族には小さすぎる」。都市再生事業は、働き者のこの人たちに必要な低廉住宅を提供するのだ、と彼は言った。

カークは急速に広まっている近隣地域の高級化問題の解決には都市再生事業が有効だと真剣に思っていた。だが、彼の主張は力不足であったばかりか遅すぎもした。ジェイコブズは役所的な傲慢さ、密室取引に加え政治腐敗が起きているという意識をみんなに植えつけた。十一月の選挙が近づいてきて、ワグナー市長は再選に向けて順風満帆ではあったが、ウエストビレッジで手こずっているのを、独立系のライバル候補からいまだに攻撃されていた。彼は十四のブロックのスラム指定ならびに都市再生計画案をきっぱりと廃案にする必要があったのだ。

フェルトとデイビスはただでさえ、集会で警官が市民を手荒に運び出したマイナスの報道に打ちのめされたのに、ディビッド・ローズ・アソシエイツとの関係まで暴露され、進退窮まって降伏する覚悟を決めた。

デイビスがまず抵抗をやめた。不承不承ながらも、ウエストビレッジ計画の汚点挽回のチャンスはもうないと結論づけたのだ。一九六一年十月二十三日、住宅再開発評議委員会は声明文で、ウエストビレッジ荒廃地域指定調査計画をこれ以上推進しないと発表した。市民の反対ではなく市長の強い反対の結果であると、特に付言してあった。

ジェイコブズはこの結果にも、有頂天になるわけにはいかなかった。[54]なぜならまだやるべきことが残っていたからだ。彼女の近隣地区を都市計画委員会のスラム対象リストから完全にはずさせる必要があったのだ。しかし勝利の実感は確かなものだった。彼女はワグナー市長によって提案された「新」都市再生プログラムは、本当の意味の改革からほど遠いものであることを証明したのである。新プログラムのもとでも、ロバート・モーゼス時代と同じく、市民の参加はほとんど見られなかったし、民間建設会社に与えられた広範な自由度は、このプログラムが権力と貪欲で支配されている印象を強く与えていた。彼女は都市再生計画が、絶対不可避のものではないことも立証したのだ。また一般市民が権力に挑戦できるのだ、ということも明らかにした。これは一九六〇年代を通じて世に広まった行動の先駆けであった。

一年もしないうちに、デイビスは辞任し、フェルトは都市計画委員会委員長をその一年後に辞職した。

この闘いに勝利して、ジェイコブズは憧れていた平穏な家庭生活に戻った。クッキーを焼き、感謝祭の晩餐の予定を立て、新聞記事の切り抜きを集めたりしていた。記事は彼女をジャンヌ・ダルクや、バリケードに人々を立ち向かわせたデファルジ夫人になぞらえていて、艱難《かんなん》を克服した市民的英雄で、政治家は彼女の存在におびえたという顛末が書いてあった。一九六一年の十一月には「ニューヨーク・タイムズ」は初めてジェイコブズの詳細なプロフィールを載せ、見出しに「市民代表評論家」と書いて、「やる気満々の、眼鏡をかけた白髪の女性」で「管理監督下でのプレーを信じない」と描写した。しかし本格的に彼女の名前が広まるのは、まだ先のことだった。[*55]

◎

不屈で、街路環境に精通した近隣地域戦術家として名を成した彼女は、一九六一年の九月から著作家にもなった。その著作は国じゅうの、いや世界じゅうの都市計画の方向を変えてしまうことになったのである。実際のところ、市がウエストビレッジの都市再生計画を断念しはじめたその頃、ランダムハウスは『アメリカ大都市の死と生』を発刊したのである。

その本は、既成の権力集団に挑戦するきわめて衝撃的かつ革新的な著作と見なされた。政府役人、都市計画家、建築家、交通工学専門家、開発業者、建設コンサルタントなど、従前から国の都市づくりに携わってきた権力者に対する挑戦だった。「都市計画家が我々の都市を破壊する!」ランダムハウスの新聞広告の見出しはこれだった。そしてこの見出しはジェイコブズの根本的な訴えをうまくとらえているものだった。すなわち、アメリカの大都市を改善するはずだと思われている関係者は、驚くべきことに都市を荒廃させていたのである。全くのところ、その本の冒頭文は彼らが何年にもわたって行ってきた仕事の成果を無価値だと断言していた。「この本は今の都市計画と再建に対する攻撃です……都市やあるいは都市の近隣を人工的な整然としたものにつくり替えることで、秩序立ったものになるとする考え方は、現実の人間の生活を排除して人工的なものに置き換えてしまうという間違いを犯すことになるのです」

『死と生』以前では、都市計画は建築学科や公共事業委員会以外では、あまり議論されてこなかった。しかしジェイコブズはそれを広く世に問い、身近なものにして、わくわくするようなものに変えたのだ。彼女の考察は難解な専門用語とは無縁、気取らず常識的であった。最初は、数千部程度が刷られただけだったが、ペーパーバック版は発行後数年で数万部に達し、その後数十万部に達した。アメリカの大都市においてなにがうまくいかないのか、なにが正しいことなのか、そしていかに一般の市民が都会の生活を価値あるものにできるのかを書きながら、ジェイコブズは読者にぜひ直接それに携わるよう勧めた。学位もとらず、正式な都市計画養成教育も受けていない一人の母親にすぎないことを誇りに思っている彼女は、読者に向かって自分と同じように外に出向き、いかに大都市が機能しているのか観察するよう勧めたのである。製図板にとりついている都市計画家、そして事業を完遂せんと固く決心しているロバート・モーゼス、彼らは単に注意深く観察するのを怠っていると彼女は攻撃した。彼らは、都市をつくるにあたって、どうすれば都市が一番うまく機能するのかを理解していない。そもそも都市を計画的につくることができると傲慢にも信じていて盲目になっているのだ。彼らは都市問題を解決するには、高層住宅と、ショッピングモールを、直線的に長く延びたブロックや風が吹きさらす広場につくればよいと信じているのだが、そこを使う人々のためにはいずれも役に立たないのである。殺風景な空き地、車両交通を円滑にするための幅広い大通りは、都市から生活を流し去ってしまう。活気にあふれる都市生活の成功モデルが、彼らの目の前でブルドーザーをかけられそうになっているという事実を都市計画家はわかっていないし、わかろうともしていないとジェイコブズは書いた。

この本は、一九六〇年代に試みられた一般人による既成の組織体制に対する挑戦の先陣を切るものであった。レイチェル・カーソンの農薬に関する著作、『沈黙の春』は一九六二年に書かれたが、事実上今日の環境運動のはしりとなった。ベティ・フリーダンはビジネスや文化における男性優位や、家庭の主婦の不要なまでの退屈さに対峙して『新しい女性の創造』を書いた。マイケル・ハリントンの『もう一つのアメリカ』は貧困との闘いを鼓舞した。そしてラルフ・ネーダーは、その著『どんなスピードでも自動車は危険だ』で企業の官僚的対応によってシートベルトなどの基本的な安全措置が採択されなかった経緯を詳らかにし、消費者保護への道筋を照らしてくれた。これらすべての本の著者は終戦後から一九五〇年に至るまでのアメリカの政治、政策そして文化における欠陥を指摘するために事実究明型の報道の戦術を使った。それまで国が自信をもって進めていた方向性についての疑義を呼び起こしたのだ。

ジェイコブズの基本理念は、今日では都市計画、デザイン、そして政府の慣習に至るまで、幅広く生かされているので、当時『死と生』がいかに革新的であったか察するのは難しいだろう。当時、都市再生と高速道路建設は、都市計画の常識であった。全国の建築学科でモダニズムと現代都市計画の基礎が教えられていた。そのようななかで、学界、名だたる都市計画家、都市理論の指導者、肩で風切る都市再生の実践家たちは、みんな間違っているとジェイコブズは主張したのだ。[*56]「今日における都市再建の経済的合理性というのはでっち上げである」と彼女は書いている。「都市再建の具体的方策もまた、その目的と同様、嘆かわしい状態にある」。都市計画家は都市も田園も同じように「同じ知的なごった煮」から出てくる「単調で、無滋養の薄粥」のようなつまらないものにしてしまっている。彼女の主張は大胆不敵なものであった。そしてこの場合、事実上なんの資格も持たない女性が、都市計画家、学識者、政府役職員など、ほぼ全員男性からなる専門家グループの仕事を批判したことで、さらに大胆な印象を与えたのだ。

『死と生』のなかで、ジェイコブズはモーゼスの都市計画の独善性をひとつずつ批判していった。モーゼスとその信奉者は古くからの近隣地域の密集について、過密と不健全な生活条件につながるとして否定的な見解を持っていた。ジェイコブズは逆に密集は素晴らしいことだと主張した。多様性のある密集こそ理想的なのだ。古くからの近隣のほとんどはこのふたつの要素を持ち合わせているがゆえに、混沌として有機的なつながりのあるがままの状態であることに、価値があるのだ。一九六〇年代までアメリカでは、都市計画は「使用目的」ごと、あるいは生活の基本的機能ごとに、厳しく分離することをよしとしていた。すなわち、日常生活、仕事、製造、娯楽、文化といった一九二〇年代のゾーニングの考え方によるもので、その昔、食肉加工場や皮のなめし工場などが居住用家屋と隣接していたことからできたものであった。しかし現代の都市においては、全く正反対だとジェイコブズは考えていた。すなわち、近隣が繁栄している地域ではこれら異なる使用目的のもの、店舗、仕事場、住宅そして文化、娯楽施設などが近接して、混在状態になっているのだ。[*57]「大都市において、複雑に絡み合った異なる使用目的の施設があるのは、無秩序の混乱とは違うのだ」と彼女は主張する。「それどころか、複雑で高度に発展した秩序を象徴するものなのだ」

モーゼスの考えでは都市の交通渋滞は悪である。高速道路で乗用車や、トラックが容易に都市を走行できない限り、都市は郊外に負けてしまうというのだ。だがジェイコブズの意見は正反対だった。都会における渋滞は乗用車の使用を抑える効果があり、歩きや自転車、地下鉄の使用を奨励するというのだ。そのうえ、新たに建造された大規模な高速道路はほどなく車でいっぱいになるのが常ではないか。ワシントンスクエアのような、高速道路がない場所のほうがよっぽど具合がいい。車は格子状の街路網を走行してなんの問題もない。もしもある街路が混雑しているなら、運転者はそこと並行している次の街路に向かえばいいだけのことだ。

ジェイコブズは近隣を成功させる四つの基本的な条件を挙げている。一、街路や地域はいくつかの主要な機能を果たすこと。二、ブロックは短くして歩行者が心地よく感じられること。三、建物は、建築時期、条件、そして使用目的などが多様であること。四、人口は密集していること。ハドソンストリートは、都市再生事業による大規模住宅開発とは違って計画されたものではないが、多様性とジェイコブズが「街路を見守る目」と表現する人の数で勝る完璧な実例であった。近隣居住者であれ来訪者であれ、人は密集地域にいるほうがより安全なのである。なぜならそこでは決して独りぼっちにはならないからだ。

彼女の考察によれば理想の公園の条件は、大人も子供も実際に使用できる庭園や施設が整っていて、どちらかといえば小規模で、風の吹きさらす広場というよりは、むしろ周縁が活力あふれる都会の街路にとり囲まれたものだった。まるで子供が面白い玩具のつくり方のコツを職人に教えているようだった。彼女の素朴な見識は、どれほど都市計画家やモダニストの設計事務所などが都市の住民の本当のニーズから乖離してしまったのか、さらけ出してしまったのである。

たぶん『死と生』の最も革新的な側面は、ダウンタウンの再開発や住宅、公園、近隣地域を成功させるには都市計画は全く役に立たないということ、そして都市や都市の近隣はそれ自体、自然発生的構造をもっていて、机上では決してつくり出せないという論点にあった。ジェイコブズの主張は、都市計画家は彼らのやるべき仕事をきちんとしていないばかりでなく、彼らの仕事、それ自体が全く無意味だということだった。

「大胆で印象深い力作」[*58]と「ニューヨーク・タイムズ」に書かれ、『死と生』は、ほとんどの建築評論家から新鮮だと評価された。しかしながらジェイコブズが挑戦を試みた既成の権威たちは、そのようには考えなかった。政府役人、都市計画家、そして学識者などの世界では、その本は突飛、欠陥だらけ、非常識極まりない、そして危険な考え方の集約だと思われたのだ。

予測されたことだったが、ロバート・モーゼスは最初にこの本を切り捨てた。彼女は本のなかで、モーゼスを激しく批判していた。ワシントンスクエアパークを貫通する車道をつくるというモーゼス案を厳しく非難し、また、没個性の計画住宅区域でも広場や空き地を組み込むことによって、立派な住宅地区が完成するのだという彼の考え方を嘲笑した。それに加えてローワーマンハッタン・エクスプレスウェイ計画についても、都市環境を破壊してしまう典型として痛烈に批判したのだった。

「有権者は、しばしば対立する利害を代弁させるべく、選挙で議員を選ぶのですが……ロバート・モーゼスは公共の資金を使って議員をあやつる術に長けているのです」と彼女は言う。「もちろんこれは、民主的政府につきものの、古くからある嘆かわしい話が姿かたちを変えたにすぎないのです。票を金の力で動かすという技は、自分の利益しか考えない不正直な議員だけでなく、正直な行政官でも上手に使うことがあるのです。いずれにしても、有権者の力が細分化され、無力化している場合は、議員をたらし込んだり、意見転向させたりすることはきわめて容易なのです」。この主張は単に、その後の選挙資金改革の必要性を正当化しただけでなく、圧力活動のマニュアルともなった。ジェイコブズは都会の住民に自らの力を無力化させるなと警告したのだ。

ニューヨークにあるワングレイシーテラスのアパートの室内に座って、モーゼスは当然のことながら、『アメリカ大都市の死と生』を都市計画に関する彼の戦術と基本的思想、双方への非難と受け止めた。だが彼は公的にコメントを出すことはなかった。それは、ほかに任せておけばいいことだった。彼はその本を送ってくれたランダムハウスの共同創立者であったベネット・サーフ宛てに、一枚の書簡をタイプして出した。[*60]

親愛なるベネット

貴兄よりご送付いただいた書籍をご返送いたします。途方もない暴論で、ずさんなばかりでなく、中傷的でもあります。例えば百三十一ページについては、特にご留意をお願いいたします。

このがらくたは、誰かほかに売り払ってください。

敬具

ロバート・モーゼス

すぐに多数の政府役職員、都市計画家、学会の指導的な思想家のほとんどすべてから反論が押し寄せてきた。ボストンの再開発局の局長でモーゼスの弟子であったエドワード・ログーは、この本を「現状維持の弁護」と決めつけた。エドマンド・ベイコンとホルムス・パーキンスは、当時の指導的都市計画家であったが、この本を痛烈に非難した。デニス・オハロー、今日のアメリカ都市計画協会の前身であるアメリカ都市計画行政学会の理事は、この本に対する専門家の気持ちを次のように代弁している。「ジェイコブズ夫人が世に出したこの論文は、常軌を逸した輩や反動的な連中にからめとられ、これから長きにわたって都市生活の改善や都市再生計画への抵抗運動に悪用されることになるのだ……ジェイン・ジェイコブズの本は多大な害をもたらすことになるだろう。みな、ハッチを閉めろ、大波がくるぞ！」[*61]

この本を批判する人たちの多くはジェイコブズが都市計画について正式な教育を受けていない点に焦点をあてていた。ジェイコブズの友人であるエリック・ウェンバーグが、ルイス・マンフォードにこの本の感想を聞いた。すると『死と生』のなかで著作がジェイコブズから批判されていたマンフォードは、嘲りをもって応答した。「コメントを求めているということは」と彼は言った。「自信過剰のいい加減な新米医師が患者の苦痛をとり違えて、ありもしない腫瘍の除去手術を行っている最中に、経験豊富な医師の判断を求めているのと同じだ。しかもその新米は、実は臓器内にある本当の欠陥を見過ごしてしまっているのだ。そんな状況にあっては手術はもはやなんの役にも立たない、ただ傷口を縫い上げてへまなやつを首にするほかはないのだ」[*62]

「ニューヨーカー」誌での痛烈な書評で、マンフォードは再びジェイコブズを「いい加減な新米が」[*63]

都市計画の歴史や都市デザインの理論についてとてつもない誤解をしている「女学生の大間違い」を本にしたとなじった。

それはまるで「ジェイコブズ夫人がポンペイを訪れて、灰で覆われた都市ほど美しいものはないと結論づけるのと同じだ」とロジャー・スターは書いた。[*64] 彼は市民住宅計画協議会の幹部で、ウエストビレッジでの闘いでジェイコブズに敗北を喫した人物であった。ジェイコブズは彼のことを「開発業者の根っからの傀儡《かいらい》」と考えていた。

「彼女はハドソンストリートの気取りのない都市環境をすごい気迫と女性的な才能で描き、まるでそれが実在するかのような印象を多くの読者に与えてしまった」とスターは書いた。[*65]「単なる社会分析学者ではなく、改革者でもあるジェイコブズ夫人は我々に魔法の呪文の解き方を教えている」。『明日の田園都市』で著名なエベネザー・ハワードのような都市理論家がかけた魔法の呪文から解放して、多様性、騒音、混雑で特徴づけられる都市の近隣地域への「回帰への道」を示してくれているのだ。「そのあとは簡単だよ、お立ち会い！　貯金から二万ドル引き出して……スラムに家を買い……それから考えが同じお仲間（懐具合も同じの）と語らって『脱スラム化』するのさ。これが意味することは、ジェイコブズ夫人自身が認めていることだが、近隣地域の人口が減ること、すなわちそこに住んでいる人たちを追い出して、手の届かない高級マンションや、一戸建て住宅につくり替えることになるのだ」

スターはジェイコブズの理論で最も痛いところを攻撃してきた。つまり、低所得者用住宅が計画されることなく建築もされないとすれば、彼女の言う自然発生的な都市の成長だけでは地域が高級化するのを防ぐすべがないという点だ。結局のところ都市再生事業や公共住宅計画は貧しい者の味方なのだ。増えつづける下層階級には政府からの援助が必要だったし、当時の自由主義者も低所得者層への積極的差別是正措置《アファーマティブアクション》は必要だと信じていた。多くの低所得者層や、ますます増加する少数民族家族の緊急な住宅需要を十分に満たすほどの規模で、グリニッジ・ビレッジの複製をつくることは不可能だ、と批評家は主張した。

左翼からの攻撃にさらされる一方で、ジェイコブズは右翼からは受け入れられた。多くの急進派と同様に、彼女は政治的スペクトルからいえば自由主義論者《リバタリアン》の側に属していて、保守派のなかにもこの本の主張を前向きに受け止めていた者が多かった。中央集権的政府主導によってつくられる都市計画への彼女の批判は、ウィリアム・F・バックリーや「ウォール・ストリート・ジャーナル」の社説の執筆者にとって心地よい音楽に聞こえた。「ジャーナル」は、[*66]自由経済にはジェイコブズが擁護している「取り散らかした」都市近隣の長所がすべてであると主張した。自由奔放な個人相互の触れ合いや、個人それぞれの願望は、とても計画したり管理したりできるものではないのだ。コロンビア大学の教授でのちにニクソン政権で働いたマーチン・アンダーソンは、地方分権を推し進めたが、そののち都市再生事業を告発する『都市再開発政策』を著した。土地収用権、政府が憲法のもとで民間の財産を「簒奪《さんだつ》」し道路や新しい開発などのいわゆる「公共使用」に供する権力の行使に反対する保守派のグループは、今日に至ってもまだジェイコブズを引き合いに出している。

思いがけないところから称賛を受けたり、あらゆるところで論争を引き起こした、スクラントン出身のこの中年の母親は大評判となった。「エスクァイア」誌からダイアン・アーバスが写真撮影にやってきた。特集記事や著作が「ニューズウィーク」や「サタデー・イブニングポスト」に掲載され、「ヴォーグ」

誌に至っては彼女を「女王ジェイン」と呼んだ。レディ・バード・ジョンソンからホワイトハウスの昼食会に招かれた彼女は、国土美化とかチューリップなどについてではなく都市の施設、設備について話すことを条件に招待に応じた。[*67]ジェイコブズはエレノア・ルーズベルト宛てに『死と生』を献じたが、「感謝と尊敬をもって。ワシントンスクエアやローワーマンハッタン・エクスプレスウェイの闘いにおいて多大なご支援を賜ったことに心から感謝申し上げている著者より」と添え書きした。

本が店先に並び注目を集めると、ジェイコブズは全国に足を伸ばした。新刊本のお披露目巡業というよりは、再活性化を目指して苦闘している都市を駆け巡る地方遊説だった。多くの場合、彼女はモーゼスのあとを、ほんの一足違いでついていった。彼はピッツバーグからオレゴン州ポートランドまで各都市でダウンタウンの再生計画コンサルタントとして雇われていたのだ。彼女は斬新な考え方を求める市民グループから招かれて、再開発視察旅行を引き受けるたびにいよいよ辛辣になってきた。ウエストパームビーチで彼女は大規模駐車場などはあってもなくてもいい、店やカフェを夜間開けるだけでいいのだと主張した。

ピッツバーグは、ロバート・モーゼスの指導を一九三九年以来受けていたが、そこに飛んだジェイコブズはノースビューハイツ公共住宅プロジェクトを訪れた。ここは格式のある古くからの住宅街から離れ孤立した十階建て高層住宅、エレベーターなしの建物、長屋式住宅の集合体で、ル・コルビュジエ風モーゼス構想の公園広場付き高層住宅モデルに基づいて、その地方の住宅局が建てたものであった。[*68]彼女はこのプロジェクトを「寒々しく悲惨で、そして粗末」と切り捨てた。別のピッツバーグ近隣計画については、「均質、退屈、理解しがたい代物、コミュニティに対してなんの役にも立たない、ただ道を誤らせるにすぎない……ピッツバーグは都市嫌いの輩の手で再建されている」と断言した。新しく別のコンサルタントを雇えばこの都市は救われるのだろうか？　いいえ、とこの著作家は宣告した。「この国を見渡しても、一人としてよい都市計画家は見当たらないのです。誰もが同じ劣悪な教育訓練を受けているからです」

当たり前のことだが、地方自治体の役職員は彼女が地元の新聞に伝えた見解を苦々しく思った。「古くからの格言を知っていると思うが、いい加減な話はレンガのかけらに似ている。軽いから、遠くまで届くのだ」[*69]とピッツバーグ住宅行政担当官のアルフレッド・L・トロンゾは彼女の視察の翌日に書いている。「ニューヨークのダウンタウンの混雑した、狭く、危険で、汚い、ネズミや酒場が幅を利かせる街路や、彼女が理想に近いと言っているグリニッジ・ビレッジに比べれば、ノースビューハイツは紛れもなく本物の天国に見える」。役に立つ都市評論というのは「午前三時に近所のパブが無事閉店されるのを待って、この世はすべてうまくいっている兆しだと思いながらグリニッジ・ビレッジの安アパートの二階の窓から星を眺めて、着想されるようなものではない」と彼は皮肉った。

フィラデルフィアへの視察で、ジェイコブズはインタビュアーに次のように述べた。「都市計画家はいつも、ことを大げさにしようとしているのです……都市再生においては新しい建物が必要です。わたしもそれにはなんの異存もありません。ただしそこにはすでに素晴らしい建物がたくさんあるではありませんか。なぜそれをみんな壊さなければならないのでしょうか？」[*70]彼女は今のままのフィラデルフィアが好きなのだと主張した。それに比べて昨今の開発は単調で、耐えられないほど退屈、孤立していて不毛なのだ。

一方、ニューヨークではジェイコブズは都市論と都会生活における行動主義とを交ぜ合わせた新しいタイプの著名な知性派として迎え入れられた。彼女は「ウエストビレッジの慈悲深い聖母マリア……能書きどおりのやり方を打ち壊し、協力を呼びかけ、激しく闘い、紛争を巻き起こし、そしてマーガレット・サンガー以来アメリカ女性の誰よりも多くの敵をつくった」と「ビレッジボイス」は書いた。[*71]

『アメリカ大都市の死と生』が注目を得るにつれ、新しい時代の都市計画家や建築家だけでなく一般市民も含めて、その本は感動を呼び、ガイドブックとなり、そして聖書にもなった。「わたしたちはスラムに住んでいるんじゃないんだわ」と一九六〇年代の初め、アフリカ系アメリカ女性が都市再生事業に反対する市役所での集会でそう叫んだ。彼女の腕にしっかりと抱えられていたのは一冊の『死と生』だった。「わたしたちは、そんなプロジェクトはまっぴらよ。今のまんまでいいのよ。彼女が言っているようなやり方でそこらを直せば十分よ」[*72]

この本を出したことで、ジェイコブズは伝統的な思想や制度に挑戦するグリニッジ・ビレッジのジャズミュージシャンや抽象画家と、分野こそ違え同列に扱われるようになった。ハドソンストリート五五五番地から外出したり、「ホワイトホース・タバーン」でタバコとビールを嗜《たしな》んでいるときなど、彼女はしばしば本にサインをねだる熱狂的ファンや、助言を求める自称コミュニティ政治活動家などから話しかけられた。だが彼女は自分のことを前衛芸術家の仲間だとは考えたこともなく、スポットライトをあてられることも好まなかった。「わたしにではなく、わたしの本が注目されることがうれしいのです。[*73]

◎

ジェイン・ジェイコブズという名前の有名人なんか、わたしは知りません。それはわたしではありません」と彼女は言った。「わたしの理想は世捨て人になって……研究活動することなのです。一番嫌いなのは、どこかで見知らぬ人から『あなたはジェイン・ジェイコブズさんですね?』と話しかけられ、お追従に巻き込まれることです。研究仕事に励むのか、それとも有名人になるのかというならわたしは仕事をとります」。とはいうものの、新聞や雑誌の記事で彼女について書かれたものはほとんどすべて切り抜いていた。彼女はその写しを母親に送り、スクラップブックをつくっていた。

ニューヨークの新聞記者で都市圏ニュースを担当する者は、彼女の電話番号を常時手元に置いていた。都市再生についてのコメントが欲しいときにはまず彼女にあたれ、というほどの高い人気を誇っていたのだ。そのおかげで近隣や都市開発問題における彼女の影響力が、より強くなったことは否定できなかった。彼女はあらゆる機会をとらえ、ニューヨーク市民に団結と反乱、要求貫徹するように勧めたのだ。一九六二年二月に、最終的に都市計画委員会がウエストビレッジの荒廃地域指定を永久撤回したときにも、ジェイコブズは勝利に酔って手を休めることなく、「都市計画委員会の犠牲になっているほかの地域に対し、支援の手を差し伸べるべきです」と言った。[*74]

有名な著作家として、ジェイコブズはデモ行進から議会の公聴会に至るまであちこちに招かれた。一九六二年十月には、都市再生事業や高速道路建設の標的にされた荒廃地域に対し、銀行や保険会社が融資を拒む問題に関する下院小委員会で証言を求められた。「銀行や保険会社が融資を拒むのは不良債権だとみなすからです」と彼女は言った。[*75]「ブラックリストに載る地域はしばしば「黒人が転入してきた」という理由で選定されており、「その近隣が荒廃するのは、改善する資金を手にすることが不可能だからなのです」。

彼女はニューヨーク市の歴史保存運動にも力を注いだ。ウエストビレッジの勝利以来、近隣は文化遺産、地域特性、歴史的重要性を持つ特別区指定を受けて、建物取り壊しや開発行為からの地域包括保護を求めはじめた。グリニッジ・ビレッジはこの動きの先駆けであった。のちにこの風潮は全国の都市で、当たり前のこととなり、特に旅行者が頻繁に訪れるロンドンやパリの大都会に匹敵するような観光地ではことさらだった。

ジェイコブズは近隣をある時点で凍結させて博物館のガラス箱のなかに入れるという考えには懐疑的だったが、歴史的建造物の理不尽な取り壊しには断固反対であった。市が一九一〇年建立のボザール様式の傑作であるペンシルバニア駅を取り壊してマディソンスクエア・ガーデンの個性のない再開発に建て替えるという噂が流れ、ジェイコブズはフィリップ・ジョンソンやそのほかの建築家と一緒にピケを張った。フェルトスカートに上着を着て、いまや彼女のトレードマークとなった特大のビーズをあしらった模造宝石をつけ、白の手袋をはめての登場であった。

ジェイコブズは歴史建造物を破壊する「破壊未遂犯」に対して「あらゆる手段をもって」闘うと宣言しているニューヨーク建築改善行動団体に加盟した。その団体は都市計画委員会に嘆願し、ペンシルバニア駅が持つ建築的、歴史的特性に配慮するようデモ行進したり、雑誌編集者に書簡を送った。しかしながら、政財界の指導者はマディソンスクエア・ガーデン再開発計画をミッドタウン再活性化方策ととらえていて、委員会は取り壊しを素早く認可してしまった。改善行動団体の努力にもかかわらず、駅の巨大な列柱は倒され、コーニスを飾っていた石造の鷲はメドーランドの沼地に捨てられた。だが、この取り壊しはニューヨーカーの目を覚まし、ジェイコブズの主張の正しさを認めさせる転機となった。すなわち新しいものが必ずしも優れているとは限らず、身の回りに存在する建築環境のなかに真の人間的、文化的価値があるという主張である。

◎

歴史保存に深い関心を持ってはいたが、『死と生』の刊行の結果として最も懸念したのは住宅問題であった。ウエストビレッジの都市再生計画を撃退したその過程で、何百という低廉住宅供給計画を廃止に追い込んでしまった。都市計画家の予想どおり、グリニッジ・ビレッジ全域にわたって不動産投機が激しくなり、多くの住民は法外な不動産価格ゆえに地域から閉め出されてしまった。ジェイコブズはこうした住宅危機への対策として、彼女の戦術を変える必要があると考えた。市の干渉を排除して、自分たち住民が率先して街づくりの模範となる住宅事業プロジェクト「ウエストビレッジハウス」を計画し、それを都市計画に携わるすべての関係者、政府の役職者、学識者、都市計画家、建設会社などにモデルとして教示しようとしたのだ。

ウエストビレッジハウスは革新的な構想だった。[*76] 空き地に並べて建てられる四十二棟のエレベーターなしの五階建てレンガ造建物に、総戸数四百七十五戸の住居。コミュニティによって、コミュニティのためにデザインされ、取り壊しも転居の心配も一切ない。ジェイコブズやウエストビレッジの住民は、地域の荒廃指定が撤回されて間もなくこのアイデアを思いついたのだ。ウエストビレッジ救済委員会はワグナー市長にコミュニティベースでの近隣地域改善策を策定すると約束していた。ジェイコブズの言

ペンシルバニア駅の保存運動に参加するジェイン・ジェイコブズ（右から3人目）。右端はフィリップ・ジョンソン

葉を借りれば「独裁的な再開発の脅威から解放されたら」すぐにでも計画策定に入ると約束したのだ。ブルドーザーが止められた今、近隣地域住民はウエストビレッジ委員会と改称された組織のもとに集結し、この構想を実現させるべく議論を重ねた。

高層、巨大で、そして兵舎のように均一なプロジェクトではなく、ウエストビレッジハウスは、現存する近隣に調和して新たに建てられるのである。三寝室付きの家族向け住居で、スタジオタイプやワンルームタイプはなかった。エレベーターはモーゼス時代の公共高層住宅で恐怖と犯罪の忌まわしい代名詞になっていたので、このアパートは五階であっても階段だった。一階にはジェイコブズのハドソンストリート五五五番地と同じような玄関口階段、前庭、そして小さな裏庭があった。住民の誰もが利用できる公園が設けられ、地元商店のスペースも確保されるが大規模な駐車場はなかった。

「ウエストビレッジハウスは、この近隣が、またもや荒廃地区として指定されるような場合に役立つように考えられた予防的措置だったのです」。ビレッジ委員会のエリック・ウェンズバーグは回想した。「グリニッジ・ビレッジが狙われたのはその低い密集の度合いにありました。見栄えよくその度合いを高めるために、この取り組みは行われたのです」

賃借人は白人、黒人、プエルトリコ人など、人種的に多様でなければならなかった。計画案が集まるなか、住民はふたつの基本的ルールを定めた。ひとつは、あらゆる決定は全員一致であるべきこと。もうひとつは、一個人、一世帯たりとも意志に反して転居させぬこと。計画案の説明パンフレットの最後のページには、か弱い小鳥の絵が載っていて、その下にジェイコブズがつくったウエストビレッジハウスのモットーが書いてあった。[*77]「人一人、雀一羽たりとも、強制退去はさせない」

地域住民が彼らの責任で住宅を建てるという大胆な構想は、新聞の第一面を飾った。「このプログラムが大きな論争を呼ぶであろうことは確かである。これの主唱者と全国の都市計画家が争うことになるのだから」と、「ニューヨーク・タイムズ」は報じた。[78]

シカゴの虐げられた地区の立て直しのため、一般市民を組織化したソール・アリンスキーの草の根運動に思いを馳せながら、ジェイコブズはウエストビレッジの近隣住民を再びまとめ上げた。今回は眼鏡レンズのX印はやめ、真剣に青写真を精査し、都市デザインの基本概念について学んだうえで都市計画委員会の集会に臨んだのである。彼女の片腕は、今回も「ライオンズ・ヘッド」のオーナーでウエストビレッジ救済委員会の会長でもあったレオン・サイデルだった。グリニッジ・ビレッジの市民は建築家に計画案を描いてもらうのに三千五百ドルの募金を集めた。近隣に住むオフブロードウェイのプロデューサー、レイチェル・ウォールは「ルノアール」、「マイファザー」ほか二ダースの書籍を「二千冊売り上げ運動」に寄付した。ほかの人たちはそれぞれの専門的知識を持ち寄り貢献した。例えば建築史家のヘンリー・ホープ・リードは住民に無料で講演をしてくれた。レン・ライは、彫刻家で映画製作者でもあったが、募金のために映画を上映してくれたし、彼の妻は勤めている不動産屋から不動産開発ノウハウと援助資金を引き出した。「ライオンズ・ヘッド」はクッキーとコーヒーそれにパンフレット付きで入場料は一ドル六十セントだった。[79]「わたしたちは決して再生事業そのものに反対しているのではありません。この計画でわたしたちにも前向きの側面があるのだということがわかってもらえると思います」とレイチェル・ウォールは言った。

ウエストビレッジ委員会はジェイコブズが手助けして書き上げた声明書[80]を一九六三年五月に発表し

た。それには新しい取り組み方法が説明してあった。「一般的に高価格の土地に建つ住宅の家賃を低くするには、高層もしくは大規模ビルでなければ割が合わないと信じられていました。また開発業者にとってスクエアフィートあたり八ドルを超える土地は中所得者住宅には適さないということも、広く信じられてきました。ですがこれらの考えは全く間違っているのです。それはウエストビレッジ計画の予算数字を見れば明らかです」

この八百万ドルにも上る予算経費は公共資金と国際港湾労働者協会からの資金との組み合わせで賄われることになっていた。州は最近議会を通過したミッチェル＝ラマ住宅法案によって、低金利抵当貸し出しと開発業者への税優遇措置を行う予定だった。

ジェイコブズは設計を優秀な建築家に任せたいと考えていた。だがニューヨーク在住の事務所はどこも請け負いを拒否した。市の役職員と不仲になることで今後、儲けの大きい仕事を失ってしまうリスクを恐れたのだ。大がかりな調査を行い、おだて上げたりした結果、シカゴのパーキンス&ウィルに決定した。ニューヨーク州政府の住宅局職員の何人かが計画の経済可能性調査《フィージビリティ・スタディ》を引き受けてくれた。彼らはニューヨーク市の住宅計画や再生計画一般について懐疑的になっていたのだ。

市役所側の正式な反応は素っ気なかった。再開発事業の主導権を失うことを恐れて、住宅所管役所は市民主導の再開発プロジェクトに関心を示さなかったのだ。資金計画はうまくいくはずがないし、いずれにしても五階まで階段を上りたいなどと誰が思うかね、評論家連中はそう批判した。

しかしこのプロジェクトには市の支援が絶対に必要だった。例えば、その地域はもともと商業地域で貨物の高架鉄道線路、ハイラインが——今日その名残は高架で直線型の公園となっている——この敷地のなかを走っていて、部分的に取り壊しが行われた状態だった。ウエストビレッジハウス予定地にはさびれた製造工場地域の雰囲気が強く残っていたのだ。

一方で、この地域に目をつけていた開発業者は、彼らの縄張りに市民主導の建築が行われることにいら立っていた。特に[*81]ウィリアム・ゼッケンドルフという会社は、ウエストビレッジ住宅の隣接地に豪華な高層住宅を建てようとしていたので、このプロジェクトを「頭でっかちの産物で、建てることは経済的に不可能だ」と切り捨てた。間髪を入れずジェイコブズは反論した。「もしもわたしたちに立ち退きを食らわせるなら、街は流血騒ぎになりますよ」。ゼッケンドルフは「わたしは高みの見物で、ビレッジャーが力尽きて倒れるのを待っているだけだ」と高言した。

このプロジェクトは誰も予想しなかったほど手間取ってしまったが、ジェイコブズやビレッジャーは耐え忍んだ。市は許認可のつど、難癖をつけ、建築は一年、また一年と延期されたのだ。そのため予算は八百万ドルから二千五百万ドルにまで膨らんでしまった。市の新しい住宅開発行政官がこの計画案を支持してくれたのは一九六九年になってからで、やっとそこから建設が始まったのである。ウエストビレッジハウスは一九七四年になって完成した。そして最後の三寝室付き住戸に家族が転入してきたのが一九七六年のことであった。

計画段階でこのプロジェクトに懸命に取り組んだジェイコブズは、綺麗な完成予想図や説明書を配ったりして、この計画が成功するように努力した。だが、そのときの彼女はその後に生じてくる問題を予測できていなかった。

コストが膨らんだ結果、多くのものが省かれてしまった。マンサード屋根や数多くの窓などが除外された。デザイン上、これらのディテールが省略されてしまうと本来の美しさが損なわれてしまうのだ。当時「ニューヨーク・タイムズ」で建築評論をしていたポール・ゴールドバーグ[*82]は、それを「救いようもなく不器量」で、「根本的に単調な」これといって特徴もない大きな赤い箱にすぎないとあざけった。

当初のもくろみでは持ち家の機会としてとらえられていたウエストビレッジハウスは、補助金付きの賃貸アパートになってしまった。そしてグリニッジ・ビレッジの住民は、四百二十ドルの賃料は確かに当時の月額賃料水準よりも百ドルから二百ドルは安いにしても、本当の意味での低廉賃貸住宅とはいえず、中流階級や恵まれた人向けではないかと不満をぶつけた。なかには増えてきたゲイ人口向けにつくられた住居ではないかという輩まで出てきたのだ。

だがウエストビレッジハウスの公約はジェイコブズの心のなかで生きつづけていた。彼女が期待したほどこの新しい住居の価格は低くなかったにせよ、このプロジェクトは市場の圧力や地域高級化に抗う「風よけ」として役に立つと彼女は確信していた。サラ・ジェシカ・パーカーや、マシュー・ブロデリックなどの有名人によって改修されたブラウンストーンの瀟洒な建物や、建築家リチャード・マイヤー設計の三百万ドル以上もするきらめくような高層住宅の陰に隠れてしまいながらも、このプロジェクトは今日に至るまで変わらずに存続しているのだ。

ジェイコブズが手にした本当の勝利とは、都市再生全盛時代にモーゼスや彼の後継者たちが建てた高層住宅にとって代わるものを、近隣住民が責任を持って実際に考え出したことにあった。ウエストビレッジハウス計画は事業資金を、近隣の非営利コミュニティ開発法人を通じて調達していて、今日広く普及している方法の先駆けとなった。また「コミュニティデザイン」のガイドラインの枠内で、住民たちは好みの建築様式を決定できたのだ。ジェイコブズはこの先駆け的な取り組みの指導者として世間的に認められた。ウエストビレッジハウスの計画案が発表されたその当日、「ニューヨーク・タイムズ」は「喧嘩っぱやく」て「因習打破主義」のコミュニティの取りまとめ役、また著作家でもある「住宅十字軍戦士」として彼女の横顔を紹介した。[*83] その記事の書き手は、「彼女は争った役人からは非難されている……が彼女のことをよく知る人たちはジェイコブズ夫人は温かくウィットに富んだ友達だと思っている」と述べている。

その数年前のこと、ロバート・モーゼスはニューヨーク市を新たにつくり直した功績を新聞紙上で賞賛されていた。だがウエストビレッジハウスの計画が披露されると、都市計画の新しい専門家として脚光を浴びたのはジェイン・ジェイコブズであった——彼女は単に政府の提案に歯向かった人としてだけでなく、『死と生』のアイデアを実際の行動に移した人として、広く認められたのだ。

一九六〇年代初期のこの時期、彼女の本の刊行や、都市の視察旅行などののち、ジェイコブズはグリニッジ・ビレッジで著作家、政治行動家、そして三人の子供の母親としての生活を送っていた。ロバート・モーゼスとその弟子たちとの葛藤は上首尾に終わった。ワシントンスクエアパークは車両閉鎖された。都市再生のブルドーザーはウエストビレッジから追い払われ、彼女自身の手による住宅計画案が進行中だったし、積極的に展開した歴史保存運動で間もなくグリニッジ・ビレッジ全体が特別指定地域になろうとしていた。そうなればどの建物でも変更される場合には事前に史跡保存委員会の認可を取得する必要があった。そして彼女はモーゼスが主張していたすべての論拠を否定する一冊の本をものにしたのだ。

とはいえ、偉大なるマスター・ビルダーとの闘いはまだ終わったわけではなかった。

第5章 ローワーマンハッタン・エクスプレスウェイ

ローワーマンハッタン・エクスプレスウェイは、今日のソーホー地区を走り抜ける計画だった

ジェイン・ジェイコブズがウエストビレッジでブルドーザーを追い払っていた頃、ロバート・モーゼスは高速道路建設事業のレベルアップを準備中であった。一九六一年までに、彼はほぼ六百マイルに及ぶ道路を建設中だった。ウエストチェスターやロングアイランドのパークウェイ、「空に架かる高速」ともいうべきトライボローのような橋梁、そして周辺の住民に大きな犠牲を強いながら郊外を横断するゴーワナスパークウェイのようにそびえ立つ高架道路などであった。「わたしが長年温めてきた構想は、つづれ織り絨毯のようなニューヨーク都市圏動脈道路の、まだ結ばれていないひもやほつれた縁を編み合わせることであります」と彼は述べた。[*1]「トライボローブリッジ&トンネル公社は都市圏の機織りの縦糸を張り、この太い縦糸に細い横糸が織り込まれるのです」。そして今、そのネットワーク完成のときが近づいていた。主要な橋が高速道路で結ばれ、大都市圏全域を車で走ることが可能になるのだ。

運がいいことに、モーゼスの願望はドワイト・D・アイゼンハワー大統領の構想と完全に一致していた。大統領は一九五六年に全米州間高速道路法案に署名し、米国の主要な都市圏の内部や周辺、さらには遠く郊外や田園地方にも超高速道路網構築を公約した。当時は冷戦の色濃く、軍はソビエト連邦との対立に備え、核ミサイル、兵隊、そして軍用車両の迅速な輸送を必要としていた。その頃アメリカの自動車はサイズが大きくなり、馬力もアップし、快適な長旅に備えて豪華な内装で仕上げられ、クロームメッキや後部フィンで飾られていた。乗用車は個人の機動性の究極的象徴であり、週末旅行のためだけでなく日常生活、職場への通勤、子供の学校への送り迎え、あるいは使い走りにも便利だった。その頃ガソリンは安かったし、供給に不安はなかった。アメリカが直面していた課題は、この輸送手段を支える基礎的な社会インフラの充実であった。すなわち、空前ともいうべき大規模道路網の創設だった。

一九五三年にモーゼスはトライボローブリッジ&トンネル公社の総裁として、ニューヨークの高速道路建設を監督していたが、ゼネラルモーターズが主催した高速道路改善小論文コンクールに応募し入賞した。この催しは増大する高速道路需要について論評を求めたものであった。主要な高速道路網を全国に張り巡らせ、必要資金は連邦ガソリン税の一セント値上げで賄うという、彼にとっては常識ともいえる案で二万五千ドルの賞金を獲得した。モーゼスは全米州間高速道路法案を初期から支援していたが、この法案のおかげで、アメリカに七千マイルの超高速道路がつくられたのだ。[*2]「とても便利、とても幸せ、そしてとても快適な生活」がこの巨大公共事業プロジェクトから生まれる、とアイゼンハワーは述べた。彼はこの構想を車で長時間かかって全国を走り回った末に思いついたのである。この州間高速道路網の創設には、州や地方政府にとって魅力的な公約がついていた。ワシントンの連邦政府が道路網の延伸もしくは完成のための費用の九〇パーセントを負担するというのである。

郊外や田園地方はこぞって、この気前のいい公約に飛びついた。とうもろこし畑や牧場地さらには遠い渓谷のクリスマスツリー栽培農地やサマーキャンプ用地にまで、アスファルト舗装が延伸された。開発業者は分譲用地、ショッピングモール、オフィスパークへの道路として抜け目なく活用した。一九五〇年代といえば、都心周辺部はまだ辺境といってよい状態で、広大な空き地スペースにすぎなかったそのあたりに、移転したのはほとんど白人、中流階級家族、そして事業会社であった。一方、都市もまたこの分け前を狙っていた。全国の歴史のある大都市では建物が密集し、整備された歩道や公共大量輸送網が整っているとはいえ、超高速道路の建設はさらなる発展をあと押しする力になるのだろうと思われた。そうすれば好況に沸く郊外や田園の辺境地と歩調を合わせることができるからである。都市を貫く高速道路は、分散化が進む周辺地域を結ぶうえで欠くことができないものであったし、そのうえ市中の交通渋滞も緩和するだろうと考えられていた。

モーゼスは政府資金獲得に関して幅広い経験を持っていたし、法案についても入念な研究をしていて、ニューヨーク市がほかに先駆けて資金を受けることは間違いないと思われた。一九五五年、彼はニューヨーク市の港湾公社と組んで『動脈道路施設に関する共同研究』を出版した。それによればヘンリーハドソン・ブリッジに載せる追加の上部デッキ、四本の新たな橋、そして連邦政府資金の確保が可能ならさらにミッドタウンそしてローワーマンハッタンを通過する二本の市中横断高速道路の必要性が指摘されていた。

街を横断するルートは、報告書上は最優先事項ではなかったが、モーゼスにとっては目玉ともいうべきであった。これは決してどこにでもあるような地上レベルを走る高速ではなかった。ニューヨークの混雑した都心環境では、高速は高く上がったり、大きく弧を描いたり、あるいは街なかを急降下したりするのだ。摩天楼をまっすぐ突き刺すように走り抜けたり、高速道路の真上に住宅があったり、地下に潜ってそれから空高く百フィートも上昇したりする。超高速道路と都心再開発の未来的融合はル・コルビュジエの想像力が生み落としたものだったが、モーゼスも思いもよらないところからひらめきを得ていた。ウォルト・ディズニーだった。

モーゼスはミッキーマウスの創造主をずっと敬服していた。テーマパークの交通システムを人頼みにせず自分で設計した人物だったからだ。特に自動車や、工業技術、そして交通システムなどに関するディズニーの将来予測はモーゼスの興味をそそった。一九五八年、ウォルトディズニースタジオは魔法の「高速道路ＵＳＡ」という八分間のアニメ映画を、テレビ番組「ディズニーランド」への挿話用に制作した。ニュース映画調の重々しい低音のナレーション付きで、この映画はまばゆいばかりの白い高速道路やクローバーの形をしたインターチェンジ、跨線橋や橋梁そしてトンネルなどを映し出していた。未来では、これらの道路は光り輝き、霧を散らし、雪を溶かし、そしてレーダー付きの車は自動走行するのだと、ナレーターは伝えた。実際に合衆国交通局が車の自動走行に取り組んだのは、それよりかなりあとのことだった。

「プレハブ式の橋梁や跨線橋は、現場へ素早く搬入されます」。ナレーターは映画のなかでそう語り、橋脚や片持ち梁が大規模な地形に合わせて鋳造されるような建設自動化時代の到来を予告していた。人口が広大な地域に分散されるにつれ、道路は幅広になり高速になった。そして「通勤半径はさらに何マイルも拡大されることでしょう」。明日の生活様式は高速道路網と密接につながっている、とナレーターは続けた。映画は朝、夫婦が子供を連れて大駐車場から出てくるところを映し出していた。テレビ会議を車のなかで行ってちょっとした仕事をしてから、母親と息子はショッピングセンターに出かけ、父親は職場に向かった。「オフィスビルは素晴らしい駐車サービスとエレベーターサービスを併せ持っているのです」。ナレーターは冗談半分の口調で次のように話を終えた。「彼の専用駐車スペースから、多分、机までは自分の足で歩かねばならないでしょう」

ディズニーの映画はこれから先の文明社会において高速道路が重要な役割を果たすことを当然視していた。「それは新たな希望、新たな夢、そして将来のよりよい生活にわたしたちを連れていってくれる魔法の絨毯なのです」

この未来の光景は郊外の通勤者向けに技術が進歩した環境を描いたものだが、モーゼスはこの魔法の絨毯は都市と郊外を結ぶだけでなく、都市そのものをよりよく機能させうると確信していた。一九六四年のニューヨーク万博にあたり、彼はディズニーに四つの展示制作を依頼した。そのなかにはフォード・モーター社提供のマジック・スカイウェイやゼネラル・エレクトリック社のプログレスランドなどがあった。輝かしい未来の一幕や、生きているかのごとく動くロボット――アブラハム・リンカーンの動く人形もあった――などその試みは大人気を博し、ディズニーは束の間テーマパークを万博開催跡地のフラッシング・メドウズに置くことさえ考えたが、結局フロリダ州オーランドの気候のよさと二万七千エーカーの平地と牧草地を選択してしまった。

モーゼスはディズニーの演劇や芝居に対する鋭い直感力や、壮大な夢づくりに深く感銘を受けた。財布の口を緩めて大盤振る舞いする連邦政府のもとで、彼は配下の技術者に、計画の素案を描くにあたってはいっさいの制約を無視するようにハッパをかけた。例えば高速道路の進入ランプが大きな弧を描いてトンネル入り口につながるとか、街なかの中心をぶち抜く高架道路で大規模な取り壊しや撤去作業、さらには住民や商店などの移転が必要になっても、かまわず案を描けというのだ。連邦政府の資金はこれらの夢のような巨大計画案を可能にするだけでなく、不可避にしてしまうのだとモーゼスは固く信じていた。ニューヨークがその資金をつかまなかったら、どこかほかにいってしまうだけだ。そうなれば何千という建設関係の仕事や、コンサルティング、技術契約などをみすみす見逃すことになるのだ。

おまけにこの考えは大衆の受けもよかった。長い間[*3]、多くのニューヨーク市民はモーゼスが提起するような、ある種完璧な高速道路網を心待ちにしていたのだ。商品資材の輸送に大きく依存しているトラック運転手や経営者は、第一次世界大戦が終結して以来、マンハッタン島内の交通渋滞や、島への接続道路が不足していることに不満を募らせていた。イーストリバーに架かる四本の橋は二〇世紀の初めには完成していた。そして一九二一年には港湾公社が新設され、以降ハドソン川を越える接続道路、ホーランドトンネル、リンカーントンネルそしてジョージ・ワシントンブリッジの建設が始められた。一九二九年には、地域計画協会（ＲＰＡ）が高速交通網の基本案を発表した。それによれば商業活動に伴う経費が削減され、経済活動が活発になり、隣接三州（ニューヨーク、ニュージャージー、そしてコネティカット州）の成長が可能になるはずだった。ＲＰＡは一九二二年に市民と財界の有力グループによって設立され、高速道路を大幅に拡張するニューヨーク大都市圏の地域都市計画の作成を目的にしていた。一九二九年の青写真には七本の主要な新しい東西ルートが載っていた――ブルックリンを横切るもの、ブロンクスを横切るもの、そして残り五本はマンハッタン島を横切るものだった。

このマンハッタン島横断の五本の新ルートとは、一、ジョージ・ワシントンブリッジとブロンクスをつないで島の最北部を横断するトランスマンハッタンエクスプレスウェイ、二、ハドソン川を渡る新たな橋梁を計画し、これとトライボローブリッジとを結んでハーレム地区を一二五丁目沿いに横断するもの、三、これとは別にもう一本新たにハドソン川を渡る橋梁を計画し、ここから五七丁目あたりでマンハッタンを横断する道路をつくるもの、四、三四丁目リンカーントンネルの入り口からクイーンズ・ミッドタウントンネル入り口までミッドタウンを横断するミッドタウンエクスプレスウェイ、五、ホーランドトンネルからマンハッタン&ウイリアムズバーグブリッジを結んで、マンハッタン島南部横断の高速化を可能にするローワーマンハッタン・エクスプレスウェイであった。

市や州政府の役人はこのＲＰＡ案をただ容認していただけで、十年を経たのち、当時の青写真を取り上げ、実現に向けて実際に推進したのはモーゼスであった。編み目模様の高速道路網――ジェイン・ジェイコブズはのちにこれを編み上げ靴の「靴ひも」と呼んでいた――はマンハッタン島とその周辺地区を結びつけて都心への出入り、あるいは周辺の通行を円滑にさせるはずだった。高速道路は血液をくみ上げ押し出す動脈に例えられた。ＲＰＡのマスタープラン刊行後長い間、モーゼスのもとでは道路は「動脈」と公的書類にも書かれていた。

ジョージ・ワシントンブリッジを建設したニューヨーク港湾公社が、最初に手をつけたのは島の最北部で市中を横断するルート、十二車線で長さ半マイルの別名トランスマンハッタンエクスプレスウェイであった。この高速道路はジョージ・ワシントンブリッジを渡ってくる車が一七八丁目のワシントンハイツの近辺で急に降ろされてしまうそれまでの状態を改善させ、マンハッタン島の端を横断させてハーレム川まで導くのである。

モーゼスがこの部分の延伸を行ったのは、後世最も悪名高きプロジェクトといわれる初めての市中横断高速道路、クロスブロンクスエクスプレスウェイをその後建設するためであった。この構想はハドソン川をジョージ・ワシントンブリッジで渡り、マンハッタン島の北辺を横断し、ハーレム川を越えて、ブロンクスの区内まで途切れず走行可能にするものだった。この全長七マイルの超高速道路は、水面下の大量の岩石の爆破が必要だったし、百にも上る街路や、七本の高速道路やパークウェイ、九本の地下鉄や鉄道線路、さらにはニューヨークとニューイングランド・スルーウェイを結ぶ、複雑な高架インターチェンジなどを横切る必要があった。そのうえブロンクスの人口密集地域を一マイルにわたって切り裂かねばならなかった。千五百を超える世帯が転居を余儀なくされた。一九四八年に始まり一九六三年に完成、一億二千八百万ドルのコストをかけたこのクロスブロンクスエクスプレスウェイは、住民の反対をねじ伏せた当時のモーゼスの絶大な力を見せつけるものであり、また市民を暴力的に蹂躙《じゅうりん》したケーススタディとして、今日に至るまで語り継がれているのである。ロバート・カロがのちに『パワーブローカー』で書いたように、活力にあふれ多様性に富んでいた移民集団をバラバラにし、ブロンクスの急激な経済的、社会的衰退のきっかけとなった。

モーゼスとしても、イーストトレモントやウエストファームなど、中流かつ労働階級のユダヤ系やイタリア系家族が多く住むブロンクスの近隣地域を突き進むことがたやすくないことはわかっていたのだが、ルート変更などは、毛頭考えもしなかった。このルートをたったの二ブロックだけ南のクロトナパークの北辺に移すだけで、数百世帯の家屋が撤去されずにすむと、住民グループや数人の公選役人などが変更を請願したがモーゼスはテコでも動かなかった。家屋にブルドーザーがかけられ、多くの住民、とりわけ借家人は、転居するために受けた支援はきわめてわずかだったと不満を募らせた。

モーゼスはそんな人的犠牲にこだわることはなかった。彼にとっては、このクロスブロンクスエクスプレスウェイはニューヨーク市の高速道路が連邦政府資金適格事業であることを示す完璧な模範例だったのである。高速道路がニュージャージーから途切れることなくマンハッタン島、ブロンクスを横断しさらには北部ニューヨークやニューイングランド、そしてコネティカット、ボストン、メインへと延びていくのだ。逆にクイーンズやロングアイランドへ向かうルートも利用できた。それからだいぶ年月を経て、渋滞が起こるようになるまでは、クロスブロンクスエクスプレスウェイはニューヨーク市の端を横断走行する車の時間を大幅に短縮した。加えてアメリカ東海岸沿いにメイン州からフロリダ州までをつなぐ州間幹線《インターステイト》道路九五号線の欠落部分を仕上げ全線を完結させるという貢献を果たした。モーゼスはアイゼンハワーの要請にみごとに応えたのだ。

　連邦政府からの資金確保は別の市中横断高速道路の建設――それはクロスブロンクスエクスプレスウェイにもまして困難な挑戦であったが――にもきわめて重要な意味合いを持っていた。

　モーゼスはＲＰＡが提示した一二五丁目と五七丁目で各々市中を横断するふたつの高速道路案を好ましく思ってはいたが、最終的には採用しなかった。これらのルートはハドソン川を渡るふたつの新しい橋ができて初めて意味をなすもので、橋はまだ初期構想の段階にとどまっていたからである。その代わりに彼は、同じくＲＰＡ案で輪郭が描かれていた二本の主要な東西ルートに焦点をあてた。ミッドマンハッタン・エクスプレスウェイとローワーマンハッタン・エクスプレスウェイであった。一九四〇年にモーゼスは、この高速道路の推進活動を開始し、公共事業に取りつかれた市長のフィオレロ・ラガーディアを説得して技術計画作成の許可取得に動いた。その結果、これら二本の市中横断ルートは、一九四一年の都市計画委員会の新動脈道路網の基本計画に盛り込まれ、一九四四年にはニューヨーク州議会で承認された。一九四九年までには、この仕事はモーゼス主宰のトライボローブリッジ＆トンネル公社の支配下に置かれたが、資金源はまだ未定だった。一九五六年に州間高速道路法案が通過して、この二本の高速道路に必要な三億五千万ドルの九〇パーセントが最終的に用意されるまでは未決定だったのだ。モーゼスは青写真の実現に向け行動開始した。

ミッドマンハッタン・エクスプレスウェイはニュージャージーからマンハッタン島を抜けてロングアイランドまでを走り抜ける高速道路の一部となるもので、ウエストサイドのリンカーントンネルと、イーストサイドのクイーンズ・ミッドタウントンネルを結んで市中を横断する部分に該当した。計画によれば、狭く斜めの道沿いにホテル、カフェ、学校や商店が並んでいる三〇丁目に並行して走る予定であった。三〇丁目の南側の建物はすべて取り壊され、高架の六車線が予定された。ルート沿いは再開発され、近代的な新しいビルが高速道路に組み込まれて建設され、事実上その一部となっていた。完成見取り図ではミッドマンハッタン・エクスプレスウェイが、新しいオフィスビルのど真ん中、だいたい三階のあたりを貫通し、歩行者や配送トラックは高架下の在来街路を使用していた。

このプロジェクトの経費は七千七百万ドルと推測されていたが、連邦政府から九〇パーセントが供出されることになっていた。というのもニュージャージー北部からクイーンズのミッドタウントンネルを抜けて活況に沸くロングアイランドに至る区間は、州間高速道路事業となるからである。資金的にはこれでめどがついたが、反対は当初から激しく起こった。いくつかの団体組織、三〇丁目協会、皮革産業団体、マレーヒル住宅所有者協会、さらにはミッドタウン不動産所有者協会などが計画に反対の狼煙《のろし》を上げた。会員数六百で二万人の労働者を抱える皮革製造業社連盟は、[*4]強制転居される街の優良皮革小売店は、その大半が三〇丁目沿いに位置していて、「壊滅するかもしれない厳しい状態となる」と発表した。

多くは裕福で、政治的影響力も強かったが賑やかで繁盛している彼らの根城を、モーゼスの構想が脅かしているのだ。

ラガーディア市長を引き継いだウィリアム・オドワイヤーは、ミッドマンハッタン・エクスプレスウェイに魅了された。しかしモーゼスや彼のチーム以外にとっては、この空中高速道路はあまりにも暴力的破壊行為にすぎると思われた。見かねたRPAは、代替としてトンネル案を提出したが約二倍の費用がかかった。モーゼスは、技術的に困難が伴う、値段が張りすぎて連邦政府の資金提供認可がとれない、四車線分しか確保できないので大量交通移動には不十分などを根拠としてそのトンネル案を退けた。計画をいじくり回すのは時間を無駄にするだけだと言い切った。

モーゼスは市長がオドワイヤーからビンセント・リチャード・インペリテリ、さらにはワグナー、そして最後に一九六六年に、ジョン・リンゼイへと代々引き継がれるなか、ミッドマンハッタン・エクスプレスウェイ計画の実現に向けて休むことなく力を注いだ。代々の新市長にプロジェクトの有効性を説き回り、策を練って、なんとかこの超高速道路が避けて通れない必然性を帯びていることをわからせようとした。彼はクイーンズ・ミッドタウントンネルの第三トンネルを認めるにあたって、交換条件としてミッドマンハッタン・エクスプレスウェイの建設を持ち出した。交通渋滞はその頃でもひどかったし今後もさらにひどくなる一方で、一九五〇年代、一九六〇年代を通じて乗用車やトラックが大量に増えることが予想されているのだ。[*5] ミッドタウンは「歴史上最悪の交通窒息問題」を抱えてひどいことになるであろうと彼は主張した。高速道路用地の獲得もすでに始めていて、クイーンズ・ミッドタウントンネル近くの区画を購入し、これから到来する空中高速道路時代の第一段階に備えていた。だがしかし、それを購入した翌日、このプロジェクト反対に肩入れする大きな力が現れた。リンゼイ市長が最終意見としてミッドマンハッタン・エクスプレスウェイに反対を決め、このプロジェクトを無用の公共事業だと決めつけたのだ。モーゼスが高速道路のために購入した土地区画はその後運動場になってしまった。

間もなくして、この失敗を運命づけられた不運なプロジェクトにこれ以上のエネルギーを注ぐことは無意味だとモーゼスは見切りをつけた。捨て台詞で、彼はミッドタウンの交通は悪化をたどり、いずれどうにもならなくなると予告した。そして、最終にして最大の望みであったニューヨーク市のど真ん中を走り抜ける市中横断超高速道路の実現に取り組んだのだ。それこそがローワーマンハッタン・エクスプレスウェイ、別名ローメックスだった。

ローメックス推進の理論的根拠は、ミッドタウン・エクスプレスウェイの場合よりもう少し説得力を持っているかに思われた。ローメックスはハドソン川をくぐるホーランド・トンネルとイーストリバーに架かる二本の橋との間を高速で結ぶのである。今のところ、この橋を渡ってきた車両は混雑したマンハッタンの街路にいきなり放り出されていた。モーゼスが好んで使った説得資料の地図では、接続は実現可能に見え、ホーランド・トンネル入り口とマンハッタン&ウイリアムズバーグブリッジへの入り口ランプの間で起こる、長い交通混乱と渋滞の解決になりそうに思えた。そして資金的にも大きな見返りが期待できた。州間高速道路七八号線がニュージャージーからロングアイランドへつながることは、州間高速網への重要な貢献と認定され、その結果費用の九〇パーセントは連邦資金で賄われるのだ。しかも、彼が推進しているほかのどの道路計画案よりも、ローメックスは経済発展に寄与するだろうと考えていた。近代的な社会インフラとして、この高速道路は車の移動を容易にし、渋滞を緩和し、低い不動産価値や減少する税収で疲弊した地域全域を活性化させるのだ。しかもその地域の活性化を象徴する専用の出口ランプが半ダースもつくられることになっていた。このローメックスの理論的根拠はダウンタウンの商工会議所の財界の指導者にも受け入れられた。彼らは別に活性化計画を練っていて、マンハッタン島の南端に建つツインタワー構想も含まれていた。

「提案されたエクスプレスウェイのルートは不動産価格が低迷している荒廃地域を走り抜けるのだが、低迷の主たる理由は交通渋滞で地上レベルの街路が詰まってしまうことにあった」[*6]とモーゼスは一九五五年に『動脈道路施設に関する共同研究』を発表した。

エクスプレスウェイの建設はこれらの街路における交通渋滞を緩和し、この地域の発展を推進するのである。そしてその結果快適な住宅の供給、経済活動の拡大、不動産価格の上昇、地域の繁栄、そして不動産税収入の増大などが促進されるのだ。このことは近代的パークウェイやエクスプレスウェイができた地域ですでに検証されたことだった。グランドセントラル・パークウェイやベルトパークウェイでそのような結果を見ているし、いまやロングアイランド・エクスプレスウェイでも同様なことが起こりつつある。そしてさらにローワーマンハッタン・エクスプレスウェイでも起こるであろうということは火を見るよりも明らかなのだ。

モーゼスのランドールズ島のオフィスに置いてあるローメックスの模型は、合成樹脂製の取ってがついていて、古い建物の街区を持ち上げて高速道路に置き換えられるようになっていた。見たところ容易につくれそうだったが、現実は複雑だった。モーゼスは東西に走る狭いブルームストリートと呼ばれる小道を選んでこれを高速道路の最適ルートとした。ちなみにブルームの名前は独立戦争後のニューヨーク市の最初の市会議員からとったものであった。高架十車線の道路は幅三百五十フィートの回廊が必要で、ブルームストリートや、その北側のすべての建物の上に覆いかぶさるのであった。のちにソーホーと呼ばれる地区からリトルイタリー、チャイナタウン、バウリー、そしてローワーイーストサイドまで、ここは全ルートにわたって密集地域だった。提案されていた取り壊しの対象建物は全部で合計四百十六棟、そこに二千二百世帯の家族、三百六十五の小売店舗、四百八十の商業施設が入っていた。

モーゼスはすべての商店や住民にはきちんと転居させると公約していたが、コンクリートと鉄鋼の組み立てを始める前に、住民や商店などの再配置作業をする必要があった。そのための費用も莫大であった。最初一九四〇年にラガーディア市長から計画案作成を認可取得した際、このプロジェクトには三千三百万ドルの値札がついていた。その後の三十年でこの費用は七千二百万ドル、それから八千八百万、一億、そして遂には一億五千万ドルに達した。

だがモーゼスにとって、コストが膨らむのは初めての経験ではなかった。最後には見合うだけの価値が生まれるのだ。なんとしても彼はこの高速を実現したかった。

◎

一九六二年の夏のある日、ジェラルド・ラマウンティン神父はモーストホーリー・クルーシフィックス教会から出てきて右に回り、修道服を翻しながらブルームストリートをハドソン川に向かった。このストリートは剥げかかった舗装と玉石であばたになっており、自動車や配送トラックががたがた音をたてていた。両側には鋳鉄製飾りのついた五、六階建て建物が並んでいた。あたりは薄いすすの膜ですべてが覆われているように見え、黒く塗られた非常階段が建物正面にジグザグ状に架かっていた。とはいえこれも立派な住まいだった。そしてもうすぐ消えてなくなってしまうのだ。

一九六〇年に教会の司祭として赴任したラマウンティンは、歩道を歩きながらこれから起こるあたりの取り壊しに思いを馳せた。超高速道路が五十フィートの上空にでき、車両が頭上で轟音をたて、右手の街区は取り壊しに遭う。アパートや商店、そして彼の教会のほか五つの教会、これらすべてが高速道路のために取り払われるのだ。そう考えて身震いした。彼の教区民は、退職者や港湾労働者、イタリアや東欧、最近増えているプエルトリコからの移民が多く、新聞の報道でローワーマンハッタン・エクスプレスウェイが間もなく建設されるとわかって、ひどく落胆していた。新任司祭にとって、エクスプレスウェイはずいぶん手間がかかる仕事となっていた。教会はブルームストリート沿いのモットストリートとマルベリーストリートに挟まれていて、あたりはリトルイタリーの密集地域で、そこはまさに高速道路予定地の真ん中に位置していた。そこらは土地収用されていて、まひ状態に陥っていた。誰も将来の見通しがつかないのだ。信徒たちの住まいは取り壊され、追い立てをくらい、不適切な転居手続きに縛られて、見知らぬ場所に追い払われるのである。間もなく解体用鉄球によって破壊されるということがわかったうえで、敬愛する教会——三階建てで装飾された鐘楼や木彫りの正面扉があった——のミサに行くのは辛いことだった。

ラマウンティンは神学校を出たばかりで、いきなり政治的な争いに巻き込まれるとはついぞ思っていなかった。しかし必要に迫られて、州議会下院議員第二選挙区住宅商店救済委員会に参加し、議員と一緒にローワーイーストサイドを数ブロック下った酒屋の階上にある事務所で戦略を練り、集会を組織化しワグナー市長に面会し、差し迫った取り壊しに反対の請願をするなど、やるべきことをやってのけた。市長は聞く耳は持っていたがなんらの約束もしてはくれなかった。

近隣の防衛は片手間仕事ではなかった。ラマウンティンには助っ人が必要だったのだ。自分でやれることはほとんどやり尽くしたラマウンティンは、逆転を狙って大勝負に出た。彼はハドソンストリートに向かいジェイン・ジェイコブズの門をたたいたのである。彼女がウエストビレッジで都市再生計画にまっこうから立ち向かい、闘いに勝利したと聞いて、助けを求めたのだ。ジェイコブズは取り散らかった居間で彼の言い分を聞いた。彼女もまた、ローワーマンハッタン・エクスプレスウェイ計画のことは知っていた。ワシントンスクエアパークに五番街を通すという、あのモーゼスの構想のひとつの根拠はローメックスと連結させることであって、『アメリカ大都市の死と生』のなかでその馬鹿げた案に反対していたのだ。モーゼスがまたもや大規模計画を推し進め、ニューヨークの支配階級を結束させ、多くの人々や商店の立ち退きを冷酷に進めていると司祭は説明した。モーゼスは素早い動きを見せていた。動脈道路施設に関する共同研究の発表や、一九五六年の州間高速道路法案の通過に引き続いて、彼は早々とローメックスを動脈道路計画地図上に正式に描き込んでしまい、予算委員会と都市計画委員会の正式認可を求めてこれを提出した。また、高速道路用地の取得計画をつくり、必要な準備作業を発注してしまった。マンハッタンブリッジの改修や、新しい高速とのつなぎを受け止める橋の流入ランプ、そしてブルームとクリスティストリートにつくられる八十フィートの高速道路基礎部分などである。

追われた商人や零細企業のオーナーは、一九五九年に市役所で開かれた都市計画委員会の公聴会でこの案に対してはっきりと反対を表明した。[*7] だがこの後数ヵ月もすると、彼らの声はダウンタウンの巨大な財界の利害――グリニッジ・ビレッジの再開発でジェイコブズとやり合ったデイビッド・ロックフェラーもその一人だった――にのみ込まれてしまった。モーゼスは専門家らしく、ローメックスは単なる道路ではなく経済救済事業なのだと主張した。[*8]「エクスプレスウェイのもたらす利便を検討するにあたって決して見逃すべきでない点は、ダウンタウン＝ローワーマンハッタン協会の経済活動に対して、とてつもなくいい刺激を与えるということである」。モーゼスはこのプロジェクトのために作成したもっともらしい説明書のなかでそのように説明した。「デイビッド・ロックフェラーによって率いられるこのダウンタウンの著名な財界指導者のグループは、忍耐強く巨大な課題に取り組んでいるのである――すなわち、ローワーマンハッタン地域のリハビリである。この驚くべき大規模プロジェクトに賛同した財界人は、市の公選、任命役職員挙げての惜しみない協力を受けて当然なのだ」

ラマウンティンと商店主はこのあたりのニューヨーク州議会議員をうまく味方につけた。なかでも声の大きかったのはジェイコブズもよく知っているルイ・デサルビオで、彼はウエストビレッジの都市再生抗争に際して大いに支援してくれた人物だった。デサルビオは、恰幅がよくはげかかっていて太い黒縁の眼鏡をかけ、ちょっと見にはトルーマン・カポーティだった。カトリック信者でエルクの会員、またコロンブス騎士団員でもあり、ニューヨークの州議会議員を一九四一年以来務めていた。ぱりっとしたスーツに身を包み、[*9] 彼は選挙区の問題解決を生涯の職務としていて、そのなかでローメックスの優先順位は高かった。彼は州都オルバニーで民主党州下院議員ジョセフ・R・マロとともに、エクスプレスウェイに対する州認可の取り消しを求める議案を提出した。市ではすでにほかのプロジェクトで追い立てられた人々の未処理案件が滞っているのに、さらに二千を超える立ち退きが増える事態になれば、「巻き込まれた家族の大変な困難と苦悩」が大きくなるだけだというのだ。高架高速道路に代えて、議員はブルームストリートの南にある幅が広いカナルストリートを改修することを提案した。

当時のマンハッタン区長ルイス・A・チョフィも、住民や商人の円滑な転居を保証するようモーゼスに求めていた。それに応えて、都市計画委員会と予算委員会はすぐさま立ち退き対象テナントの要求事項の調査を命じた。しかし調査を行うのはモーゼスと親しい転居管理組合株式会社で、リンカーンセンター再開発計画を請け負っていた会社だった。ジェイコブズは、時間稼ぎにはなるとは思ったものの、罠に落ちて交渉に引きずり込まれ、その結果高速道路が既成事実化してしまうのを危惧した。この抗争が転居条件闘争の枠内に矮小化されてしまうのなら、しまいには高速道路をあと押しする勢力が勝つことになるからだ。

ジェイコブズはこれまでのラマウンティンの挑戦を高く評価した。モーゼスは横柄な態度で転居問題を取り扱ってきていた。「ニューヨーク・タイムズ」の論説記者[*10]をけしかけて、工事遅延を招きかねない調査は「市の将来を危うくする」と苦情を書かせた。また一九六〇年の夏には、予算委員会に対し警告を発し、委員会はすでに四回も認可決議を延期させていて、このルートを認可しないのなら、連邦政府はこれを見捨てて、何千万ドルもの資金もふいになるだろうと脅かした。そうなれば市はマンハッタンブリッジの改修やブルームとクリスティストリートの基礎工事などすでに発注された契約で何百万ドルもの支払いを余儀なくされる。事実上すでに進捗している計画を破棄するなどということは、全く愚[*11]

劣なことではないか、と彼は主張した。賽は投げられたのだ。そのうえ、初期の段階では、おおむね百世帯も転居すればすむ話なので、その手続きが間違いなく円滑に進むことを見届ける時間も十分あるではないかとモーゼスは言った。

チョフィ区長は引き続き住民の声を代弁してくれていた。「この人たちの転居先が決まるまで、追い立てを迫るのは意味がない」と彼は戒めた。[*12] デサルビオは、モーゼスが市を脅かして連邦政府からの多額の贈与金がふいになるのではないかと思わせ、「ベルトの下を撃つ卑劣な振る舞いだ」と苦情を述べた。だが一九六〇年の初秋、市政府はローメックスのこのルートを承認してしまった。そしてモーゼスに土地収用と道路用地の購入権限を与える準備を進めた。一方ワグナー市長は住民たちに立ち退き予定の転居先を見極める十分な時間的猶予を確約した。「拙速な行動をとるようなことはこのプロジェクト全体にわたってあり得ない」。[*13] ワグナーはそう言って、高速道路の路線上にあたる人々を曖昧な表現でなだめようとした。しかし強制立ち退きに遭うなら市から出ていくと明言する人もいたのである。

転居管理組合株式会社の調査では、この近辺や市中のあらゆるところで、立ち退き世帯や商店を受け入れるロフトスペースが「すぐにでも手に入る」と報告されていた。[*14]「新しい居場所を見つけ、商売をニューヨーク市内で続けようと思う商人は、難なくそうすることができる」とコンサルタントは主張した。ことが順調に運んでいるにもかかわらず、モーゼスはちょっとした疑問やためらいに対して毒づいて、調査報告者をけなしまくった。[*15]「愚かな考えや果てしない遅延、延期、そして言い逃れがローワーマンハッタン・エクスプレスウェイ建設には絶えずつきまとっているのだ」

一九六二年の二月、ラマウンティンやモーストホーリー・クルーシフィックス教会の教区民はさらによくない知らせを受けた。モーゼスがわざと漏らしたのだが、新聞がワグナー市長は長引く懸念、疑問などのすべてを棚上げにして、ローメックスを全面的に支援することを決めたと報道したのだ。[16]市役所のこの不当な支援によってその道路案は既成の事実と結論づけられたかに見えた。第一段階のウエストサイドハイウェイから六番街までの建設が間もなく開始されるのだ。近隣住民は浮き足立った。「どこに行けばいいというのか?」六十五歳になる元氷屋で、ブルームストリート三九〇番地のアパートに娘と一緒に暮らしているマイク・スケチアリンはそう聞いた。[17]そこから四軒離れた場所で警察本部ビルの向かいに住んでいる床屋は一九二五年に開いた店を失うことを嘆いていた。

ラマウンティンやデサルビオはバス二台分の住民を組織して、公聴会でのピケを画策したが、モーゼスの信頼の厚い盟友であるアーサー・ホッジキスや、市交通局長、ダウンタウン＝ローワーマンハッタン協会、そしてオートモビルクラブなどが進行を牛耳ってしまい、[18]ローメックス推進派の証言が粛々と述べられた。[19]副市長はデサルビオが順番を無視して発言すると、警察官に立ち退かせると脅かした。土地収用認可手続きは急いで進められた。都市計画委員会はまた、カナルストリートに架ける高架橋について第二選挙区住宅商店救済委員会が提出した詳細な代替案を全く無視してしまった。

モーゼスは反対派をなんにでも反対し、ことあるごとに口からでまかせを言いまくる連中と非難することで、このプロジェクトへの弾みを維持していた。[20]あるとき、民主党青年支部から贈られた記念の銘板を受け取ったあと、彼はこう述べた。ニューヨークは「報道という名のもとでの恐喝者や中傷者にはやけに寛大なくせに、この街の長所は記事に書かせようともしないし、世に知らそうともしていない」。このとき、ローメックスに抗議する人たちは外でピケを張っていた。

予算委員会の六月の公聴会で、輝かしい場面があった。それは抗議者がエレノア・ルーズベルトからの一通の手紙を読み上げたときだった。彼女はワシントンスクエアパークを貫く道路計画のときにも反対して口をきいてくれていたが、今また手紙で市はローメックスをつくるべきでないと力説してくれた。「貴職が、今の地位にとどまりたいならこの道路は認めるべきでない」。ウエストビレッジ委員会のレオン・サイデルも呼応して、マンハッタン区長のエドワルド・R・ダドリーにそう呼び掛けた。デサルビオは委員会に対して「狂った空想家の夢」を没にして「この馬鹿げた考えで市の喉笛が切り裂かれるのを防ごう」と言った。委員会のメンバーは着席したまま、さしたる反応を示さなかった。[*21]

ことの次第はこういうことなのだとラマウンティンはジェイコブズに報告した。世間は反対派の声に耳を傾けはじめた。そしていまやこの抗争を次の段階に持っていく必要があり、そのためにジェイコブズの助けがほしかったのだ。

ラマウンティンの物語はジェイコブズにとっては聞き慣れた話であったが、引き受けるには気がかりな点もあった。一九六二年の夏、彼女は「アーキテクチュラル・フォーラム」の仕事をきっぱりと辞めてフルタイムでの著作活動に専念しようと準備中だった。そのため新たな近隣抗争のために自分の時間を費やすことに決心がつかなかった。ラマウンティンを戸口に送り出したとき、彼女は次の集会にはオブザーバーとしてなら参加すると応じた。

数日後、モーストホーリー・クルーシフィックス教会の小さな講堂に入っていったジェイコブズは、即座にウエストビレッジの都市再生計画抗争のときのコミュニティ集会を頭に思い浮かべた。参加していた百人近い人々は、熱意を込めて、次の一手を練っていた。彼女は参加者を見渡して、ラマウンティンが住民だけでなく政治的活動組織家も誘い入れていることに気がついた。数週間前、ラマウンティンは教会の正面扉の近くのラジエーターの上に、ダウンタウン独立民主党のパンフレットを見つけたのだ。そこには「ブルームストリートの皆さん、わたしたちはあなた方の味方です」と書いてあった。そこでこの改革グループのメンバーを集会に誘ったのである。リーダーの一人、エステレ・ロームはあちこち電話して参加者を増やした。ジェイコブズはラマウンティンが集めたグループの人たちがさまざまであることに驚いた。共和党員もいれば民主党員もいたし、実業家もいれば専門職もいた。ピアノ教師、芸術家、カトリック、ユダヤ教、プロテスタント、社会主義者、保守主義者など。ヤングアメリカンズ・フォー・フリーダムのグリニッジ・ビレッジ支部を代表してローズマリー・マッグラスが参加していたほか、リトルイタリーからマフィアの代表も来ているとの噂があった。誰もそのことをあからさまには言わなかったが、コーサ・ノストラが彼らの支配下の本拠地が撤去されるのを恐れて、この抗争に参加したのは周知の事実だった。

ジェイコブズはラマウンティンが議論を導いて、団結の必要性を強調するのに聞き入っていた。彼は[*22]ローメックスに反対するすべての人々は、バラバラな運動をするのではなく、手を携えてローワーマンハッタン・エクスプレスウェイ中止合同委員会に結集すべきだと訴えていた。これは単にブルームストリートだけの抗争ではない、と彼は言った。モーゼスは高速道路が近隣地域を向上させると請け合っているが、轟音が鳴り響く、高架構造物近辺の市の街区はどこであれ急速に衰退している事実は誰の眼にも明らかであった。ブルックリンの三番街沿いの人々や商店は、二十年前に建てられたゴーワナスの陰になってしまっていて、そのことを身をもって証明したのである。

ラマウンティンがジェイコブズを紹介し、彼女はグループに向かって話しはじめるやいなや、それまでの中立オブザーバーの立場をかなぐり捨てた。モーゼスの次の一手を見極め、市長の対応を理解し、さらには店舗や住民の転居にどのような約束がされているのかを知ろうと、長時間を費やして皆の話に耳を傾けた。

教会から出てきたジェイコブズはラマウンティンのあとについてハドソンストリートの方角に戻った。その途中、ニューヨークに来て以来、ずっと欠かさずにしてきたようにあたり一帯を綿密に調べて、それがどのように機能しているのか注意深く観察した。

市の消防士は、このあたりを「地獄の百エーカー」と呼んでいた。製造工場のなかで化学薬品がこぼれた床や、貯蔵有毒物質、あるいはそのほか資材から発生した火災に常時出動を重ねていたのだ。ただ、その割には、このあたりは立派な建築物が多く見られた。サンサルバトレ教会はモーストホーリー・クルーシフィックス教会のすぐ側にあったが、ロココ調といわれるイタリアルネッサンス風天使像や樋嘴《ガーゴイル》がつくりつけられていた。消防署の建物は、第五五分署の本拠地となっていたが、対称形をしたアーチの石づくりの窓があるルネッサンス復古調だった。ブルームとセンターの角にある警察本部はホッピン、コーエン&ハンティントンによる古典的なボザール様式で、ロンドンの著名な公共建築によく見られるエドワーディアン・バロックの堂々とした様式で建てられていた。

ジェイコブズはこのあたりの建物には、鋳鉄造のファサードをもつものが多いことに気がついた。それは「アイアンエイジ」誌に勤めていたころ学んだ建築構造のひとつだった。鉄は安価で、そのうえファサードはプレファブで現場で組み立てることができ、おまけに、防火素材だった。ソーホー地区の鋳鉄造の建物は、一九世紀の中頃から建てられはじめ、摩天楼へと進む第一歩ともいわれていて、以降石造建築からガラスと鉄へと着実に進むのである。モーゼスがブルドーザーで打ち壊しを図った建物は、実は歴史上の重要な時期を代表していたのだ。当時の人々の努力で店舗、倉庫、製造工場などの商業地域が、統一された様式美によって築かれたのであった。ブルームストリートの鋳鉄造の建物群は、列柱がローマのそれを忍ばせることから、「商売の宮殿」として知られていた。ブルームとブロードウェイの角のE・V・ハウイットビル[*23]には百貨店が入っていて、一八五〇年代末の開店当時は、その時代のティファニーとも讃えられた建築で、客用エレベーターが市内で最初に備えられた。ブルームストリート二六九番地の六階建てのギュンタービルは、建築家グリフィス・トーマス設計の毛皮倉庫と織物ショールームで、板ガラスを使った角が丸い建物ファサードとコリント風円柱、豪華に装飾されたコーニスや欄干があった。

これらの建物は美しいとジェイコブズは感じた。そして改装し再使用することが可能だとも考えた。何十年もすれば芸術家のロフトやお洒落なレストランがこのあたりの目印になるのだと彼女は予感した。この地域には優雅さが感じられ、規模も手頃で居心地のよいものだった。ダウンタウンのウォールストリートあたりには高層が多いが、ブルームストリートやグリニッジ・ビレッジのあたりでスカイラインはだんだん低くなり、ミッドタウンでは再び高層タワーの森となって隆起した。低層の地域はパリの街にも似てほっとして救われる思いがするのだ。

一方、街を本当に素晴らしくするのは住民であった。ローワーマンハッタン・エクスプレスウェイ建設のルート予定地にあたる地獄の百エーカーは一万二千人の人々、主に黒人、プエルトリコ人、女性を雇用する事務所の集積地であり、そこには六百五十の零細商店、五十の大規模工業施設などがあった。商売のほとんどは繊維、ファッションアクセサリー、そして安価な日用品を扱っていた。従業員は平均して週八十ドルぐらいの稼ぎであった。

ローメックスのルート沿いには労働者階級の特徴がはっきりと見受けられた。ブルームストリート沿いにはロフトやワンルームマンション、食肉加工場、家族経営の店舗、それに安く食べられる店などがあった。リトルイタリーのパスタの軽食堂はチャイナタウンの雑多な食料品店からほど近いところにあった。ブルームとクリスティストリートの角――そこからローメックスの基礎工事が開始される予定で、地下鉄のトンネルに隣接していた――には縦長の公園があってFDRの母親、サラ・デラノ・ルーズベルトの名前がついていた。これもやはりモーゼスの作品で、毎週末、ベンチやサッカー場で人種のるつぼとしてのニューヨーク市にふさわしい光景が見られた。この公園を越えてイーストリバーのほうにいくと近隣はローワーイーストサイドの特徴ともいえるやや荒れて散らかった様相を呈した。マンハッタン&ウイリアムズバーグブリッジ近辺の五階建てエレベーターなし建物には移民家族、スラブ人、労働者そしてそのほか雑多な人が住んでいた。もちろんアッパーイーストサイドとは雲泥の差ではあったが、少なくとも雨風をしのぐ屋根はあったのだし、工場もほど近く、どこの街角にも日用品を売っている低廉な店もあった。

ウエストビレッジ抗争の最中、近隣地域の一部を取り壊す計画案の噂をジェイコブズは耳にしていた。結局、その案は撤回されたのだが、一時期ワグナー政権は、ハウストンストリートの南十二ブロック、いわゆるソーホー地区を都市再生事業の標的にして撤去し、低中所得者用の高層住宅を建てようとしたことがあった。彼女がソーホーからウエストビレッジに戻る道筋の光景は、彼女自身の近隣ときわめて酷似していた。『アメリカ大都市の死と生』で描いた都会生活の模範となる要素がこのあたりにもすべて揃っていたのだ。にもかかわらず、都市計画家は、ここでもあたり一帯を破壊してなにかましなものを生み出すことができると考えていたのだ。

結局、そのときはソーホーは無傷のまま残されたのだが、今回あらためてモーゼスは高速道路を提案し、あたりを綺麗さっぱり破壊しようというのである。おそらく、ミッドタウンよりはブルームストリート沿いの住民や零細商店をローラーで制圧するほうが容易だと思ったのだろうが、彼はどんな大きな犠牲にもひるまない覚悟だった。ラマウンティン一派は新手の敵に襲われたのだ。モーゼスは市の長大な区域に高架を覆いかぶそうとしていて、誰かがそれと闘わねばならなかった。「それは巨大な州間高速道路網の一部なのだ……彼らはその一部分、一部分を毎回認可させて人々が全体像を把握できないようにしているのだ」とジェイコブズはのちにそう話している。もしも高速道路建設がただちに中止されないなら、「この馬鹿げたタコの足との闘いを終生やめるわけにはいかないでしょう」。[*24]

彼女は心を決めた。闘いに加わるのだ。数日のうちに、彼女とそして古くからの仲間であるデサルビオは新たに改名したコミュニティの団体組織、ローワーマンハッタン・エクスプレスウェイ中止合同委員会の共同委員長に指名された。

◎

素早く動いてはずみをつけようと、ジェイコブズは高速道路提案に関係があるすべての公聴会のスケジュールを取り寄せた。住まいの近辺からほとんど出たことがない住民を動員して、バスに乗せ市役所まで運んだ。ワシントンスクエアパークでのテープ結びの成功事例をならって、写真撮影を指揮[*25]し反対運動をより劇的なものに仕立て上げた。ある集会では住民にガスマスクを装着させ、ローメックスのすすと排ガスによる空気汚染を連想させたほか、さらにニューオーリンズの葬式行進をモデルにして近隣地域のパレードも準備した。地元の芸術家、ハリー・ジャクソンに手伝ってもらい、ジェイコブズは近隣地域の死と破壊を彷彿させようと試みた。墓石の形をしたピケ棒に、骸骨《がいこつ》とバッテン印の骨を描きスローガンで「リトルイタリー、進歩によって殺害さる」とか、単に「近隣の死」と書いた。逆にまた、ローメックスは暴力行為そのものなので、抗議サインどおりそれ自体「殺される」べきでもあった。葬式行進がブルームストリートで行われた晩は、絶え間なく雨が降っていたが、それでも撮影には十分な明るさがあった。約百人の抗議者が雨のなか、ブルームとサリバンの角で集合した。そしてリトルイタリーのマルベリーストリートの近くとモーストホーリー・クルーシフィックス教会の近くで演説集会を開いた。ジェイコブズはデサルビオ、州上院議員ジョセフ・R・マロ、そして州下院議員のレオナルド・ファーブスタインに次いで演説し、二千人を上回る人々を強制退去させる暴挙を猛烈に非難した。行進者はアッパーイーストサイドのグレイシーマンションまで歩き、ワグナー市長宛ての書簡を届けて、ローメックス用地獲得の撤回を申し入れた。柵で囲まれたグレイシーマンションはモーゼスが勧めてフィオレロ・ラガーディアに市長公邸として購入させたものであった。

あっという間に、ローメックスとの闘い[*26]は世間に鳴り響いた。「風に吹かれて」と「時代は変わる」の間で、まだそれほど有名ではなかったボブ・ディランが、ローワーマンハッタン・エクスプレスウェイへの抗議の歌曲を書き、この地域の美しい調べをもつ街路の名前、ディランシー、ブルーム、マルベリーを挿入してデモ行進で歌えるようにした。

対するモーゼス軍団はいつもの方針にのっとって対応した。すなわち、一部の激しい活動家によって市の将来が妨げられるのを許すわけにはいかない、という考えである。「ちょっとした遅延でも許してしまえば、ゲリラ的駆け引きに没頭し、都市の進歩向上を卑猥な言葉におとしめる連中に、希望を持たせてしまうことになるのだ」とニューヨーク・オートモビル・クラブの会長、ウイリアム・J・ゴットリーブは主張した。[*27] 賃借人の転居は民間開発業者がいつでも対応できる、と彼は言い張った。「抗議の声が上がるたびに、民間プロジェクトをあと押しする人たちが二の足を踏んでいたら、世の中に進歩向上は起こりえないだろう」

ワグナーは転居の具体的な予定を公表すると公約して、若いヒスパニック系政治家、エルマン・バデージョをその責任者に据えたが、彼は期限に約束を果たせなかった。[*28] ジェイコブズは記者に、「実現可能な転居計画が……つくれない場合」には、エクスプレスウェイなどあり得ない、とワグナー自身が保証していたのだとあらためて念押しした。役所は不安そうな風情だった。百人あまりの住民が外でピケ棒やローメックス反対を表明するボードを持って行進しているのを見て、市長や予算委員会は再び土地収用手続き採決の先延ばしを決め、一九六二年の十一月の選挙のあとまで延期した。住民は「先延ばしのもてあそび」に憤慨しているとジェイコブズはコメントした。

市はついにバデージョの報告書を十二月になって公表し、立ち退き住民全員に新居があてがわれると確約した。ローワーマンハッタン・エクスプレスウェイ中止合同委員会は声明文を発表して、「この報告書はロバート・モーゼスが一九四〇年以来躍起になって進めようとしている、スキャンダルまみれのエクスプレスウェイ計画を救うことには決してならない」と主張した。市が公開すべきは、本当に高速道路が実現可能で必要不可欠だと立証できる技術的、経済的な情報資料なのだ。ほかの東西ルート、クロスブロンクスエクスプレスウェイやベラザノナローブリッジなどが新たに利用できるようになった今は、なおさらだと中止合同委員会は宣告した。

同時に、ジェイコブズは新しい味方を誘って反対勢力にした。「ニューヨーカー」誌の建築評論家、ルイス・マンフォードなどがそうだった。マンフォードへの打診は容易ではなかった。というのもジェイコブズは『死と生』のなかで彼を批判していて、一方、マンフォードは彼女の本を酷評した経緯があったのだ。だがこのところ、マンフォードはニューヨーク市内や周辺における巨大な高速道路網構想や自動車偏重主義に幻滅しはじめていた。「ニューヨーク・タイムズ」の記事のなかで、ローメックスは「ニューヨークをロサンゼルス化する深刻な第一歩になるだろう……ロサンゼルスではすでに居住のための空間がエクスプレスウェイや駐車場に割かれてしまうことは無益だとわかっているのだ。なのになぜ、ニューヨークがいまさら後ろ向きの前例をお手本にするのか?」と述べた[*29]と引用されていた。

ほかの人たちもこの運動に参加してきた。ニューヨーク建築家団体、エクスプレスウェイ反対芸術家団体、これはジム・ストラットンによって創立されたが、彼は「ソーホー」という名称を編み出した人とされている。そしてローワーイーストサイド実業家協会、ここの非公式な本部はラトナーズ・ディリーというレストランで、ディランシーストリートの高速道路予定地に位置していて、オーナーはハロルド・〝ハイ〟・ハーマッツだった。ライオンズ・ヘッドのレオン・サイデル、ウエストビレッジ抗争のベテラン戦士、レイチェル・ウォールなども高速道路反対の陽気な一団に加わってきた。

ジェイコブズは引き続き報道関係との親交を深めていた。一般の市民が市役所と闘うという図式は格好の記事ネタで、効果的なコメントに飢えている記者をめざとく見つけるのは彼女の得意技だった。とある集会でテレビレポーターのゲイブ・プレスマンに近寄った彼女は、その晩のニュースに最適と思われるフレーズを授けた。「エクスプレスウェイはニューヨークをロサンゼルス化する」[*30]。報道陣はジェイコブズの言い分に興味津々となった。つまり自動車を受け入れるのではなく、ニューヨーク市をあちこち運転して回ることが、逆に困難になるようにすべきだ、という点であった。稠密な都市近隣地域は大量公共輸送手段や、歩き、そして自転車に頼ることによってより好ましく機能するのである。今でこそ、ニューヨークも彼女の仰せに従って新たな地下鉄路線を敷いているほか、通行料金や駐車料金を高く設定したりして車の抑制に努めてはいるが、なにしろ当時は今から五十年も前のことである。その頃自動車に逆らうのは流れに棹さすとんでもなく馬鹿げた考えでしかなかった。モーゼスの見解のほうが道理だったのだ。「我々は常に交通渋滞の先をいくのではなくあと追いを余儀なくされてきた」[*31]と彼は述べた。彼の高速道路網は「計り知れないほどの経費増をいとわないなら延期することは結構だが、だからといって最後には避けて通れないのだ、なぜかといえば望んだところで自動車を消し去るわけにはいかないのだから」。

モーゼスに抗うことは、危険なことでもあった。一九六二年のクリスマス直前のある晩[*32]、ラマウンティンは病気の友人をマサチューセッツに見舞うという理由で、予算委員会の公聴会への不参加をジェイコブズに通知してきた。だが、事実はセントパトリック大聖堂裏の大司教管区事務所に呼び出され、高速道路抗争での行動について自粛勧告を受け、かつ箝口令《かんこう》を敷かれてしまったのだ。管区の大司教、フランシス・ジョセフ・スペルマン枢機卿はモーゼスときわめて懇意の仲だった。

欠席[*33]のラマウンティンに代わって、ジェイコブズは司会を務めた。デサルビオはマイクロフォンに取りついてモーゼスへの怒りを爆発させた。「一人の年寄りを除けば、まともな技術者でこのエクスプレスウェイなるものを、本気で擁護する人にはお目にかかったことがない」と彼は言った。この「喧嘩好きの頑固な老人」は、「彼の技術者としての夢が、市にとっての悪夢と化していることに目を覚ますべきだ」。ジェイコブズは四十四人の反対派の一人として、提案されている高速道路は「途方もなく馬鹿げていて、しかも役立たずの愚行だ」と証言した。これを擁護するような議論は、「戯言《ざれごと》」にすぎない、と彼女は述べた。

この証言は、もくろみどおりの効果をもたらした。報道陣は高速道路を否定的な言い回しで報道しはじめ、市長や予算委員会はそれに対抗するだけの度胸を持ち合わせていなかった。一九六二年の十二月十一日、ワグナーは尻込みして、まず予算委員会にルート沿いの土地収用手続きを中断させ、ローメックスを市の計画動脈道路地図から取り除く手続きを開始させた。一連の出来事は二日間続いた新聞ストライキ中に起きたので、ほとんどのニューヨーク市民はこの勝利を知らなかった。小規模のイタリア系アメリカ新聞、「ニューヨークデイリーリポート」だけがすっぱ抜いた。「ダウンタウンエクスプレスウェイ計画否決さる」

商人、芸術家、自由主義者、そして保守主義者などローワーマンハッタン・エクスプレスウェイ中止合同委員会の面々は躍り上がった。ジェイコブズのメッセージは聞き届けられた。都市は車のためではなく人のためにあるべきなのだ。

ジェイコブズ[*34]はラマウンティンと二人してブルームストリートの教会の前に植樹した。

「我々の勝利よ！　素晴らしいでしょ！」ジェイコブズは母親に送る「ニューヨークデイリーリポート[*35]」の見出しの横に走り書きを添えた。

「舞台裏でなにが起きていたのか想像がつくかしら？」ジェイコブズは十二月十二日の「ビレッジボイス[*36]」の「政治活動家、ブルームストリートエクスプレスウェイを葬り去る」という見出し記事の余白にそう書いた。このメモ書きは彼女の兄とその妻に宛てたものだった。「合衆国中で、州間高速道路計画がポシャったのはこれが初めてだそうです。愛を込めて、ジェイン」

これからしなければならないのは、市役所とニューヨーク州議会にローワーマンハッタン・エクスプレスウェイを「地図上削除」すべきだと納得させることだけだった。提議された動脈道路案を市の正式な書類から取り除くのだ。

だがジェイコブズがのちに語ったように、この凶悪プロジェクトが最終的に死滅するまでには何回も葬り去る必要があった。

◎

モーゼスは機が熟すのをじっと待っていた。彼は今までにも反対派をやり過ごしてきた。一九六三年初めの数ヵ月間はジェイコブズに勝利を味わわせていたが、間もなくローメックスを死から復活させる強引な工作活動を開始した。高速道路は渋滞緩和の要であり、経済発展にもきわめて重要だ。にもかかわらずそれが不当な汚名を着せられたと、彼は固く信じていた。そして計画済みのすべての動脈道路案の理論的根拠について、包括的な報告書を作成すると公約[*37]した。ローメックスを「地図上削除」すべしという意見は「連邦や州自治体の莫大な動脈道路予算を、より進歩的などこかのコミュニティに喜んで譲り渡すという明確な意思表示」となってしまうだろうと再度警告を重ねた。高速道路賛成派のダウンタウン＝ローワーマンハッタン協会も地域計画協会や新たな賛同者、例えば市民ユニオンや商工会議所などを仲間に引き入れて市に再考を迫った。

「ど[*38]こで建設プロジェクトが計画されようとも、地域の人々は常に激しく反対するのだ」と大ニューヨーク都市圏建築建設業協議会のピーター・J・ブレナン会長は言った。「都市計画の専門家がこういう連中の言うことをいちいち聞いていたら、我らの都市はいまだに牧場のままで、周りをインディアンが走り回っていることだろう」

ジェイコブズは議事妨害主義者扱いされた。「い[*39]まだかつてニューヨークで彼女のグループのような話は聞いたことがない」と市の運輸局長ヘンリー・バーンズは言った。「今、彼女はジャンヌ・ダルクとして人々のために抗議している……しかし、何年かすればニューヨーク市民の発展を妨害するのに奔走した人物として知られるようになるだろう」。だがめげずに、ジェイコブズとデサルビオは活動を続け、市役所の聴聞集会に出席を重ね、さらなる証言を行い、朝刊に載るチャンスを狙った。いったんは否決された計画案の復活をモーゼスがたくらんでいることへの世論の怒りをあおるべく努力したのだ。「この男は一体何様だと思っているのかね？　聖人でもあるまいに。市長や市民よりうまくやれるとでも思っているのかね？」都市計画委員会の席上、デサルビオは、つばを飛ばしながら熱弁を振るった。

その委員会は、計画案の再考を前向きに考えていたのだ。「モーゼスは自分を神の子だとでも思っているのか？」

一九六四年、モーゼスはトライボローブリッジ&トンネル公社の総裁に宣誓就任した――それは公社での一期六年、六期目の就任であった。就任式のあと、この狡猾な七十五歳は報道陣に、一九六二年につまずきはしたもののローワーマンハッタン・エクスプレスウェイは間もなく建設されると告げた。そしてこのプロジェクトの一環として、立ち退き住民収容の住宅建設案をほのめかした。「その案は今、市長のところで採決待ちだ。建設されると思っていなかったら、こんな無駄話はしない」[*40]

高速道路賛成派の力が大きくなりはじめていた。財界、不動産業界、市民団体に至るまで建設を求める声は大きくなった。呼応して、全米建築家協会や都市芸術学会はともに、このプロジェクトを衰退地域での重要再開発事業ととらえ、前向きだった。建設業界はこのプロジェクトは二千の建設労働者の雇用を増やすと主張した。ローワーマンハッタン・エクスプレスウェイ中止合同委員会はこれに対抗し、ほかの組合労働者グループを押し立てた。ウエイターやバーテンダーや配達人で、ローメックスは一万人の職を奪うと述べた。反対派は彼らの多文化性を誇示して、イタリア系、スペイン系コミュニティからそれぞれ代表を指名した。グリニッジ・ビレッジの通称市長と呼ばれたアンソニー・ダポリトは、全市挙げての反対グループを組織し中止合同委員会の活動にテコ入れした。委員会の会員は訴訟を起こし、市に対しなんらかの行動を起こすようせっついた。零細不動産のオーナーは不動産価値の低下をこぼした。そしてマニュファクチャラーズハノーバーのような大銀行はこんな不確定な状態では、事業拡大計画の延期もやむを得ないと発表した。ローメックスは「マンハッタンのダウンタウンをこれから何[*41]

年もの間、建設用仮設キャンプに変えてしまう」とジェイコブズは言った。そしてその一方で、もしローメックスができてしまった暁には、すぐにでもミッドマンハッタンやアッパーマンハッタンエクスプレスウェイができることになってしまうだろうと警告した。

「ニューヨークの根本的問題は、とっくの昔に市民による、市民のための政府であることをやめてしまったことにあるのです」[*42]とジェイコブズは「ニューヨーク・ヘラルドトリビューン」の論説記者とのインタビューで話した。「市民は完全に軽視されているのです」[*43]

膠着状態が続くなか、装いを新たにしたローメックス案がいくつか姿を現してきた。地域計画協会（RPA）はミッドマンハッタン・エクスプレスウェイ計画の蒸し返しで、高速道路を地下に埋設することを提案した。ボストンのビッグ・ディッグに四〇年も前に先駆けたものであった。ウイリアムズバーグブリッジにつながる流入ランプへ向かう「開削・被覆」部分は、地下に埋設された道路の上に公園、空き地、住宅などが造成されるという案だった。一方、アメリカ建築家協会は全く斬新な考え方で、より環境破壊の少ない道路デザインの必要性を唱えた。さらに、一人の建築家はまるで逆の提案をした。高速道路を高く持ち上げハビットレイルのような「スカイトンネル」と呼ぶ筒に入れ、街路や建物の上空百フィートに敷設することで、取り壊し被害を少なくするものだった。それとは対照的に、都市クラブは取り壊しが不十分だと主張した。高架高速道路の両側の帯地百エーカー分の「絶望的な商業スラム」を完全に取り壊せば、そこに新しい公園や住宅がつくれるという議論だった。

モーゼスはミッドマンハッタン・エクスプレスウェイのときと同じように、地下掘削コストを引き合いに出して、トンネル案を退けた。この案では地下鉄の線路や公共施設、下水道などの太い管束の上や下を縫っていかねばならないのだ。彼は新聞に、高速道路を地下に沈めるトンネル案は、コスト節減にもならないし、それで建物が救われるわけでもないと語った。「デイリーニュース」はそれを受けて見出しに、この案の一部始終が「消沈もの」だと載せた。高架高速道路にはもうひとつ長所がある、その下に千四百台分の新たな駐車スペースが設けられるとモーゼスは主張した。その一方、彼は舞台裏で重要な工作活動を行っていた。市役所内でいらいらや不満感が高まるのをあおり立てたり、計画案には瑕疵がないのになぜそのまま認可しないのかと疑問視したり、さらにはデイビッド・ロックフェラーやニューヨーク市中央労働評議会の会長、ハリー・ヴァン・アースデイルなど有力な味方をけしかけてワグナーへ圧力をかけつづけた。[*44]「マンハッタン横断エクスプレスウェイは五本か六本あってしかるべきだ」とヴァン・アースデイルは言った。

モーゼスに勢いが戻ってきた。市議会と同格の予算委員会の面々は、そのときどきで声が大きいほうについて、意見をたびたび変えていた——一九六二年にはコミュニティの反対派の声であり、三年経った今は財界や市民団体の声だった。そしてついに予算委員会は変節して土地収用手続きを再開した。ワグナー市長もやはり寝返った。最後の任期だったから、もはや近隣圧力には屈しないと覚悟を決めたのだ。[*45]これ以上の延期はあり得ないと発表し、結論をほのめかした。このプロジェクトは、市の経済的発展に欠かせないとして、彼は一九六五年五月、衝撃的な声明を出した。総予算一億一千万ドルのローワーマンハッタン・エクスプレスウェイは、そのうち九千万ドルを連邦政府資金で賄う。建設は「可及的速やかに」開始され、全幅二百フィート、八車線の高架道路が、一九七一年までに完成される。バウリーからウイリアムズバーグブリッジ流入ランプまでの数十ブロック部分は地下に埋設される——少なくとも技術的に可能な範囲の道路埋設を彼は容認したのだ。さらに、トライボローブリッジ&トンネル公社はこのプロジェクトの一環として一千万ドルをかけて大規模な住宅複合施設を警察本部ビルがある場所に建て、ブルームストリート近辺の立ち退き住民四百六十人を収容する。

「大いに感謝する」[*46]。モーゼスは市長の決断に対するコメントを求められてそう語った。

住民がブルドーザーにかけられることとなった教会に集まり特別祈願礼拝を行っている頃、市は第一回の建設契約入札準備に余念がなかった。「慣れ親しんだ生活が破壊されてしまう」[*47]。疲れきったラマウンティンは、上役の大司教命令を無視して声を上げた。「八十歳の高齢で、この場所以外に住んだこともない老人がいるのだ。この近所は彼らにとってすべてなのだ」

ブルームストリートはまたもや、お先真っ暗だった。ローワーマンハッタン・エクスプレスウェイ中止合同委員会の会員はワグナーの寝返りを痛烈に非難した。しかし彼の任期は終わりに近く、再選を望まないと宣言済みだった。ちなみに彼はのちにスペイン大使となった。モーゼスはこれで勝利したかに見えた。

だが、ただひとつの望みがまだ残されていた。威勢がよく、若い下院議員のジョン・V・リンゼイがニューヨーク市長選に出馬していたのだ。カリスマ性をもった四十三歳のこの人物は、ワシントンスクエアパークでの闘いの際、ジェイコブズと親しくなり、その後ウエストビレッジでの都市再生抗争でも味方となってくれた。彼はすぐさまローメックス反対運動に仲間入りし、近隣住民の考えを理解してくれた。この反対運動をテコに有権者の支持を増やそうと考え、この問題を選挙公約の中心に据えた。

リンゼイはこのプロジェクトがもたらす破壊効果に触れて反対意見を述べ、代案としてマンハッタン島の南端を環状に走る道路を提案した。一九六五年の夏に、建築家のフィリップ・ジョンソンと一緒にヘリコプターで市を上空から眺め、モーゼスの労作の現実の光景に「がっかり」してしまったのだ。ブルックリンのプロスペクトエクスプレスウェイの眺めに「エクスプレスウェイそのものと、それが都市にもたらす功罪について、もう一度白紙に戻して検討し直すことが絶対に必要だ」と彼は語った。[*48]
リンゼイは、任期満了寸前で後任待ちのワグナーが、このプロジェクトを支持していることを「暴挙」と決めつけ、現政権はローワーマンハッタン・エクスプレスウェイに関しての結論を、次期市長に任せるべきだと強く迫った。今、建設契約を取り進めるのは、「ニューヨーク市の近隣住民の願いや幸せに対する根本的な侮蔑である。我々は高架高速道路はもはや時代遅れだと学んだはずなのだ」と彼は語った。[*49]
リンゼイは一九六五年の夏の間じゅう活動を続け、ジェイコブズの最強の味方となった。下院議員だった彼は、ワシントンの連邦資金と許認可手続きを遅延させると約束した。民主党の対立候補は、市会計検査官のエイブラハム・ビームで、彼もまたローメックスについては懐疑的であり、反対派の人々に好意的であった。だが、ビームの反対公約は中途半端で、ジェイコブズはそれを「とるに足らない会計人根性」だと表現した。リンゼイは僅差でビームを破り、ニューヨークの新しい時代の到来を約束した。そこにはローワーマンハッタンを走る高速道路の姿は見られなかった。モーゼスは市長の交代劇がまたもや進められていく様子を静かに見守り、機を待つことにした。実に彼のキャリアにおける五人目の新市長であった。

この新たな難関を前にしたモーゼスは、報道陣や一般市民に向けて、ソーホーは保存の価値がない荒廃地域にすぎない、と宣伝する運動を展開した。そのために建築基準法違反、火災件数、遊休土地建物、そして資産評価減など不利な統計数値を役所のすみずみから駆り集めてきた。「部局にある写真や記録で、これらの建物の内外をくまなく表示しているものがあればありがたいのだが」[*50]と彼は建築局長に書簡を出した。市の運輸局長[*51]にはエクスプレスウェイの道筋にあたる建物の「スナップ写真」の提出を求める文書を出し、そこに「衛生的な代替住宅」がプロジェクトの一環として建てられる公約があることを、わざわざ書き添えた。そしてこの結果が記者たち[*52]に間違いなく伝わるように画策した。建物五棟につき一棟は空きで新たな開発は一九二九年以来なし。在住期間は六年またはそれ以下。高速道路の道筋にあたる住宅建物の三分の二は建築基準法違反、商業ビルの三分の一は消防法違反で、数百棟が耐火性不十分。ブルームストリート沿いの資産評価額は、平方フィートあたりウォールストリートが六百六十ドルなのに対し二十ドル以下というものだった。

この惨憺たる現状報告は、ソーホー地域がローワーマンハッタンの足を引っ張っていると主張するダウンタウンの実業家をさらに勢いづけた。「あの地域は我々の隣近所だ」[*53]とデイビッド・ロックフェラーは言った。「お隣りさんがひどい状態にあってほしいなどとは誰も願っていない。エクスプレスウェイは撤去と再開発のチャンスだ。陽光が降り注ぎ、風通しもよくなるだろう」。彼は都市再生のモダニストの理論と似たようなことを話した。

◎

投資が行われないため、板でふさがれ閉じられたままの建物も多いが、それは高速道路の脅威がもう二十年以上も、のしかかってきていたからなのだ。ジェイコブズたち、特にレストランオーナーのハイ・ハーマッツはそう反論した。まともな商売がこのルート予定地で開業されるはずはないし、銀行とて新規投資を行うはずもない。ジェイコブズは自分の地元が都市再生の標的になったときにも同じことが起きた、と語った。近隣は荒廃しているから高速道路をそこに走らせるのではなくて、荒廃したのは市がそこに高速道路を敷設するといったからであって、起こるべくして起こった自己充足的予言なのだ。実際、死の宣告を受けたこの地域といえども、成功しているビジネスはあったのである。強制退去となれば、ここからの税収入が失われることまでは、さすがのモーゼスも想定外だった。

だが、リンゼイが選出される頃までには別途、ブルームストリートの防衛に力強い味方が現れた。歴史遺産保存運動の台頭だった。一九六〇年代に本格的になり、ニューヨーク市民が結束して歴史的建造物の取り壊しに反対を始めたのだ。そのなかにはペンシルバニア駅もあった。呼応して市も史跡保存委員会を一九六五年に発足させた。おりしもニューヨークの建築、文化遺産、特に歴史的建物の多くは改修、再利用されることなく、失われてしまったという認識が高まってきたただなかのことであった。単に個別の建物だけでなく地域全体が歴史指定される可能性も出てきて、グリニッジ・ビレッジはこの名誉に浴する一番手の候補だった。史跡委員会が建物の歴史的重要性を認めれば、建物の取り壊しはおろか一部の手直しもできないのだ。

歴史的重要性を立証するには相当な作業と調査が必要だが、一人の若い女性が、ローワーマンハッタン・エクスプレスウェイの道筋にあたる「商売の宮殿」保護に乗り出してきた。マーゴット・マッコイ・

ゲイルだった。カンザスシティ生まれのゲイルは若いときに政治活動に夢中になり、ジョージアで人頭税廃止活動を行った。一九三二年にはニューヨークで結婚、二人の娘を育てるかたわらラジオ作家として働き、一九五七年には州議会選に立ち落選した。地方政治活動への初めての参加は、ジェファーソン・マーケット裁判所取り壊し中止抗争を率いたときで、グリニッジ・ビレッジにあるこの建物は一八七七年のビクトリアンゴシック様式で、小塔と時計台がついていた。彼女は一九七〇年に鋳鉄造建築友の会を設立、鋳鉄造建物の見学ツアーを催し、そこで建物に貼るだけで、なかの鉄を探知できるロゴマーク付きの磁石を配った。『アメリカの鋳鉄造建築』の著者でもあるゲイルは、ほぼ独力でソーホーの史跡地域認定運動を起こしたのである。今日ソーホーでは鋳鉄造のファサードをもつ建物が百三十九棟あって、この数字は世界のどこにも負けない、と彼女は誇らしげに宣言した。[*54]

マーゴット・ゲイルはジェイコブズの力強い仲間となったが、この二人はそれほど親しくはならなかった。ゲイルとジェイコブズが最初に出会ったのはジェファーソン・マーケットでの活動だった。ゲイルの現実的なやり方は、「建物保存と再利用を盛り立てただけでなく、大切なのはまずできることから始めて、その上に積み重ねていくことだと教えてくれたのです」とジェイコブズはのちに書いている。[*55]

ローワーマンハッタン・エクスプレスウェイ抗争において、歴史保存は文字どおりの障害物となった。一九六六年にブロードウェイ四八八―四九二番地、E・V・ハウイットビルが、史跡保存委員会によって保存指定され、それを市が追認した。このビルはブロードウェイとブルームの角にあって、そこはまさにエクスプレスウェイの路線上であった。モーゼスはこの古典的な鋳鉄造建物の史跡保護を阻止すべく懸命に圧力をかけ、土地収用や取り壊しスケジュールを勝手に動かした。その建物の「歴史的芸術的[*56]

価値は疑わしい」と彼は運輸局長に書簡を送った。「はっきりしていることは、このことでローワーマンハッタン・エクスプレスウェイを絶対葬り去るわけにはいかないということだ」。モーゼスはまた、ボザール風の警察本部ビルの保存を回避しようと躍起になった。取り壊してそこに転居住民用住宅を建てたかったのだ。

マーゴット・ゲイルはローメックス抗争に歴史保存を持ち込むことに成功した。だがモーゼスは主題をすり替えようとして、本当に問題なのは、いくつかの古風な建物の保存ではなくて、地域が交通渋滞で閉塞することなのだと述べた。

交通渋滞は誰にも関係することである。世界一の公共交通システムがあるのに、車に一人乗りで通勤しタクシー、バス、配送バンそして貨物トラックなどと一緒になってせわしなく走るのだ。第二次世界大戦後から一九六〇年に至るまでに、自動車での移動はとても困難な状態となっていた。ブルームストリートの二ブロック南でローワーマンハッタンを東西に横断するカナルストリート沿いの渋滞は、周辺経済の健全性に暗い影を投げかけているとモーゼスは主張した。ときには歩くほうが早いくらいだ。渋滞は都市近隣にとって害をもたらし衰退させ、スラム状態をさらに悪化させる。そして不動産価値を低下させる。それに対し高速道路は半径数ブロックにわたり状況を好転させる、いわば一種の救済事業であり、その地域の経済成長に道をつけることになるのだ。

「この地域の評判がぱっとしない原因は、渋滞、騒音そして混乱を伴う恒常的な厳しい交通事情にある」[*57]とM・J・マディガン、マディガン・ハイランド株式会社の社長は記述した。この会社はモーゼスごひいきの技術コンサルタントでこのプロジェクトのためにモーゼスが雇っていた。「ローワーマンハッタン・エクスプレスウェイの建設は、この重荷を周辺から取り除き、地域住民、周辺ビジネス、さらにはニューヨーク全体にも、恩恵をもたらすのだ。今は排ガスだらけのこの通り沿いが、本当の近隣になるのだ」。モーゼスの片腕はそう付言した。[*58]

モーゼスは、ローワーマンハッタン・エクスプレスウェイに取りつかれていた。ミッドマンハッタン・エクスプレスウェイで敗北した今、市中横断ルートがこの都市の救いになることを証明できるチャンスは、唯一この高速道路だけになってしまったのだ。いまや広報活動をトップギアに入れなければならなかった。モーゼスはコンサルティング会社にローワーマンハッタン・エクスプレスウェイの「避けて通れない論拠」を詳細に説明するカラーのパンフレットを作成するよう注文を出した。さらに立場をできるだけ鮮明にするために、映画制作会社にも声をかけた。[*59]「この緊急なる必要性」というタイトルの十六ミリの白黒フィルム八分間の作品は「近隣と都市の緩慢な窒息」を詳細に描いたものであった。毎日七万台もの車両がマンハッタン横断のために、ブルームストリート近辺を時速二〜三マイルで三十分もの時間をかけて通行している。別途二十万台の車が南北に縦断しようとしてこの「道路閉鎖」状態に阻まれている一方で、十万台以上がマンハッタンブリッジならびにウイリアムズバーグブリッジ経由で進入しようとのろのろ運転しているのである。百万人の四分の三にもあたる人が時間を無駄にしていた。「悲劇ともいうべき時間と金の浪費は途方もないものになっています」。配送トラックは目当ての店まで到着することもできない有り様で、今でも最低の経済成長率、最低の不動産評価額、そして最低の税収しかないこの地域の衰退をさらに加速した。スクリーン上には「貸家あり」とか「徘徊禁止」などの標識が瞬いていた。

「さて、それでは解決策を見てみましょう」。映画の語り手は、声音を明るく変えて続けた。「ローワーマンハッタン・エクスプレスウェイは」州間高速道路の全国網の一部分を成すもので、そのほとんどの費用は州ならびに連邦資金で賄われ、地元マンハッタンの街路とニュージャージー、ブルックリン、そしてクイーンズを結ぶのだ。四十五万台の車が走り、通り抜け車両の六〇パーセントが地元の街路から取り除かれ、「事故や障害を減らし」一万五千人時と二千五百万ドルを一年間で節約できる。「わたしたちはローワーマンハッタン・エクスプレスウェイを今すぐにつくらねばならないのです」

ジェイコブズとローメックス反対派は、しかしながら、この論拠の欠点に気づいた。高速道路はマンハッタン島のなかで二ヵ所しか出口がなかった。これでどれだけ地元の自動車や配送トラックが便利にあちこち走り回れるようになるというのだろうか？　実際この難問はモーゼスを往生させた。彼は市の役人には、新しい道路はほとんど地元が利用すると説明していたが、連邦政府役人に対しては、ほとんどの車はマンハッタン島を止まらずに通り抜けると明言していた。州間高速七八号線としてローメックスは基本的にはバイパスだったのである。ロングアイランドとニュージャージーに円滑な輸送ルートを提供する代わりに、ソーホー、リトルイタリー、チャイナタウン、ローワーイーストサイドは、葬り去られる運命なのだ。

いずれにせよ、渋滞解消のために新しい道路を建設するというのはとんでもない無駄骨だ、とジェイコブズは主張した。というのも新規につくられた高速道路は、そこに集まってくる乗用車やトラックでたちまちのうちにいっぱいになってしまうからなのだ。この見解はワグナー政権内部の反体制派からも支持されていて、のちに公園局長になるヘンリー・スターンもその一人だった。「車両通行量というの[*60]

は自己増殖する」とスターンは言った。この現象はモーゼスがつくったニューヨークのほかの道路ですでに実際に起こっていた。開通した日にはよどみなくても、間もなく広く知れ渡ると、絶望的に詰まってしまうのだ。

ジョン・リンゼイが一九六六年に市長に就任すると、厳しい選択が待っていた。近隣を保存するのか、それとも経済を急速発展させることを最優先にして高速道路を建設するのか、であった。最終的には、建設事業関係者が――連邦資金拠出人、コンサルタント、技術者、そのほかの工事事業関係者と一緒になって――彼の考えを変えさせてしまった。大ニューヨーク都市圏建築建設業協議会会長ピーター・ブレナンは、二十万人の労働者による全市挙げての操業停止をする用意があると脅かして、ローメックスをはじめとする主要プロジェクトが延期されている事態に抗議した[*61]。「交通と雇用妨害をやめろ！」と労働者のピケには書いてあった。

立候補者としてのリンゼイが、ワグナーのローメックスに対する立場を批判するのは容易だったが、いまや彼は政権の座にあって、喫緊の経済復興の必要性と建設関係者のストの脅威に直面していた。彼は次第に、高速道路はローワーマンハッタンの発展にとって必要ではないかと考えはじめた。だからといって従前方針を翻し、今まで非難してきたプロジェクトをそのままのかたちで支持するわけにもいかなかった。そこで彼はより進歩した道路の設計に取りかかった。

◎

リンゼイがローワーマンハッタンを横断する複数車線の高速道路の必要性を認めたとき、ブルームストリートの人々は、彼ならマンハッタン島を横切るトンネルを掘って、地上は無傷のままにしてくれるだろうという希望を持っていた。

トンネル案はリンゼイが考えていた三つの案のひとつであった。マンハッタン島の南端を回る新しいルートがひとつ、現存の横断大通りであるカナルストリートかハウストンストリートの拡幅案がひとつ、それに加えてのもうひとつの案がトンネルだった。この政権の公式見解は、市長の公約どおり、今のかたちでのローワーマンハッタン・エクスプレスウェイ案を却下することだったが、問題は都市計画家を机に向かわせても、そのたびにもとのモーゼス案に立ち戻ってしまうことにあった。

一九六六年の春、コンサルティング会社がうまい解決策を打ち出した。[*62] それは数年前に提案されていた高架式高速道路案の新装版で、八十フィートの高さでブルームストリートの建物の頭上高く敷設され、地上の建物は無傷のままなのである。道路の流出入ランプは建物の上階を貫通して延びていく。「最適設計の高架エクスプレスウェイは、陽光と風が家屋、店、工場に降り注ぎ、はるか下の歩行者はそれに気付くことさえない」と設計報告書にはあった。リンゼイの側近は、この案は「街の半分を取り壊すこともなく」車両通行問題を解決するだろうと語った。別途、幅の狭い二層建ての構造物にして、東方へ向かう車の階と、西方への階を別にする案も考えられたのである。

この高架高速道路案は最終的には否認された。深く掘削されるトンネル案も同じく否認された。一九六七年の春になって、ローメックスを高架のデッキと浅い半地下部分との組み合わせで計画し直す「極秘案」があるという噂が漏れ聞こえてきた。エド・コッチ、キャロル・グレイツァー、そしてポール・ダグラスは市役所とローワーマンハッタン・コミュニティとの間の調整役に任命され、リンゼイ宛てに警告する電報を打った。ハドソン川からイーストリバーまで通して深く掘られるトンネルか、もしくはマンハッタン島の南端周辺沿いに走る道路以外は、「根本的方針……ならびに現政権による公約への全くの裏切りである。車両をマンハッタン島の周りもしくは地下に走らせるという根本方針と真っ向から矛盾するものだ」。[*63]

リンゼイは必死にこらえて、ついにローメックスの新装版を発表した。その新案は一九六七年三月二十八日の第一面を飾るニュースとなった。ローワーマンハッタン・エクスプレスウェイは建設される、と彼は宣告した。しかしながらこれは真に近代的な超高速道路であり、「開削・被覆」工法が採用され、ブルームストリートの北側に沿って掘が切り開かれる。大規模な取り壊しはやはり必要であるが、地下高速道路の上に空中権を使った開発が可能となる。道路を地下に入れて都市デザインの可能性――ショッピングモール、駐車場そして住宅――を広げるのである。ブルームストリートと北へ一ブロックのケンマレストリートは片道三車線の地表を走る道路につくり替えられる。ホーランドトンネルとウエストサイドハイウェイへの流入ランプは地上レベルになるが、それを除けば道路はほぼ六番街あたりで「無蓋の切り通し」に沈下、マンハッタン&ウイリアムズバーグブリッジの入り口に合流するために地上に上がるまで半地下を走るのである。モーゼス案では二千戸の家屋と八百の商業、工業ビルが破壊されるのに対して、リンゼイの新案は六百五十戸の家屋と四百の商業建物の取り壊しで済むのだ。建設は一九六九年に開始予定で新たな費用は一億五千万ドルであった。

再構成されたローメックスは「混雑した都市の高速道路計画としては、この国で初の最も劇的な突破口となるものである」。[*64]リンゼイはそう述べたものの、ブルームストリートの人たちがこの見解に同意するとは思っていなかった。リンゼイはモーゼス案との違いを強調しようとしたが、ジェイコブズは基本的には全く同一だと考えていた。[*65]「地下化の考えは高架よりはましだが、我々はいかなる高速道路だろうと全く望んではいないのだ」とデサルビオは「ニューヨーク・タイムズ」の記者に語った。

住宅と高速道路を連結させ、これまでになかった空中権を使っての開発で、大きな反響を呼び起こそうとしたリンゼイの試みは、ミッドマンハッタン・エクスプレスウェイのときのル・コルビュジエ風モーゼス構想をしのばせるものだった。ちなみにこの案は建築家のウルリッヒ・フランツェンとポール・ルドルフによるもので、高速道路をまたぐ一連の構造物が半地下道路の上でピラミッドやそびえ立つ本棚などのさまざまな形に見えた。この「都市回廊」は超高速道路とモダニストが提唱する都市開発との融合であり、これぞまさにモーゼスが夢にまで見たものであった。住民の転居先問題の究極的解決策として、住宅を高速道路の一部に組み込んでしまうのだ。

一九四〇年代にモーゼスが初めて取り組んだ当時は単純だった高速道路は、いまや姿を変えて道路上に公園や「宇宙家族ジェットソン」的未来住宅がつくられ、曲がりくねったり、急降下したりする道路となった。だが世間の反応は、依然はかばかしくなかった。[*66]「出たり入ったり、上がったり下がったりするこの案で、怪物の牙を抜こうというのだが、それでうれしがる人は誰もいない」。建築評論家のエイダ・ルイーズ・ハクスタブルは後に「ニューヨーク・タイムズ」に書いている。「地下鉄、公共施設、そして側溝を避けながら、とてつもなく回りくどい複雑なこの道路は、苦心して上に上ったり下に潜ったりし、たくさんの入り口、出口さらには乗り換え接続などで、ローワーマンハッタンをコンクリートだらけの無人地帯に変えてしまうのだ。転居する人々の数は三桁の高いほうから低いほうで済む見込みになったが、これは程度問題にすぎない。要は市を殺してしまうのか、それとも不具にするかの程度の違いしかないのだ」

ローワーマンハッタンの住民は激怒していた。このプロジェクトはワグナーのもとで中止になり、そしてまた生き返った。それからリンゼイによって中止され、また復活したのだ。「市民は、決してこの戦争には勝てない。こっちがたたけば、提案を引っ込め、ちょっとばかり見かけを変えてまた差し出すのだ。そのうちこっちが疲れ果て、我慢できなくなるのを待ち望んでいるのだ」。コッチはそう言った。[*67] この頃彼は下院議員から鞍替えして市議会議員になっていたが、相変わらず忠実な反エクスプレスウェイ仲間であった。「市長が誰でも変わりはない」

ジェイコブズも、全く同感だった。誰が市長であろうと関係ない。なぜなら一九四〇年代から常に不変なのはモーゼスであって、政権の変遷とは無関係に役所の内部組織に圧力をかけ、このプロジェクトがそのまま無傷で進められるように念を入れてきたのだ。リンゼイがモーゼスを市の動脈道路責任者からはずしたあともなにも変わらなかった。彼はトライボローブリッジ&トンネル公社の根城から、あいも変わらぬ影響力を発揮していたのだ。ワグナーがモーゼスに代えて、フェルトやデイビスを都市再生担当に任命したときと気味悪いほど似ていた。ジェイコブズは、この「馬鹿げた」考えの根本を忘れてはならない。それは「愚かな、無能力者の思考が生み出したものである」と述べた。[*68]

◎

エクスプレスウェイ抗争が騒がしくなった一九六八年にはニューヨークにのしかかる数多くの緊張が

あって、これはそのうちのひとつにすぎなかった。マーティン・ルーサー・キングの暗殺とそれに続く人種暴動、経済的衰退、そしてベトナム戦争で既成の秩序がだんだん荒廃していくのが見てとれた。造反と挑戦で市は脈動していた。市民政治活動家は大胆になってほとんどあらゆることに疑義を挟んだ。この騒乱のさなかで、モーゼスとジェイコブズは互いに幻滅をつのらせ、ついには極限状態にまで達した。

ローメックスプロジェクトは延期の憂き目を見ていたが、七十九歳になるモーゼスはトライボローブリッジ&トンネル公社の本拠地で、大規模な構想を次々にお披露目していた。そのうちのひとつがロングアイランドのオイスターベイからコネティカットとの州境にあるニューヨークのライとポートチェスターまでを結ぶ延長六・五マイルの橋であった。この化け物のような橋はチェサピークベイ・ブリッジトンネルには及ばないものの、ロングアイランドからニューイングランドまでニューヨーク市を経由せず直行することを可能にするのだ。

モーゼスはいまだに大きな夢をもってはいたものの、市の役人を掌握することが次第に困難になってきた。今までになく世間の風当たりが強くなっていたのだ。ニューヨーク州上院議会は、彼を召喚し連邦政府からの資金受け取りにかかわる協定について詳細弁明を求めてきた。その召喚状を手交される場面を報道写真家が撮った。下院議員のウィリアム・F・ライアンは、未承認プロジェクトへの連邦政府交付金をモーゼスが私的蓄財していた噂について調査を命じた。トライボローブリッジ&トンネル公社の古くからの役員でさえ彼に反旗を翻した。ジョージ・V・マクラフリンは、ローメックスを正当化するパンフレットを新たに制作することに反対した。おりしも新市長が選出され、市長自身が判断を下してもおかしくはない時期だったからだ。

モーゼスはこの種の屈辱には不慣れで、おおやけの場に出る機会をさらに減らし、グレイシーテラス一番地を引き払ってロングアイランドやグレートサウスベイで過ごした。最初の妻メアリーは、一九六六年に長い病の末、亡くなった。半世紀にも及ぶ結婚生活を通じて彼女は献身的で、服、シャツ、靴と夫の身の回り品のほころびにまで細心の配慮をしていた。だが、モーゼスが自分と距離を置いたままで、出世だけにこだわりつづけたことに失望し、飲酒に溺れていった。メアリーが亡くなったその年に、モーゼスは長年の秘書、メアリー・グレイディと結婚した。トライボローブリッジ&トンネル公社の従業員で、すでにモーゼスとは歳月を重ねた仲だった。異例ではあったが、きわめて深い愛情に包まれた二回目の結婚であった。そしてモーゼスは「メアリー二世」――側近が秘密裏につけたあだ名――と家で過ごす晩を楽しみにしていた。しばしば、彼は夕食前に一人で長い間大西洋で泳いだ。

一方ジェイコブズも、人知れぬ悩みがあって、疎外感を感じていた。あらゆる嘆願運動や反駁にもかかわらず、政府が劣悪な計画を強引に推し進めるのにだんだん嫌気がさしてきた。[*69]「ここまで馬鹿げた人生をわたしに強いる政府ってなんなのかしら?」ローメックス抗争から数年して、ある雑誌のインタビューでそう話した。共産主義への傾倒について国務省の尋問を受け、それ以来、煽動家としての活動をずっと続けてきた。だが、いまや政府の気を引くためには、より過激な急進主義が必要かと思われた。

一九六七年の春、彼女はベトナム戦争に抗議するプロテスターたちと腕を組んでホワイトホールストリートの入隊センター入り口を封鎖した。このデモは三日間に及び、ついに警官はデモ隊を、一人また一人と引き抜きはじめた。ジェイコブズは作家のスーザン・ソンタグ、詩人のアレン・ギンズバーグ、作家で政治活動家のグレイス・ペイリー、小児科医のベンジャミン・スポック、そのほか二百五十九人とともに逮捕された。逮捕者でぎゅう詰めのわびしい蛍光灯に照らされた留置所の檻のなかでソンダクと一緒に辛抱強く座っているところを写真に撮られた。二人はそこで市民不賛同のダイナミックスについて語り合っていたのだった。

ウエストビレッジの近隣抗争を取り上げた当初は、ジェイコブズはニューヨークの役人を不意打ちして辛辣な引用をしたり、離れ業的写真撮影をしたりすることができた。だが、いまや彼女は紛れもない有名人で、市役所は彼女の戦術に慣れてしまい、聞く耳をもたなかった。もっと劇的な意思表示をしなければローワーマンハッタン・エクスプレスウェイ反対の根拠に対して注目を集められないと、彼女は感じていた。

◎

一九六八年四月十日にセワードパーク高校で開かれたローワーマンハッタン・エクスプレスウェイに関する公聴会で彼女は逮捕された。

「さてと、またもや逮捕されてしまいました」[*70]。彼女は母親に翌日手紙でそう書いた。裁判所への出頭を条件に第七分署から解放されたあとのことであった。「残念ながら、どうやらあなたの娘は常習犯か、行いが不穏当というわけですね」。逮捕されるとは思いもよらなかったが、それでも「指をくわえて、悪巧みを受け入れてしまうよりはずっといい……わたしのことをろくでなしだとは思わないでくださいね」。

ニューヨークの刑務所のなかでソンダクやその他大勢と一緒のジェイコブズ。この時はベトナム戦争への抗議運動で留置された。彼女が政治活動で入牢したのはこの時だけではもちろんない

ジェイン・ジェイコブズの逮捕は街じゅうの話題となった。新聞は最初簡単な説明文を載せたが、その後長い記事が出た。「ニューヨークポスト」紙は「ジェイン・ジェイコブズ、道路抗議で逮捕」と見出しに書いた。記事はその後もますます過激になっていった。ジェイコブズがセンターストリートの裁判所に四月十七日に出頭すると、地区主席検事補佐のエドワード・プラザからもはや治安紊乱どころではないと伝えられた。罪名が変わって第二級騒擾《そうじょう》罪、騒乱煽動、損害罪、そして公務執行妨害の罪で、刑事裁判所で罪状認否手続きを行うことになったのだ。また、これ以降の高速道路抗議活動への参加も禁止されたが、この条項はのちに取り下げられた。そして再び所轄警察で調書を取られ、写真撮影、指紋採取、そして尋問されたあげく、各罪名ごとに十五日から一年の服役を余儀なくされるだろうと言われた。裁判は夏前には行われそうもなかった。

騒擾罪とは意外だった。だが、この政府の出方は彼女の決意をさらに強めただけだった。検察の起訴状に書かれていることは、「事実と全く違う」と彼女は主張した。一罰百戒で、民衆煽動家、また著名なエクスプレスウェイ反対運動家の彼女は見せしめにされたのだ。[71]

彼女は騒擾罪と聞いて、新聞記者に「誰でも州の事業を批判すればひどい目に遭うということでしょう」と語った。

ジェイコブズの逮捕で、ついに宿敵の息の根を止め、ローメックス建設を加速できるとモーゼスが思ったとしたら大間違いだった。全国に名高い『アメリカ大都市の死と生』の著作家を守ろうと、ニューヨークがこぞって動き出したように見えた。[72]「ろくでもないプロジェクトに抗議する勇敢な市民を、このように扱うとは。神よ、我々の街にご加護を！」レオン・サイデルは嘆いた。エド・コッチはセワードパーク高校での乱を次のように描写した。「あの公聴会で初めて、政府の本音がわかった」。建築評論家のピーター・ブレイクは、ジェイコブズが[*73]「速記殺害」で告発されたと一笑し、最初の治安紊乱罪は「全く馬鹿げている……ジェイン・ジェイコブズが不穏当なのは決まりきったことだ。それが彼女の天職なのだから」と言った。

騒擾罪での法廷闘争は、本来からしてストレスの多いものに違いないが、ジェイコブズにとってはとりわけ厄介事だった。というのもその夏予定していたことがあったからだ。友人たちは驚き、落胆したが、彼女はニューヨークを離れることを心に決めていた。

夫ロバートはトロントの病院設計の仕事を請け負っていた。彼はその街が気に入って、家族もまたハドソンストリート五五五番地の家を引き払って国境を北に越える決意をした。その決断の理由のひとつにはジェイコブズの心に広がる幻滅感があった。彼女は『死と生』以来、次の著作を書き上げることができなかった。ローワーマンハッタン・エクスプレスウェイ抗争にあまりにも多くの時間をとられたからだ。だがそれよりも、ネッドとジムが徴兵年齢に近づいていて、ジェイコブズは自分で正しいと信じられない戦争に、二人を送り出すことは到底できなかったのだ。

名残惜しい気持ちでいっぱいの近所の住民は、彼女の弁護費用の募金を行った。「ご存じのように、[*74]ジェインはローワーマンハッタン・エクスプレスウェイの公聴会とやらで、逮捕されました」。ブリーカーストリートのビレッジゲートで六月三日に行われたジェイン・ジェイコブズ弁護費用募金カクテルパーティの通知状にはそのように書いてあった。この通知状はウエストビレッジ委員会から出されたものので、小綺麗な便箋の上部にはビレッジの美しい街路の光景が印刷されていた。「この訴訟はジェインの個人としての自由だけでなく言論の自由、そしてコミュニティが自己の見解を擁護する権利を問うものでもあるのです……余剰資金はローワーマンハッタン・エクスプレスウェイとの闘いに使わせていただきます」

セワードパーク公聴会から一ヵ月後、モーストホーリー・クルーシフィックス教会の外で行われた横断幕掲揚式でジェイコブズは主賓であった。横断幕はイタリア系移民の老人ホームから若い芸術家のロフトまでブルームストリートを横切って掲げられ、そこには、「我らの住まいを切り裂くエクスプレスウェイ断固反対」と書いてあった。それはローメックスによって立ち退きを迫られるソーホーの住民の転居用低廉住宅予定用地であるクーパースクエアの人々によってつくられたものだった。「エクスプレスウェイはわたしたちの住居、わたしたちの店舗そしてわたしたちの仕事を奪うのです」。しかし「団結すればわたしたちはそれを打ち負かすことができるのです」とラマウンティンはその式典で宣言した。「市は我々の賢明さ、そして自らの愚劣さに気がつくべきなのです」[*75]

ラマウンティンの願いは実現しようとしていた。リンゼイ市長は、賢明か愚劣かにこだわったわけではなかったが、ジェイコブズの逮捕はローワーマンハッタン・エクスプレスウェイの評判を永久に汚すものだとわかっていた。冷酷な官吏が一般市民の反対を強引に制圧して推し進めたプロジェクトとして評判が立つことになるのだ。公共施設や経済発展はいつの世にも重要である。だが信用に傷がついたらもとには戻せない。ジェイコブズ逮捕劇から数ヵ月して、市長は本来の彼の見解に戻った——すなわちローメックスは実現不可能のできの悪い計画だったのだと。[*76] 一九六九年六月十六日、リンゼイはこの計画は「永遠に」葬り去られたと宣告した。そしてホーランドトンネルからマンハッタン&ウイリアムズバーグブリッジまでの黒い線は市の公式地図から永久に削除されると誓ったのだ。

◎

モーゼスはプロジェクト推進に向けて議員への働きかけを続けたが、ジェイコブズ逮捕劇を境に権力の座からの転落が始まった。一九六八年ネルソン・ロックフェラー知事はトライボローブリッジ&トンネル公社をメトロポリタン運輸公社に改編し、橋、トンネル、道路に加えてニューヨークの地下鉄や通勤鉄道網を含めた運営にあたらせることにした。モーゼスは自分が役員として引き続きとどまるものと考えて、その構想を支持した。そのうえ彼は、ライとオイスターベイ間の横断橋建設の公社にも指名されると考えていた。ところがロックフェラーはモーゼスを新しいメトロポリタン運輸公社のコンサルタントに降格させてしまった。とはいうものの、ランドールズ島のオフィスに居つづけることや、秘書と運転手を抱えることは認めた。以降、新聞記者や市議会議員そして経済団体宛てのモーゼスのMTAの便箋には役員の名前がプリントされていたが「ロバート・モーゼス、コンサルタント」は、一番下に置かれていた。

モーゼスは引き続きランドールズ島でタイプライターをたたき、プロジェクトの再考に耳を傾けてくれそうな人に誰彼となく手紙を出した。[*77] 一九七〇年八月に彼は小包を「ニューヨーク・デイリーニュース」宛てに出した。そのなかには車がハウストンストリートの建物に突っ込んで命取りとなった新聞切り抜きが入っていた。「カラスやウサギの巣」のようにごみごみしたスラム近隣は安全上問題で、それを解決するのはローメックスだと彼は書いた。

我々がローワーマンハッタン・エクスプレスウェイの必要性を説いたとき、繰り返しこれらの安アパートの説明をしてきました。すなわちエクスプレスウェイ予定地内とその周辺に建っている最悪の建物を指摘したのです。トライボローは転居者用に遊び場の施設がついた低賃料住宅を設計し、そのために一千万ドルの予算を用意しました。反体制派は地元下院議員のデサルビオに率いられたり、ジェイン・ジェイコブズ夫人や彼女の仲間に支持されたりしていたのですが、これらの人々はこの光景を美しくまた統一感のある近隣地域と見ていたのです。我々は、正式な許認可を取得していたのですが、結局無効になってしまいました。一千万ドルは市に与えられ、市はそれを地下鉄代金の値上げ猶予に使い、結局消えてしまいました。ローワーマンハッタン・プロジェクトは一九四一年に始まり今日まで振り回されてきたのです――市の歴史のなかでは決して珍しいことではありませんが。いまやもう一度このことが総体的に考えられねばならないのです。

だが、ローメックスはもはや再起不能であった。一九七一年、ロックフェラーはこのプロジェクトを州間高速道路資金適格リストからはずして永遠に葬り去った。二年後、ロックフェラーはモーゼスの最後の超大型プロジェクトであったロングアイランド海峡横断橋をも棚上げにした。ジェイコブズが先頭に立った市民活動の力を認めた結果であった。モーゼスが提案した大規模プロジェクトは一般市民の監視と同意がなければもはや成功はおぼつかなくなったのである。[*78]「人々は以前より注意深くすべての決定を見守ろうとしているのだ。彼らの土地の顔がそれによって変わってしまうのだから」。ロックフェラーはそのように述べた。ローメックス、ミッドマンハッタン、クロスブルックリン、ライ＝オイスターベイ横断橋、これらすべてが消え去った今、大規模高速道路網は未完成のままとなってしまった。モーゼスはメトロポリタン運輸公社のコンサルタントとしてとどまってはいたが、彼の時代は終焉した。彼のブランドともいえる巨大プロジェクトは、市民の同意をとる仕組みもなければ、配慮も皆無で、いまや時代遅れの代物となってしまった。市民の反抗運動は解き放たれたのだ。ニューヨークの偉大なるマスター・ビルダーとしての大出世物語は終わったのである。

終章 それぞれの道

1956年には、ジェイコブズは「アーキテクチュラル・フォーラム」の職員だった。その年彼女はペンシルバニア大学が主催したアーバンデザイン総会に出席し、当時の指導的思想家や建築家と交流を図った。I.M.ペイ（写真右端）、イアン・マックハーグとルイス・カーン（左端より3人目と6人目）、そしてロックフェラー財団のチャドバーン・ギルパトリック（ジェイコブズと会話中）などもいた。彼女は参加者の連れ合いを除けばただ一人の女性であった

一九六八年の夏の終わり、敵意に満ちたニューヨークをあとにしたジェイン・ジェイコブズは幸せな気分でトロント西部の居心地よい赤レンガに移り住んだ。ローワーマンハッタン・エクスプレスウェイ抗争の報道記事はまだ集めていた。セワードパーク高校での一件は検事と司法取引を結び、治安紊乱だけ有罪と認め、速記タイプの持ち主に百五十ドルの損害賠償金を支払うことを受け入れた。[*1] だが、決してタイプには手を触れていないし、壊れた事実も知らないと主張し、その点は譲らなかった。しかしそれ以上こだわることなく、前に進んだのだ。彼女が、再びニューヨークに足を踏み入れたのはかなりあとのことだった。

トロントで新生活を始めた頃、ローワーマンハッタン・エクスプレスウェイとの彼女の闘いが原動力となって、合衆国じゅうの都市近隣で高速道路建設に反対する一連の市民抗議が起こった。住民や環境団体によって率いられた「高速道路反乱」は、ジェイコブズの活動にならって、告訴したり、報道陣の力を束ねる戦術に出て、住宅密集地域での州間高速道路中止圧力を政治家にかけた。ボストンではフランシス・サージェント知事が、南北にダウンタウンの人口密集地域を走り抜ける、インナーベルト計画を断念した。また、サウスウエストエクスプレスウェイと呼ばれる、分岐道路も廃棄された。その予算は公共交通システム拡充のために転用された。サンフランシスコでは、「高速道路反乱」が市の中央部を通過する道路計画を破棄させただけでなく、勢いづいたコミュニティ団体はあらゆる公共事業や開発プロジェクトに口を挟むようになった。そして一九七一年までに高速道路建設はボルティモア、ミルウォーキー、ニューオーリーンズ、そしてフィラデルフィアで中止された。その後数年間でさらに数多くの道路計画が破棄された。コネティカットのI-二九一号線、ルート七、そしてモーゼス自らの設計による三本のルート、ポートランド、オレゴン、ニュージャージーのプリンストンのサマセットハイウェイ、さらに加えてシアトル、デトロイト、メンフィス、ワシントンDC、ボルティモア。新しいタイプの政治家は、職を賭して反対活動の側に身を置いたのだ。

ジェイコブズ自身もトロントに行って間もなく、同様な反乱に手を貸した。ダウンタウンを迂回する予定のスパダイナ・エクスプレスウェイが彼女の近所を貫通する予定になっていて、すでに第一段階の建設が始められていた。だがモーゼスやその同僚と違い、当地の役人はジェイコブズや地域住民の反対意見に真剣に耳を傾けてくれた。ジェイコブズの名声がそうさせたのかもしれなかった。そしてスパダイナは一九七一年に中止が決定、整地済みの道路用地には草花や灌木が植えられた。

ニューヨークでは、かつてのローワーマンハッタン・エクスプレスウェイのルート予定地だった近隣地域が活況を呈していた。サラ・デラノ・ルーズベルトパークのクリスティとブルームストリートの角の地下に深く打たれた八十フィートの基礎だけがエクスプレスウェイ計画の名残だった。一九八〇年代になると、ブルームストリート沿いに二〇世紀を代表する素晴らしい都市開発の成功物語、ソーホーが姿を現してきた――居酒屋、アートギャラリー、デザイナーショップ、長い間一平方フィートあたり千八百ドルで売りに出されていた未完成のロフト空間などであった。一方、一九六八年以降、マンハッタンでは新たな高速道路がつくられることはなかった。ウエストサイドハイウェイをハドソン川沿いにミッドタウンからローワーマンハッタンまで地下に入れ、広場と住宅そして商業施設を地上につくるというウエストウェイ計画さえも陽の目を見ることはなかった。

ローメックスとの闘いに端を発した運動は、一九八〇年代の初めになって、さらにもう一歩前進した。新規の高速道路建設を中止させるだけでは飽き足らなくなった都市計画家やコミュニティ活動家は、モーゼスの時代に建てられた邪魔な道路の取り壊しを考えはじめたのだ。ボストンではローメックス計画にならってつくられたダウンタウンを走り抜ける巨大な高架中央大動脈道路を、百六十億ドルのコストをかけてビッグ・ディッグに置き換えてしまった。延長一マイルに及ぶトンネルを通し、その上に三十エーカーの緑地と公共建物をつくったのである。このプロジェクトは予算を超過しただけでなく、構造的問題も抱えていたが、周辺の不動産価値は二〇〇七年の完成以来上昇した。それまで高速道路で分離されていたダウンタウンの近隣地域が、再び結ばれてひとつになったからである。さらには都心のエクスプレスウェイを全く撤去した都市もあった。サンフランシスコの海岸沿いに走るエンバカデロ高架道路は一九八九年の地震で損壊したのち撤去され、トロリー電車が走る地上レベルの大通りに変わった。オレゴン州ポートランドでは高速道路をダウンタウンからなくしてしまった。ミルウォーキー、デンバー、ボルティモア、そしてバッファローも市中高速道路を取り壊した。シアトルでは長年にわたり市民ウォーターフロント連合が、地震で倒壊する恐れのある崖下海岸沿いのアラスカンウェイ高架道路に代えて、公共輸送システムを備えた地上レベルの大通りをつくる運動を展開していた。[*2] この市民連合はジェイコブズを手本にあおぐ若い政治活動家、キャリー・ムーンに率いられていた。そしてニューヨークでは、モーゼスのつくった二本の道路、ブラックナーとシェリダン・エクスプレスウェイを撤去し、公園、自転車専用路や歩道を備えた地上レベルの道路、低廉住宅、環境に優しいオフィスなどをつくることを近隣地域団体が声高に求めていた。

ローワーマンハッタン・エクスプレスウェイに反対したジェイコブズの当時としては過激な主張——高速道路の建設はさらに大量の車両を招き、結果として無意味だ——はいまや広く容認され、「誘発需要」現象として知られている。合衆国の輸送計画は、都市部、田園地帯、どちらにおいても高速道路はもう十分だという見解に、徐々にではあるが近づいてきている。連邦政府資金を高速道路ではなく、近代的都市輸送システム、路面電車、そして高速鉄道などのよりバランスのとれた輸送システムへ転用させようとする政治家の数は着実に増えている。軽便市街鉄道《ライトレール》システムは、ダラス、フェニックス、ミネアポリス、そしてデンバーと思いがけない場所にまで導入されはじめた。

ロサンゼルス[*3]でも市長のアントニオ・ビヤライゴサは、数珠つなぎの高速道路渋滞に手を焼き、地上レベルの大通りを工夫すれば、地元車両と、通勤車両の双方をうまくさばけるのではないかと考え、調査に乗り出した。そのほかの都市でも、自動車時代の終わりを告げるかのような劇的な試みがなされている。ロンドン市長ケン・リビングストンは、レーダートランスポンダーと監視カメラシステムを使って市の中心に入る私用の車に十六ドルの課金をした。市の職員は交差点での絶え間ない交通渋滞は、もはや過去のものになったと語っている。ニューヨーク市長のマイケル・ブルームバーグは同様に、マンハッタン島の八六丁目以南への進入車両に対し九ドルの課金を提議した。

◎

トロントで、ジェイコブズはようやく著作『都市の原理』を完成することができた。この本は、ニューヨークでの彼女の市民活動のおかげで長期間の延期を余儀なくされていた。[*4]「市民抗争で時間をとられ、二年遅れでようやく書きはじめました。市が市民の仕事を邪魔するなんてとんでもない不当行為です」『都市の原理』は一九六九年に刊行され、それはちょうどローメックス計画が棚上げされた年だった。この本に続いて、『都市の経済学』（一九八四）、『市場の倫理 統治の倫理』（一九九二）、『経済の本質』（二〇〇〇）が出版されたが、最後の本は五人の架空の人物がコーヒーを飲みながら歓談する形をとっていた。いずれの本も、都市が経済体としてどのように機能するかに焦点をあてていた。ジェイコブズは自然界の秩序と人がつくったシステムとの相関関係や、人々の多様な決定がいかにダイナミックな変化をもたらすのかという点を理解しはじめていた。都市計画には柔軟さと、軽いタッチが必要なのだと信じる彼女の考えは、カオス理論やフラクタル理論、そして均一性より多様性を重んじるシステム理論に感化されていた。伝統的学問の世界のいずれにも属していなかったのに、これらの洗練された概念を追求していたのである。

ジェイコブズは最後の著作、『壊れゆくアメリカ』（二〇〇四）を含む書籍宣伝のためにアメリカに戻った。この最後の著作は、住宅バブルの破裂で北米文化が衰退し破綻することを予言していた。また、ケベックの分離独立運動の本を書き、ついにはアラスカの島で教鞭をとっていた彼女の大叔母、ハナ・ブリースの生涯を、『古きアラスカの教師』という本にしたが、いずれも『アメリカ大都市の死と生』ほどの人気は出なかった。ジェイコブズはグリニッジ・ビレッジでのボヘミアン的生活や、ニューヨークで闘いに明け暮れていた日々について、辛辣な質問が集中されるたびにいら立ちを隠せなくなった。まるでロックシンガーがいつも懐かしのヒット曲を演奏するよう頼まれるのと同じ気持ちだったのだ。

しかしながら、『アメリカ大都市の死と生』が、彼女をあがめてきた若い市民活動家や学生、そして都市計画家に与えた影響はまぎれもないものだった。アメリカじゅうの都市活動家はジェイコブズを手本に、地方自治体を監視する番人として行動し、街角のゴミ箱問題から、摩天楼建設の日照問題に至るまで、あらゆることに口を挟もうとした。この本は大学、総合大学、建築ならびに都市計画専門学校、都市計画家や建築家などの教科書として採用された。そして公選役職員はジェイコブズが本のなかで明らかにした都市の概念を座右の銘とした。

一九六一年のクリスマスの頃、当時、イエール大学の学生だったアレクサンダー・ガービン——今日ニューヨーク市の著名な都市計画家ならびに建築家——にルームメイトが[*5]『アメリカ大都市の死と生』を贈った。「その本はわたしの人生を変えた」と彼は語った。交通輸送の専門家スーザン・ジーリンスキーは「都市にかかわる職業人で、彼女に感化されなかった人はいないと思う。我々のように同意見の人だ[*6]けでなく、あらゆるレベルの人たちに影響を与えた。彼女が議論を挑んだハーバードの人たちに対してもそうだった」と述べた。

ハーバードの教授ジェイムズ・ストッカードは思い出話として次のように語った。ある日、電話でデ[*7]ザインスクール大学院のローブ奨学生だった若者から、ソルトレイクシティの主席都市計画担当職に就く資格が自分にはあるだろうかと相談を受けた。彼は都市計画の正式な教育を受けたことがなく躊躇していたのだ。「君は『死と生』の本を持っているかい?」とストッカードが聞くと、答えはイエスだった。それなら「それで十分だよ」と彼は励ました。

都市計画関連の業界も始めは尻込みしたものの、今ではジェイコブズの基本概念をガイドラインとしている。アメリカ都市計画協会は当初こそジェイコブズに対し反発したが、今日では「安全で、魅力あふれる、健全な近隣、低廉住宅、さらには便利で効率的かつ環境に優しい交通運輸システム」をその理想としている。[*8] 旧来の都市再生計画やトップダウンの再開発計画は、恥ずべき過去となった。いまやアメリカ都市計画協会のモットーは「素晴らしいコミュニティ興し」である。建築界や都市計画家の団体で、伝統的な街づくり計画やコンパクトな混合利用型近隣を主張するニューアーバニズム会議は、しばしばジェイコブズを引き合いに出してゾーニング改変や、スプロール現象阻止運動を展開している。それと関連性が高い「スマートグロース」運動の基本概念は、建物を再開発して、「活気あふれる、公共交通の利便性がよい、歩行者に優しい地域」をつくるというジェイコブズの主張に共鳴している。また開発業者も、ジェイコブズの基本概念を大々的に取り入れていて、アーバンランド・インスティチュートが発行している雑誌「アーバンランド」を読めば、それは一目瞭然である。大規模な住宅建設会社も最近は郊外一戸建て住宅から、よりいっそう都心へ軸足を移しはじめている。トール・ブラザース社はマンハッタン島やニュージャージー州ホボケンでのプロジェクトへ目を向けていて、そのほかの建設業者、例えばパルテ・ホームズなども密集地域の開発に投資している。

アメリカでの開発事業はジェイコブズの活動によって全く変わってしまった。建設業者も自治体政府の役職員も、一様に近隣地域の利害関係に対して配慮し、手続きを進めるにあたりあらゆる段階でコミュニティを巻き込むのである。彼らは「コミュニティ特典合意」を提供して、公園、低廉住宅、デイケアセンター、そのほかもろもろの便宜を図っている。一般市民を冷たく踏みにじっていると思われるのを恐れているのだ。

一九九〇年代になると自治体の住宅局や、連邦住宅都市開発局の都市計画家は、大規模公共住宅プロジェクトはうまく機能しないというジェイコブズの持論になびいてきた。シカゴのロバート・テイラー複合施設やセントルイスのプルーイット・アイゴーは取り壊され、ポーチ付き小規模戸建て住宅が連なるグリニッジ・ビレッジ風の街並みに変えられた。各都市は、一九五〇年代や一九六〇年代風の都市再生事業による街の景観を再考し、吹きさらしの広場をもっと活気あふれるものにしようと努力しているのだ。ジェイコブズの「通りを見守る目」を奨励する理論は――安全で、活気あふれる近隣で、住民がおかしな出来事を監視する機会が多くある街をつくるという――いまや都市デザイン上だけでなく、犯罪防止やコミュニティ治安維持警備においても当たり前になっている。歴史保存やリノベーション――工場などの古い建物をコンドミニアムやオフィス空間に変えること――は、アメリカ各都市の政策の基礎となった。職場のデザインからソーシャルメディア――フェイスブック、ユーチューブ、オープンソースソフトウエアなどのオンラインネットワーク――に至るまで、[*9]実にあらゆることが彼女の独創的考察の恩恵を受けている。その考察とは、分散された、多様な草の根的システムがどうすれば最適に機能するのかを明らかにしたものだった。

◎

ロバート・モーゼスは、その一方で、悪者役に仕立て上げられた。ローメックス抗争で敗北を喫してから、彼はニューヨーク市の政治や都市計画で脇役に追いやられてしまい、新設のメトロポリタン運輸公社でコンサルタントの肩書きをもらっただけだった。彼の都市再生事業、高速道路、そして住宅プログラムは市の衰退を防ぐことができなかった。それ以降、市は財政破綻への道を歩むことになった。一九七五年、市長のエイブラハム・ビームは、銀行団から融資を拒絶され、連邦政府に緊急救済を依頼した。ジェラルド・フォード大統領はこの要求をはねつけ、悪名高き「ニューヨーク・デイリーニュース」は大見出しで「フォードから市へ、死の宣告」と報じた。サウスブロンクスでは放火による火災が猛威を振るった。郊外が活況に沸く一方で、ニューヨーク市はかつて栄えた製造業中心経済の名残さえも失い、貧困者、移民、非白人などが粗末な公共サービスや高まる犯罪に苦しんでいた。こうなる運命をモーゼスは必死に回避しようと生涯をかけたはずだったのだ。

リンカーンセンターで一九七〇年に行われたフォーダム大学のマンハッタンキャンパス開校式において、当時八十一歳になっていたモーゼスは表彰され胸像銘板を贈られた。そこには「ロバート・モーゼス：フォーダムの友、マスター・ビルダー」と彫ってあった。彼の目は涙であふれた。だがもはや栄光の日々は去ったのだ。ちょうどその頃、彼の評判を台無しにすることになる伝記の著述が進められていた。ロングアイランドの新聞「ニュースデイ」の若い記者、ロバート・カロが一九六四年の万博での取材以来モーゼスに興味を抱き、彼についての本を書きはじめていた。完成にカロは七年の年月を費やした。

『パワーブローカー：ロバート・モーゼスとニューヨークの衰退』はモーゼスへの痛烈な告発レポー

トだった。権力への執念、貧困者や非白人への冷酷な立ち退き、法律や立法手続きの巧妙な操作、土地収用権濫用、依怙贔屓《えこひいき》、身びいき、利権政治、そして請負業者、開発業者とのインサイダー取引など。一九七四年に『パワーブローカー』がお目見えしたのは、ちょうどウォーターゲート事件のときで、密室取引や秘密裏の金融交渉などの根絶を願う多数のジャーナリストや政治家に大きな影響を与えた。ロバート・モーゼスは権力濫用の典型的な事例研究の対象となった。

ジェイン・ジェイコブズ[*10]はこの本の重要な情報源であったが、彼女の名は一度たりとも言及されなかった。当初の原稿には一章分がジェイコブズについて割いてあったが削除された。ほかにもニューヨーク港湾公社や市都市計画委員会についての章、あるいはブルックリンドジャースの転出経緯の詳細が削除されたが、その理由は本が分厚くなりすぎたからだった。

発行元がジェイコブズに『パワーブローカー』のゲラ刷りの束を送ってきてはじめて、彼女はおのれの敵の真の手ごわさを知った。

「ボブ[*11]はあるページを読んでいて、わたしはほかのところを読んでいるのです。二股の読書灯をつけて、ベッドに寝そべりながら。ジミーはその様子を面白がっています」と彼女は母親に書き送った。

わたしたちは長い間、モーゼスがひどい男だと知っていました。でも、この本で摘発された事実にはあらためて驚くばかりです。思っていたよりずっと悪人だったのです。もしかしたら正常でないのかもしれません。彼が手を染めた悪行の数々、汚職、蛮行、権力の強奪と濫用に比べれば、ウォーターゲート事件でさえも可愛らしく見えてしまいます。この事件ではウォーターゲートと違って、報道陣はモーゼスの正体を暴くどころか、逆に（特に「ニューヨーク・タイムズ」は）あらゆる面で支援し、その結果、悪行は世間に知られることなく、三十年にもわたって不埒な振る舞いが重ねられてきたのです。暴露こそ、人々が専制と無法状態に対抗し防御できる唯一のものなのです。このことが将来の教訓となるといいのですが……。

モーゼスは、当然のことながら、『パワーブローカー』の出版を阻止できなかったが、その代わりいくつかの反証意見を出した。敵はどこからともなく現れ中傷するのだ、とモーゼスは言った。カロへの反論で、内心ジェイコブズを意識しているかの様子だった。[*12]「現代の虚構というべきものは、屋台売り、批評家、酒場の常連、知ったかぶりの家庭の主婦だろうが誰だろうが、我こそは百年の長きにわたる大都市動脈道路複合施設の細かな計画を立てる権利があると、錯覚させてしまう。公共事業に携わっていれば、とかく専制だの黒幕だのと、無責任な批評家の標的にされるのだ。住民を移転させずにゲットーを撤去できる建築屋がいたら、それに乾杯しよう。卵を割らずにオムレツをつくれる料理人に万歳をいうのと同じことだ」

ローメックス計画の挫折、降格人事、そして『パワーブローカー』の出版。以来モーゼスは事実上、隠遁者といってもよいような晩年を送った。彼と二番目の妻はマンハッタンのグレイシーテラスに住居をもってはいたが、バビロンで時を過ごすほうが多かった。ロングアイランドのその家はロバート・モーゼス州立公園にもほど近かったし、ファイアーアイランドに向かって延びているロバート・モーゼス・コーズウェイがはっきりと望めるグレートサウスベイの港にも近かった。海が好きなモーゼスは、そのあたりのオークビーチとギルゴビーチにコテージを借りた。「自分の橋や公園がここから見えたのさ。その頃はまだ元気で、昔のことを思い出していたんだろうな」

「彼はここが好きだったよ」[*13]と隣人は言った。

一九八一年の六月二十八日午後、ギルゴビーチのコテージでモーゼスは胸の痛みを感じ、ロングアイランドのイスリップにあるグッドサマリタン病院へ搬送された。心臓疾患で彼はその翌日亡くなった。九十二歳であった。驚いたことに、何百万ドルもの金を州の公共施設事業に注ぎ込んだこの人物が死んだとき、財産は五万ドルにも届かなかった。彼自身は個人的富を築き上げることには執着していなかったのだ。

信念をもって自己流を貫いたこの人物が、モーゼス流の都市計画は、今日では真似てはいけない都市づくりの典型になっていることを知ったら驚愕してしまっただろう。情熱と野心と、ひたすら権力を追求したあげく築いた彼の全人生は、否定されたのである。彼の死後、アメリカの大都市はモーゼス時代の過ちの是正にほとんどの時間を費やしてきた。彼の大勝利ともいわれるリンカーンセンターでさえも、歩行者への便宜を考えて、今、早急な改修工事を行っている。

しかしながら、最近になってモーゼスの遺した業績の再評価が行われている。[*14]一九七五年に政治学者ハーバート・カウフマンがカロの批評は誇張だと最初に指摘したが、当時はほとんど注目を集めなかった。ハーバードのデザインスクール大学院の教授、アレックス・クリーガーは二〇〇〇年の講演で、歴史上モーゼスの戦術は高く評価されなかったが、大都市には堅固なインフラストラクチャーが必要で、市民が市の事業を毎度のように阻止するなら、必要不可欠の最重要プロジェクトでさえ実現不可能になると述べた。二〇〇六年には「ニューヨーク・タイムズ」の建築評論家、ニコライ・オローソフが、今の都市計画家は、きめ細かい、並木通りの街区などにこだわるあまり、現実に街を機能させる重要事物をないがしろにしていると指摘した。「今日、世論はあまりにもジェイコブズ夫人びいきに振れていて、都市計画がゆがめられている。彼女の死を悼むとき、我々はもう少しモーゼス氏についても悼みの心をもつべきではなかろうか」と彼は記している。[*15] モーゼスの見解は、たとえ欠陥だらけだったにせよ、「健全な政府が道路、公園、橋梁といった社会インフラを整えてくれ、それが我々をひとつの国にまとめ上げるのだと確信していた当時のアメリカを象徴していたのだ。一方のジェイコブズ夫人は、我々をコミュニティに結びつける、より繊細な絆を守るために闘ったのである。都市が生きつづけ、繁栄するためには、この双方の見方が必要だ」。

今日、ニューヨークの政府、財界、そして市民のオピニオンリーダーは経済の膠着状態に不満を抱いていて、二一世紀の競争力ある経済センターづくりに新しいロバート・モーゼスの出現を待っている。モーゼスが行ったような大規模プロジェクトは、今ではとても実行不可能となってしまった。というのもジェイコブズ流の思慮に富んだ当時の市民参加運動は、今では単なるＮＩＭＢＹイズム、「not in my backyard（わたしの裏庭にはつくらせない）」という抗議運動に矮小化されてしまったからである。市民反対派は瑣末なプロジェクトといえども急停止させてしまう。廃棄された工場建物の修復計画、放置された広場の複合住宅施設、公共輸送の駅近辺駐車場の開発、歴史的構造物などの些細な改修でさえ、全能である近隣住民の前で霧散してしまうのだ。彼らは、寸分違わぬ現状保全を求め、それに迎合する政治家もいるのだ。心ある人々にとっては、まるでニューヨークがガラス箱のなかで保存され、進歩を止めた街になりそうに見える。ボストンでは市長のトーマス・メニーノが市民のもつ拒否権は近隣住民を「BANANA[*16]——build absolutely nothing anywhere near anything（なにがなんでもなにかの近くにはなにもつくらせない）」状態にさせる、と嘆いた。

二〇〇七年の冬、コロンビア大学、ニューヨーク市立博物館、クイーンズ美術館はモーゼスの遺業を再評価する展覧会、「ロバート・モーゼスと現代都市」展を催した。これはモーゼスの動機に悪意があったわけではないということを来場者に喚起させることを基本とし、彼の市を救おうとする固い決意、市を繁栄させようとする献身的努力に焦点があてられていた。寄稿文を寄せた学者は、クロスブロンクスエクスプレスウェイは言われているほどのひどい被害をもたらしはしなかったし、サウスブロンクス衰退の直接的原因でもなかったと述べている。

モーゼスの公共住宅事業の回顧展は、ジェイコブズの取り組みが決して十分とはいえなかった高級住宅化問題へ焦点をあてていた。荒廃地域に対する処方箋として彼女が施した「脱スラム化」や、ウエストビレッジでの改善運動は、ほかの地域で大規模に適用することができないうえに、多くの場合、彼女の表現では「できすぎ」状態で、高級住宅化現象が実際に起こってしまっていたのだ。彼女が目指したのは、手頃な低廉住宅を古くからの近隣地域につくり込んで、貧困階級が巨大な高層住宅に収容されるのを防ぐことだったが、都心近隣地域は途方もなく人気が出て、富裕層、それも主として白人層しか住むことができない状態になってしまった。ニューヨーク、ボストン、シカゴ、そしてサンフランシスコなどの都市部は、裕福な郊外に勝るとも劣らぬ排他的な高級地域となった。カフェやアートギャラリーが金物屋やコインランドリーを駆逐したのだ。

高級住宅化は何回も繰り返されてきた。最初は掘り出し物を目当てにした芸術家、次に建築家やデザイナー、そして若年の専門職、次に著名人やベビーブーマーの退職者。一九四七年にジェイコブズ一家がハドソンストリート五五五番地を七千ドルで購入したとき、彼らは近隣のスラム指定を阻止しようと手を差し伸べたパイオニアだった。今日では、その手法は若い都会人や事情通の開発業者によって磨きをかけられ、見捨てられた街区が彼らの手で、数週間のうちに豪奢な区画に変えられている。ジェイコブズの頃のバグパイプ吹きや、親切な店番とは違って、今ではファッションデザイナー、俳優、スーパーモデル、そしてNFLのクオーターバックなどがグリニッジ・ビレッジの街路を闊歩しているのだ。

ジェイコブズは、ウエストビレッジハウス実現に取り組んでいた当時、すでに高級住宅化現象を予知していた。急速に上昇する不動産価格を抑え込むため、彼女が考えた「防風林」は今日では「包括的ゾーニング」となって政策のなかに組み込まれている。つまり自治体政府はそのゾーン内での新規住宅開発の一〇または一五パーセントを低廉住宅とすることを条件付けているのだ。さらに別の新制度としてコミュニティ土地トラスト制度がある。この制度では、非営利法人が土地を手当てし、建築コストだけをベースに上物を売却する。住宅購入者は売却時に巨額の利益を上げることは許されないので、低廉性は永久に確保できるのである。ジェイコブズがウエストビレッジハウスを今日つくるとしたら、多分この制度を使ったのではなかろうか。

ジェイコブズは、都市こそ人々が暮らすのに最適な場所だと確信していた。そして高級住宅化は、その確信の正しさをさまざまな面で証明するものであった。彼女はそれは供給と需要の問題なのだと主張していた――すなわち、問題は都心地域が限られていることで、もしそれが郊外のように至るところに無限にあるならば、貴重な値打ち物にはならないし、価格も下がるだろうというのだ。

この点、モーゼスとジェイコブズは実際上、同意見であった。都市部ではできるだけ多くの住宅をつくり、幅広い所得層の人々が購入できるようにする必要があるという点だ。二人の意見が違うのは、住宅のあるべき姿についてであった。しかしモーゼスも最後には、都市部の再建にあたってより多くの人々が住み、働けるように配慮した。ジェイコブズが提唱した混合利用型を彼もまた評価し、郊外の「ベッドタウン住宅」については酷評していた。彼が関与したいくつかの住宅プロジェクト――キプスベイ、チャタムタワーズ、レノックステラス、人によってはワシントンスクエアビレッジさえ――は都市部の成功例として今もなおその評価を維持している。彼のつくったビーチ、公園、公共プールなどは住みやすいニューヨークに欠かせない存在として高い評価を得ている。せっかくの素晴らしい街づくりの功績も、彼の採った手法や、最悪の失敗作となった広場付き高層住宅再開発によって、影が薄くなってしまったのだ。

モーゼスとて、時代の落とし子だった。当時は、多くの都市が懸命に、ときには破壊的なまでに、都市再生や高速道路建設に取り組んでいた。第二次世界大戦後、どこであれ車の扱いに心を砕くのは、理にかなっていた。環境やエネルギー問題は、二一世紀に入ってからの別次元の話だった。もしもモーゼスが世界最大の公共輸送システムを建設していたなら、どんなに多くの人々に追い立てをくらわせていようとも、今日大喝采を受けていたに違いないのだ。

◎

人生の終末近くになって、ジェイコブズは名誉学位の受理を何回も打診されたが、その都度断ってきた。ハーバードの総長が四十五分間もねばったが無駄だった。しかし一九九六年、バージニア大学でトーマス・ジェファーソン財団の建築勲章を受けた。「これを受理したのは名誉学位でなく、資格免状でもなかったから」と彼女は説明した。[*17]彼女の父親は、一家のなかで大学までいった初めての人だったが、このバージニア大学の卒業生であった。授与式で、ジェインとボブはベンチで横に杖を置いて写真に納まった。

ボブは肺がんでその一年後に七十九歳で亡くなった。[*18]生涯のパートナーを失って、トロントに一人住みつづけた彼女は、ときどきインタビューにも応じていたが、伝記を書くことは決して許さなかった。

トロントでの最後の数年、ジェイコブズは庭の手入れをしたり、料理やお菓子を焼いたりして楽しんだ。パンを七面鳥の形に似せたり、野生のイノシシとエゾノコリンゴ、ピーカン、そしてカボチャのパイを使った大胆なメインディッシュに挑戦して楽しんでいたのだ。彼女はスイートピーとトマトを裏庭で栽培したり、黒リスが駆け回る庭でメールオーダーの球根やハーブと並んでクロッカスが春に頭を突き出す様子を眺めたりしていた。ブリティシュ・コロンビアに移り住んでいた娘、メアリーに教わってクリスマスツリーの針葉で堆肥づくりも始めた。ジェイコブズの息子、ジムは発明家兼物理学者だったが、結婚してトロントに住み着いた。彼女の二番目の息子、ネッドは結婚してバンクーバーに行き、母親ゆずりの都市再開発の活動家となったが、音楽家でもあった。

[*19]ジェイコブズはトロントの家の一階の内壁を取り払って居間、食堂そして台所をひとつの大きな空間にした。それはちょうどハドソンストリート五五五番地と同じだった。本が並ぶ壁は、一九七〇年代初

期の明るい色調で塗られていた。アメリカ原住民の胸像銘板が出窓のそばに掛かっていて、居間のテーブルクロスはオーストラリア先住民アボリジニの染布で、テーブルの上には大きな地球儀のような紙のシャンデリアが吊り下がっていた。

家族の記念写真や娘の描いた絵などがそこらじゅうにあった。見知らぬ人が蔦に覆われたレンガ壁の家から出てくる彼女の姿を見たら、引退した女性が野菜市場に向かっているとしか思えなかったであろう。

公共の場には滅多に姿を現さなかったが、出かけるたびにいつも多くの人々に囲まれた。ボストン大学のロースクールで二〇〇〇年に開催された公開討論会で、ジェイコブズは聴衆からの質問を受けたが、質問者は慎重に、かつ畏敬の念をもって喋り、あたかも法王に話しかけているかのようだった。「都市計画家や一般市民のなかには、わたしの挑戦を個人的なあてつけをして楽しんでいると思った人も多くいました」。[*20]彼女の闘いについて聞かれ、そのように答えた。概して大都市というのは「大変うまく機能しているのです。都市はようやくその昔の活気にあふれた状態に戻るべく……自力で癒しはじめたところなのです」と語り、聴衆は一言一句漏らすまいと耳を澄ませていた。

ジェイコブズの論文が保管されているボストン大学にその日集まった人たちは、彼女がいかに都市が機能するのかを語るのに深い関心を示した。一九八〇年代と一九九〇年代を通して、アメリカは都市のもつ魅力と利便性を再発見したのだ。若い専門職や引退したベビーブーマーは、都会の近隣地域に群がり集い、ジェイコブズが評価していた密集状態、多彩な活動、そして文化的施設を享受していた。二〇世紀が終わりに近づくにつれ、全国の大都市は倉庫やブラウンストーンが残る古くからの地域で、グリニッジ・ビレッジやソーホーを模倣しようと試行を重ねていた。デンバーのロードー地区からシアトルのベルタウン、サンフランシスコのミッション、そしてボストンのサウスエンドに至るまで、あらゆるところで試みられた。

これもジェイコブズが言いだしたことだったが、都市居住は健康面でもプラスという点からも、ますます脚光を浴びてきている。ウエストビレッジハウスでエレベーターがないことに市の職員が難癖をつけたとき、ジェイコブズは階段歩きこそ素晴らしい運動ではないか、と切り返した。[*21] 五階の住民は、七十七歳になる夫の健康は良好で贅肉もなく「寝室でもすごい」と形容した。都市居住者で、用事や職場への通勤に、車を使わず歩いたり、バイクに乗ったり、あるいは公共輸送手段を使う人は、郊外に住む人より肥満度が低いという調査もある。

地元のビジネスや、地元の経済の価値は、『アメリカ大都市の死と生』の根本的なテーマであるが、これもまた大いに評価されるべき点である。地産地消によって、大規模スーパーやレストランまでの数千マイルもの長距離輸送が省かれるのだ。「ロカボレ（地元の食材愛好者）」という言葉が二〇〇七年度オックスフォード辞典の「今年の言葉」に選ばれた。そして多くの都市が「地元買い」プログラムを組んで、郊外のショッピングモールやチェーンストアとの競争に苦しむ下町の零細な家族経営を支援している。ガソリン価格の上昇につれ、生活必需品を数ブロックのなかで取得できる自給自足的な近隣地域という考え方は、世に訴える力を増してきている。

公共輸送システムを持つ人口密集都市は、また気候変化に対する解答でもあると見られている。建物自体のエネルギー効率さえ向上させれば、都市居住は環境保護に最適なのだ。そのうえ、郊外スプロールよりも温室効果ガス排出量は少なくてすむ。マンハッタン島の住民の一人あたりのエネルギー消費量は国のどこよりも低い。アル・ゴアの『不都合な真実』が指摘した地球的危機において都市は重要な役割を担っている。ジェイコブズはどうやれば都市が最適に機能するかのマニュアルをつくったのだ。

二〇〇六年の四月二十五日、ジェイコブズは脳卒中と思われる発作に襲われトロント病院に担ぎ込まれ、九十歳にあと二週間という日に息を引きとった。一年間ずっと健康問題との闘いに明け暮れたあげくの死だった。

その悲しい春の日以降、本人がもはや断ることのできない褒賞のたぐいがどっと押し寄せてきた。そのいくつかは、彼女をクスクス笑わせたに違いなかった。マンハッタンの三八丁目のシルバーリーフタバーンで、バーテンダーがジェイン・ジェイコブズと命名した飲み物をつくった。ヘンドリックスのジン、ニワトコの花のシロップ、少量のオレンジビターそれにスパークリングワインのカクテルだった。[*22]二〇〇六年五月二十四日、女性十数人が、ワシントンスクエアパークのアーチ門の下で、手をつないで輪になり彼女を讃えた。毎年の命日にはホワイトホース・タバーンに人が集まり、ウエストビレッジに尽くした彼女の功績を誉め讃えている。ニューアーバニズム会議の二〇〇六年の年次総会では、二千人の人が集まって黙祷した。

ニューヨーク市長、マイケル・ブルームバーグは二〇〇六年六月二十八日をジェイン・ジェイコブズの日と宣言した。トロントでは、ジェイン・ジェイコブズ・ウォークが始まった。アメリカ都市計画協会は彼女を讃えて、[*23]近隣地域革新計画への全国都市計画優秀賞をつくった。ロックフェラー財団と都市芸術学会が授けるジェイン・ジェイコブズ勲章は「都市環境の独創的な活用を通じて、多様性に富み、活動的かつ安定した街づくりにあたり、先見性あふれる取り組みを実行……その抜きん出た成果は、ジェイコブシアンの根本理念と実務とに恥じない」業績を表彰している。最初の受賞者は、野菜市場の創立者とブロンクスにおけるゴミ搬送基地のリサイクル事業であった。

グリニッジ・ビレッジの地域社会計画会議は、ハドソンストリートの一一丁目からペリーストリートまでの範囲をジェイン・ジェイコブズの道と命名し、ブリーカー広場をジェイン・ジェイコブズ公園として改称する請願を受け付けた。[*24] ストリートの呼び名変更は問題なかったが、公園については何人かの若い母親から、ジェイコブズの遺業を讃えるにはもっといい方法があるのではないか、改名で子供たちが戸惑うかもしれないと反対が出た。

スクラントンから出てきた田舎娘がモーゼスに立ち向かい、旧来の体制に挑戦した。そして今では、都市建設関係者は事実上みんな彼女のルールに従っている。これぞ彼女の勝利を雄弁に物語るものである。そして著書、『アメリカ大都市の死と生』は米国内の役所の都市計画部局の必読図書となっている。

ジェイン・ジェイコブズが没した翌朝、グリニッジ・ビレッジのハドソンストリート五五五番地にある家庭用品店、アートオブクッキングのオーナーが開店のため扉を開けた。見ると戸口に百合とスミレの花束が置いてあり、カードには、[*25]「この家で、一九六一年に一人の主婦が世界を変えた」とあった。

謝辞

さまざまなことが絡み合いこの本を出すことができた。人、資料、着想、そして特にこの場合、アメリカや世界中でいまや最優先の課題となっている都市そのものの複雑さ、美しさなどである。

都市の将来についてのこの壮大な闘いが、ジェイン・ジェイコブズとロバート・モーゼスがともに同じ舞台で演ずる形で語られたことはかつてなかったと最初に気づいたのは、リチャード・アベイトだった。この話を物語風のノンフィクションに仕立てるにあたり、最初から最後まで彼から貴重な助言を貰った。ランダムハウスのティム・バートレットは、リンゼイ・シュウリーとともにわたしの考えを整理し、編集者としての手腕を発揮してくれた。彼はわたしの原稿を手直しして、よりよいものにしてくれた。

リンカーン土地政策研究所には特に感謝したい。社長兼最高責任者のグレゴリー・K・イングラム、取締役会議長キャサリン・リンカーン、主任研究員兼都市計画形態部局の責任者アーマンド・カーボネル、そしてこの研究所のすべての人たちにお礼を言いたい。わたしの都市に関する著述や調査に関して、この素晴らしい研究所は惜しみない支援の手を差しのべてくれた。研究所は都市や土地利用に深くかかわっているから、当然のことながら本書の内容とも関係が多く見られる。事実、研究所はルイス・マンフォードに賞を授けたし、ジェイン・ジェイコブズは彼女が確立した近隣の運営管理方式に、この研究所のコミュニティ土地トラスト制度に関する研究成果を採り入れている。わたしのオフィスのそばにはレイモンド・モーリーを特集する展示スペースがあり、そこにはニクソンとフランク・デラノ・ルーズベルトの署名入り写真が飾られている。モーリーはデイビッド・リンカーンの顧問役でリンカーン研究所創設に手を貸した。そしてさらに、彼はロバート・モーゼスの知人でモーゼスの著作『公共事業：危険な取引』に序文を寄せていることが判明した。

わたしは『パワーブローカー』をコロンビア大学のジャーナリズム大学院の学生であった当時読み、多くのジャーナリスト同様、ロバート・カロの卓越した伝記研究、情報源、詳細な語りに深くうたれた。二十数年ものちに、コロンビア大学のケネス・ジャクソンとヒラリー・バルンの二人は、ニューヨーク市立博物館、コロンビア大学そしてクイーンズ美術館でモーゼス展を開催し、マスター・ビルダーの考察を巧みによみがえらせ、市民の間に大きな論議を引き起こした。展覧会ならびにその機会に出版された『ロバート・モーゼスと現代都市』に文章を寄せた数人の学者は新たな視点と今まで語られることのなかった話を披露している。なかでも、ミシガン大学のロバート・フィッシュマンはワシントンスクエアパークとローワーマンハッタン・エクスプレスウェイの闘いが転換点だったと語った。メトロポリタン運輸公社の特別文書保管庫のローラ・ロザンはトライボローブリッジ&トンネル公社の長官として君臨したモーゼスの輝かしい生涯を語ってくれ、とても親切丁寧な案内役を務めてくれた。

ジェイン・ジェイコブズは伝記作家に協力しない人だった。彼女の息子ジムとネッドは用心深くではあったが、わたしの質問に対して大変配慮してくれた。彼女の生涯や、研究成果については、クリストファー・クレメックとピーター・ローレンスによるところが大きい。特にピーターはありがたいことに、わたしと面会してくれて彼女の若いときの経歴について話してくれた。以下、支援いただいた方々に感謝の念を表したい。ボストン大学のジョン・J・バーンズ図書館のジェイン・ジェイコブズ文書館の保管人、ジャスティン・ハイランド、デイビッド・ホーン、ロバート・オニール。ニューヨーク歴史学会、

「ビレッジャー」、「ビレッジボイス」、「ボストングローブ」、「ニューヨーク・タイムズ」。都市芸術学会主催のジェイン・ジェイコブズ記念日の出し物のひとつだった「グリニッジ・ビレッジとソーホー散歩」の先導をしてくれたキャロル・グレイツァー、エド・コッチ、ロバータ・ブランデェス・グラッツ、アルバート・ラファージ、ジェイソン・エプシュタイン、ネイサン・グレイザー、キャロル・ゲイル、エリザベス・ワーブ、レックス・ラリー、マット・ポスタル。ジェイムス・ストカード、サリー・ヤングそして大変素晴らしいローブ奨学制度のネットワーク、ハーバード大学デザインスクールのアレックス・クリーガー、メアリー・ダニエルス。ペンシルバニア大学のユージン・バーチ。地域計画協会のロバート・ヤロとアレックス・マーシャル。スマートグロースアメリカとトランスポーティションアメリカのデイビッド・ゴールドバーグ。新都市研究のスティーブ・フィルマノウィッツ。サラ・ヘンリー、チャールス・マッキニー、ビル・シュトキン、ケネディ・スミス、ケン・グリーンバーグ。わたしの友人ジョンとステイシー・フレイザー、ティムとミミ・ラブ、クリス・ルーテス、ブライアン・マッグロリー、ミッチェル・ズコッフ、スーザン・クレイター、ジョン・キング、ハミルトン・ハックニー、ポール・キンラン、ブラッド・フレイジー、スティーブ・モイナン、ジェイムス・バーク、ジョシュ・ラビノビッツ、ケイト・ザーニケ、フィル・ハフマン。わたしを支援してくれた家族、メアリー・アリス・フリント、ジュリア・フリント、メリッサとクリス・キャッペラ、マーサ・フリント、ジョージとエミリー・フリント、ジャックとグロリア・キャシディ。

そして最後に、原稿に目を通し節目節目で激励してくれた、よきジャーナリスト仲間で著作家でもあるわたしのワイフ、ティナ・アン・キャシディ。彼女はキーボードに深夜まで向かい、アセラ特急でニューヨークへ出張し、そのうえ息子ハリソンを家で出産したあと、わたしにこの本を書く時間を与えてくれた。ジョージとハンターそしてハリソンはいまや彼女の忍耐心の限度いっぱいを試す毎日である。この本は彼女なしには存在しえなかった。

アンソニー・フリント
ボストンにて

訳者あとがき

一昨年十月、雑誌「アーバンランド」の書評欄に本書 *WRESTLING WITH MOSES* が紹介されていた。以前、わたしはアーバンランド・インスティチュートのジャパン・カウンセル会長を務めていたこともあり、この雑誌を定期購読していた。早速取り寄せたところ期待にたがわず面白く、一気に読んでしまった。その頃ちょうど時間にゆとりがあったので翻訳を思い立ったのである。

二〇〇〇年に銀行から不動産会社に移り、東京駅に近い「丸の内」の再開発に携わったわたしは、外国の都市計画家や、建築家などとの交流の機会を意識的に多くつくってきた。彼らの考えていることの一端を知れば、世界における今後の建築の傾向が把握でき、将来どのような街が出現するのか、そしてそこでどのような都市文化が営まれるのか理解できるのではないかと考えたからである。

交流を通じて気がついたのは、彼らの何人かがジェイン・ジェイコブズならびに彼女の掲げる都市開発の概念を意識していたことであった。例えば、ある建築家は「わたしのこの作品は、ジェイコブズ的にいうとやや問題あるのだが」と自己評価し、またほかの都市計画家は「この開発はジェイコブズ的に見ても合格だと思いますよ」などと、ジェイコブズをひとつのスタンダードとして、そこから自身の建築が、あるいは都市開発がどれだけ距離があるのかをコメントしているのに気がついたのである。またその頃、ジェイコブズの考え方を踏襲しているといわれるニューヨークのＮＰＯの代表とも親しく議論する機会があったりして、いやが応でも彼女への関心がわたしのなかで高まってきた。長いあいだビジネス専用の街であった「丸の内」を国際的競争力を持った混合利用型の魅力ある街に変貌させるためにも、彼女の考え方は参考になるのではないかと考えたのだ。

一方、一九七〇年代をニューヨークで過ごしたわたしは、ロバート・モーゼスの残した事業の数々の恩恵を極めて深く被っているのである。子供たちを連れて行った公園、ビーチ、そしてそこへ到達するためのパークウェイ、エクスプレスウェイ、ブリッジの数々。なんとそのほとんどがモーゼスの手によるものだった。驚くべきかなモーゼスというのが偽らざる心境である。

絶大な権力をもった有能なエリート行政官モーゼスと、田舎出身の主婦ジェイコブズは、全く違った立場から街づくりをめぐって壮烈な闘いを繰り広げる。そしてそんな二人の闘いの場所も、これまたわたしにとって懐かしいミッドマンハッタンや、ローワーマンハッタン。さらにボブ・ディラン、ジョーン・バエズ、デ・クーニング、ジャクソン・ポロックなど時代を代表する人々がそこを舞台に登場していたとあっては、若き日々への郷愁もあって、ますますこの本に惹かれてしまった。

そんな思いで、ジェイコブズの『アメリカ大都市の死と生』を出版している鹿島出版会にお話ししたところ、幸いこころよく取り上げてくださることとなった（ちなみに『死と生』は、二〇一〇年四月に新訳本となって同社から刊行されている）。

著者、アンソニー・フリントは、ジェイコブズ寄りの立場で本書を書いていることは否めないし、事実二人の闘いの勝者は彼女だったが、読んでいるうちにわたしの心のなかに次第に強くなった思いを率直に言えば、モーゼスなきニューヨークは考えられないのではないかということであった。強力な経済パワーを確立し、維持していくための社会インフラの充実があったからこそ、今も変わらぬニューヨークが存在するのだ。もちろん今、二一世紀になって、モーゼスの行ったインフラ事業をそのまま延長するのは意味がない。大量公共輸送など今日により適したインフラが必要なのは当然である。だが、彼が活躍した当時は、自動車全盛時代であり、それを支えるインフラが高速道路であったことは間違いないし、広いアメリカの国土を考えれば、それを大量公共輸送でまんべんなくカバーすることは、今となっても不可能で、自動車道路なしにはアメリカ人の日常生活は成り立たない。その点、日本の都市と郊外との関係とは根本的に異なるだろう。

交通という切り口からニューヨークを見ると、マンハッタン島と島外とを結ぶ交通路の完備、そしてマンハッタン島内の交通をいかに効率的にすべきか、このふたつが解決すべき課題だった。驚くべき実行力をもって進めたモーゼスの高速道路事業はこの問題解決に大きな貢献をしたが、ジェイコブズから見ればモーゼスの事業は近隣の蹂躙、歴史の抹殺、住民無視に他ならず、人間よりも自動車優先の考えとなってしまうのである。

また、都市居住という切り口から見ると、二人とも都市の重要性を意識して世界恐慌直後のアメリカ大都市の衰退問題に挑戦した。だが、そのためにどのような方法をとるのかという点で、この二人は決定的に異なる道を進むことになってしまった。都市の再生は行政が計画することで可能になるというモーゼスと、都市は自己再生力を持っていて有機的な自己発展が可能だと信じているジェイコブズとがいて、二人とも決して譲歩しないのだ。振り返れば、都市再生にはどちらの考えも重要な視点であり、バランスがとられるべきだったのに、譲歩なき闘いだったから、ふたつの考えの対立は拡大していくばかりで、決して交わることはなかった。

強権的なモーゼスの手法に対する世論の批判が高まるなか、州知事ロックフェラーによって閑職に追い払われたモーゼス。さらにロバート・カロの痛烈な摘発本『パワーブローカー』は失意の彼にとどめを刺した。一方、ジェイコブズの『アメリカ大都市の死と生』はニューヨーク市民のみならず全米市民の共感と支持を獲得した。ベトナム戦争を契機に高まってきた反政府、反権力運動にもあと押しされ勝利を手にしたのはジェイコブズであったことは間違いない。しかしながら、近年アメリカで、モーゼスの業績を再評価する動きが始まった。長期的視野に立った社会インフラ投資の必要性が叫ばれ、経済のこう着状態を打破するために、第二のモーゼスの出現が待たれているという。わたしには遅すぎた再評価に見えるが、読者のみなさんはどう思われるだろうか。

この翻訳を行うにあたって、多くの方々のご支援をいただいた。鹿島出版会の鹿島光一社長、担当してくださった渡辺奈美さんにはとりわけお世話になってしまった。筑波大学大学院システム情報工学科で講義シリーズを取りまとめている岡田忠夫氏、同大学院の有田智一准教授からは貴重なご助言をいただいた。そして、本書に推薦文を寄せてくださったわたしの敬愛する建築家、槇文彦氏に心より御礼申し上げる。

二〇一一年二月

渡邉泰彦

1 *Village Voice*, Oct. 3, 1968.
2 "Hunts Point Campaign Comes to Manhattan," *Hunts Point Express*, Nov. 26, 2007.
3 Steve Hymon, "L. A. Officials Do a 180 in Traffic Planning," *Los Angeles Times*, Feb. 25, 2008.
4 Susan Brownmiller, "Jane Jacobs, Civic Battler," *Vogue*, May 1969.
5 David Dunlap, "All in the Planning, and Worth Preserving," *New York Times*, April 27, 2006.
6 Susan Zielinski, interview with author, Feb. 2008.
7 James Stockard, interview with author, Oct. 1, 2008.
8 American Planning Association Web site, www.planning.org.
9 David Brooks, "A Defining Moment," *New York Times*, March 4, 2008.
10 Norman Oder, "The Missing Jane Jacobs Chapter in *The Power Broker*," Atlantic Yards Report, Oct. 9, 2007, http://atlanticyardsreport.blogspot.com/2007/10/missing-jane-jacobs-chapter-in-power.html.
11 Jacobs to her mother, June 12, 1974, as cited in Max Allen, ed., *Ideas That Matter* (Toronto: Ginger Press, 1997).
12 David Dunlap, "Scrutinizing the Legacy of Robert Moses," *New York Times*, May 11, 1987, p. B1.
13 Carol Paquette, "Showcasing the Career of Robert Moses," *New York Times*, Oct. 1, 1995.
14 Herbert Kaufman, "Robert Moses: Charismatic Bureaucrat," *Political Science Quarterly* 90, no. 3 (Autumn 1975), pp. 521-38.
15 Nicolai Ouroussoff, "Outgrowing Jane Jacobs and Her New York," *New York Times*, April 30, 2006.
16 Anthony Flint, "Menino Urges Business Leaders to Become More Involved," *Boston Globe*, Feb. 4, 1999, p. 24.
17 Jane Jacobs, caption in Allen, *Ideas That Matter*, p. 150.
18 Mark Feeney, "City Sage," *Boston Globe*, Nov. 14, 1993.
19 Jane Jacobs, interview with James Howard Kunstler, *Metropolis*, March 2001.
20 "Jane Jacobs and the New Urban Ecology," Boston College, Nov. 18, 2000, transcript, Jane Jacobs Papers, MS02-13, box 9, folder 2, John J. Burns Library, Boston College.
21 Albert Amateau, "Jane Jacobs Comes Back to the Village She Saved," *Villager*, May 12, 2004.
22 Patrick Arden, "Knitters Protest Park Project Knotted Up in Court," *Metro*, May 24, 2006.
23 Rockfeller Foundation, www.rockfound.org.
24 "Let the Jane Jacobs Tributes Continues," Gothamist, gothamist.com, June 9, 2006.
25 Dunlap, "All in the Planning, and Worth Preserving."

47 Samuel Kaplan, "Expressway Vexes Broome Street," *New York Times*, May 27, 1965, p. 39.
48 Ada Louise Huxtable, "Lindsay Surveys City from Copter," *New York Times*, July 24, 1965, p. 8.
49 Martin G. Berck, "Leave Expressway Question to Next Mayor — Lindsay," *New York Herald Tribune*, July 23, 1965.
50 Moses to Charles Moerdler (buildings commissioner), Dec. 29, 1966, Metropolitan Transportation Authority Special Archives.
51 "Moses' Prediction Angers Opponents of Manhattan Expressway," *New York Times*, June 28, 1964, p. 41.
52 Moses to Arthur Palmer (transportation administrator), Sept. 28, 1966, Metropolitan Transportation Authority Special Archives.
53 Lelyveld, "Decision Pending on Expressway," p. 71.
54 Joyce Wadler, "Public Lives: A Polite Defender of SoHo's Cast-Iron Past," *New York Times*, May 29, 1998.
55 Jacobs to Gayle, Nov. 15, 1993, courtesy of Carol Gayle.
56 Moses to Palmer, Feb. 7, 1966, Metropolitan Transportation Authority Special Archives.
57 Madigan-Hyland Inc., "Need for the Lower Manhattan Expressway," 1965, Metropolitan Transportation Authority Special Archives, 1012-4A.
58 Excerpts from opening statement of Charles F. Preusse on behalf of the Triborough Bridge and Tunnel Authority, Dec. 22, 1964, Metropolitan Transportation Authority Special Archives.
59 *This Urgent Need*, 1964, Metropolitan Transportation Authority Special Archives.
60 Semple, "Little Italy Wins Stunning Victory over Big Highway."
61 "Building Trades Picketers at City Hall," *Village Voice*, June 10, 1965.
62 Steven V. Roberts, "City Considering Proposal for 80-Foot Elevated Lower Manhattan Skyway," *New York Times*, Sept. 28, 1966, p. 37.
63 Edith Evans Asbury, "'Villagers' Protest 'Secret' Road Plan," *New York Times*, March 15, 1967, p. 44.
64 Ronald Maiorana, "Lindsay Lists Details of Cross-Town Road Plan," *New York Times*, Oct. 3, 1967, p. 37.
65 Ibid.
66 Ada Louise Huxtable, "Where It Goes Nobody Knows," *New York Times*, Feb. 2, 1969, p. D32.
67 Clayton Knowles, "More Road Study Asked by Sutton," *New York Times*, March 29, 1967, p. 51.
68 Mike Pearl, "Jane Jacobs Charges a 'Gag' Attempt," *New York Post*, April 18, 1968.
69 Jane Jacobs and the Future of New York, exhibition at the Municipal Art Society, New York, 2007-2008.
70 Frances Goldman, interview with author, April 15, 2007.
71 Leticia Kent, "Persecution of the City Performed by Its Inmates," *Village Voice*, April 18, 1968.
72 Jacobs, interview with Kent.
73 Jacobs to Bess Butzner, April 11, 1968, as cited in Max Allen, ed., *Ideas That Matter* (Toronto: Ginger Press, 1997).
74 Ibid.
75 Richard Severo, "Mrs. Jacobs's Protest Results in Riot Charge," *New York Times*, April 18, 1968, p. 49.
76 Ibid.
77 Peter Blake, "About Mayor Lindsay, Jane Jacobs, and Peter Bogardus," *New York*, May 1968.
78 Invitation by the West Village Committee, Jacobs Papers.
79 Cooper Square Community Development Committee and Businessmen's Association, press release, May 10, 1968, Jacobs Papers.
80 Maurice Carroll, "Mayor Drops Plans for Express Roads," *New York Times*, July 17, 1969, p. 1.
81 Moses to Reuben Maury of the New York *Daily News*, Aug. 31, 1970, Metropolitan Transportation Authority Special Archives.
82 Governor Nelson A. Rockefeller, statement, June 3, 1973, State of New York Executive Chamber, as cited in Ballon and Jackson, *Robert Moses and the Modern City*, p. 241.

終章　それぞれの道

Norton, 2007).
4 Morris Kaplan, "Industry Opposes Midtown Artery," *New York Times*, Aug. 1, 1957, p. 26.
5 Robert Moses and the Modern City, exhibit at the Museum of the City of New York.
6 Triborough Bridge and Tunnel Authority and New York City Port Authority, *Joint Study of Arterial Facilities* (1955).
7 Charles G. Bennett, "Residents Assail Downtown Route," *New York Times*, Dec. 10, 1959, p. 44.
8 Editorial, *New York Times*, Nov. 16, 1959.
9 Douglas Dales, "Bill Attacks Plans for Expressway," *New York Times*, Jan. 15, 1960.
10 Editorial, *New York Times*, Nov. 7, 1960.
11 Joseph C. Ingraham, "Moses Warns City on Expressway," *New York Times*, Aug. 24, 1960, p. 31.
12 Charles G. Bennett, "Expressway Plea by Moses Ignored," *New York Times*, Aug. 25, 1960, p. 31.
13 Charles G. Bennett, "Crosstown Road Deemed Far Off," *New York Times*, Nov. 1, 1960, p. 41.
14 Charles G. Bennett, "City Withholding Expressway Data," *New York Times*, Jan. 3, 1961.
15 "City to Complete Road Begun in '39," *New York Times*, Jan. 16, 1961.
16 Joseph C. Ingraham, "Expressway Gets Mayor's Support," *New York Times*, Feb. 13, 1962, p. 29.
17 John F. Murphy, "Emotions Mixed on Proposed Manhattan Expressway," *New York Times*, Feb. 27, 1961, p. 29.
18 Charles G. Bennett, "2 Angry Groups Picket City Hall," *New York Times*, April 1, 1962, p. 35.
19 Charles G. Bennett, "Board Expedites City Expressway," *New York Times*, April 6, 1962, p. 37.
20 Leo Egan, "Moses Scolds City as Coy on Virtues," *New York Times*, April 22, 1960, p. 33.
21 "Mrs. Roosevelt Scores Road Plan," *New York Times*, June 19, 1962, p. 37.
22 Robert B. Semple Jr., "Little Italy Wins Stunning Victory over Big Highway," *National Observer*, Dec. 24, 1962.
23 Ada Louise Huxtable, "Noted Buildings in Path of Road," *New York Times*, July 22, 1965.
24 *Village Voice*, Aug. 30, 1962.
25 Alice Alexiou, *Jane Jacobs: Urban Visionary* (New Brunswick, N.J.: Rutgers University Press, 2006).
26 Roberta Brandes Gratz, *Cities Back from the Edge* (New York: Wiley, 1998), p. 298.
27 "Decision on Expressway Urged; Auto Club Scores Delay by City," *New York Times*, July 9, 1962, p. 33.
28 Charles G. Bennett, "New Delay Looms for Expressway," *New York Times*, Aug. 17, 1962.
29 Edith Evans Asbury, "Downtown Group Fights Road Plan," *New York Times*, Dec. 5, 1962, p. 49.
30 *Village Voice*, Aug. 30, 1962.
31 Joseph C. Ingraham, "Now, More Roads," *New York Times*, Nov. 23, 1964, p. 41.
32 Jane Jacobs, interview with Leticia Kent, oral history project for the Greenwich Village Historical Society, Jane Jacobs Papers, MS02-13, John J. Burns Library, Boston College.
33 Robert Moses, *Public Works: A Dangerous Trade* (New York: McGraw-Hill, 1970).
34 Jason Epstein, interview with author, Sept. 2007.
35 Jacobs Papers, MS02-13.
36 Ibid.
37 Charles G. Bennett, "Expressway Plan Revived by Moses," *New York Times*, April 11, 1963, p. 35.
38 Charles G. Bennett, "Planners Urged to Revive Downtown Expressway," *New York Times*, April 18, 1963.
39 "Barnes Sails into Troubled Waters," *Village Voice*, Jan. 3, 1963. In a clip of the article, Jacobs wrote in the margin: "In my own way I helped stave off this disaster — what a bastard Barnes was!"
40 Murray Illson, "Moses Optimistic on Expressway," *New York Times*, Jan. 24, 1964, p. 24.
41 Edith Evans Asbury, "Showdown Nears on Expressway to Traverse Lower Manhattan," *New York Times*, June 5, 1964.
42 Editorial, *New York Herald Tribune*, Jan. 31, 1965.
43 "Renewal Proposed Along Expressway," *New York Times*, Aug. 3, 1964.
44 Joseph Lelyveld, "Decision Pending on Expressway," *New York Times*, Jan. 24, 1965, p. 71.
45 Charles G. Bennett, "Wagner Studying Expressway Data," *New York Times*, Dec. 24, 1964.
46 Clayton Knowles, "Wagner Orders Building of Manhattan Expressway," *New York Times*, May 26, 1965, p. 1.

46 Ibid.
47 "Villagers Near-Riot Jars City Planning Commission," *New York Herald Tribune*, Oct. 19, 1961.
48 Ibid.
49 Edith Evans Asbury, "Deceit Charged in 'Village' Plan," *New York Times*, Oct. 20, 1961, p. 68.
50 Jacobs, interview with Kent.
51 Walter D. Litell, "West Villagers Still on Warpath," *New York Herald Tribune*, Oct. 20, 1961.
52 Asbury, "Plan Board Votes 'Village' Project," p. 1.
53 Edith Evans Asbury, "'Village' Project Backed in Fight," *New York Times*, Oct. 21, 1961, p. 24.
54 Edith Evans Asbury, "Board Ends Plan for West Village," *New York Times*, Oct. 25, 1961, p. 39.
55 Brooks Atkinson, "Critic at Large: Jane Jacobs, Author of Book on Cities, Makes the Most of Living in One," *New York Times*, Nov. 10, 1961.
56 Jacobs, *Death and Life of Great American Cities*, pp. 5-7.
57 Ibid., p. 222.
58 Lloyd Rodwin, "Neighbors Are Needed," *New York Times Book Review*, Nov. 5, 1961.
59 Jacobs, *Death and Life of Great American Cities*, p. 90.
60 Moses to Cerf, Jacobs Papers, box 07-2670.
61 Dennis O'Harrow, "Jacobean Revival," American Society of Planning Officials newsletter, Feb. 1962.
62 Mumford to Wensberg, Jacobs Papers, box 13, folder 11.
63 Lewis Mumford, "Mother Jacobs' Home Remedies," *New Yorker*, Dec. 1, 1962.
64 Written comments on newsletter, Jacobs Papers, box 07-2670.
65 Roger Starr, "Adventures in Mooritania," Citizens Housing and Planning Council of New York Inc. newsletter, June 1962.
66 "Plans Against People," Review and Outlook, *Wall Street Journal*, Oct. 19, 1961.
67 Copy of *The Death and Life of Great American Cities* owned by Kennedy Smith.
68 James V. Cunningham, "Jane Jacobs Visits Pittsburgh," *New City*, Sept. 15, 1962.
69 William Allan, "City Planning Critic Gets Roasting Reply," *Pittsburgh Press*, Feb. 22, 1962.
70 Frederick Pillsbury, "I Like Philadelphia," *Sunday Bulletin Magazine*, June 24, 1962.
71 Jane Kramer, "All the Ranks and Rungs of Jacobs' Ladder," *Village Voice*, Dec. 20, 1962.
72 Roger Starr, *The Living End: The City and Its Critics* (New York: Coward-McCann, 1966), p. 103.
73 Adele Freedman, "Jane Jacobs," *Globe and Mail* (Toronto), June 9, 1984.
74 Charles G. Bennett, "City Gives Up Plan for West Village," *New York Times*, Feb. 1, 1962, p. 30.
75 "Writer Sees Blacklist on Negro Home Loans," *Philadelphia Inquirer*, Oct. 23, 1962.
76 Alexander Burnham, "'Village' Group Designs Housing to Preserve Character of the Area," *New York Times*, May 6, 1963, p. 1.
77 West Village Houses brochure, Jacobs Papers.
78 Burnham, "'Village' Group Designs Housing to Preserve Character of Area," p. 1.
79 Jerome Zukowsky, "Villagers Want 5-Tier Walkups to 'Save' Area," *New York Herald Tribune*, May 6, 1963.
80 Burnham, "'Village' Group Designs Housing to Preserve Character of Area," p. 1.
81 "Zeckendorf Is Back with Old Dreams and a Dowager's Money," *House and Home*, March 1968, as cited in Max Allen, ed., *Ideas That Matter* (Toronto: Ginger Press, 1997).
82 Paul Goldberger, "Low-Rise, Low-Key Housing Concept Gives Banality a Test in West Village," *New York Times*, Sept. 28, 1974, p. 31.
83 "Crusader on Housing," *New York Times*, May 6, 1963.

5章　ローワーマンハッタン・エクスプレスウェイ

1 Robert Moses, speech at the fifth anniversary of the opening of the Triborough Bridge, as cited in Robert Moses and the Modern City, exhibit at the Museum of the City of New York, Jan.-May 2007, Hilary Ballon and Kenneth T. Jackson, curators.
2 Interstate Highway System, Dwight D. Eisenhower Presidential Library & Museum, www.eisenhower.archives.gov.
3 Hilary Ballon and Kenneth T. Jackson, eds., *Robert Moses and the Modern City* (New York: W. W.

Tribune, July 30, 1963.
4 John Sibley, "Two Blighted Downtown Areas Are Chosen for Urban Renewal," *New York Times*, Feb. 21, 1961, p. 37.
5 "James Felt, Former Chairman of City Planning Agency, Dies," *New York Times*, March 5, 1971.
6 Christopher Klemek, "Urbanism as Reform: Modernist Planning and the Crisis of Urban Liberalism in Europe and North America, 1945-1975" (Ph. D. diss., University of Pennsylvania, 2004), chap. 4.
7 Peter B. Flint, "J. Clarence Davies Jr. Dies at 64; Realty Executive and Civic Leader," *New York Times*, Feb. 3, 1977, p. 36.
8 Robert Caro, *The Power Broker: Robert Moses and the Fall of New York* (New York: Knopf, 1974).
9 Ibid.
10 Jane Jacobs, interview with Leticia Kent, oral history project for the Greenwich Village Historical Society, Jane Jacobs Papers, MS02-13, John J. Burns Library, Boston College.
11 Photo caption, 1960, Jacobs Papers.
12 Jacobs, interview with Kent.
13 Sam Pope Brewer, "Angry 'Villagers' to Fight Project," *New York Times*, Feb. 27, 1961, p. 29.
14 Albert Amateau, "Jane Jacobs Comes Back to the Village She Saved," *Villager*, May 12, 2004.
15 Jane Jacobs tribute, DVD by Liza Bear, June 2006.
16 Brewer, "Angry 'Villagers' to Fight Project," p. 29.
17 Charles Grutzner, "Stevens Expands Lincoln Sq. Plans," *New York Times*, Oct. 27, 1956.
18 Videotape of Lincoln Center dedication ceremony, Metropolitan Transportation Authority Special Archives.
19 "Wagner Opposes 'Village' Change," *New York Times*, Aug. 18, 1961, p. 23.
20 Jacobs, interview with Kent.
21 Ibid.
22 Alice Alexiou, *Jane Jacobs: Urban Visionary* (New Brunswick, N.J.: Rutgers University Press, 2006), p. 102.
23 Jacobs, interview with Kent.
24 Ibid.
25 Amateau, "Jane Jacobs Comes Back to the Village She Saved."
26 Sam Pope Brewer, "'Villagers' Seek to Halt Renewal," *New York Times*, March 4, 1961, p. 11.
27 Ibid.
28 Priscilla Chapman, "City Critic in Favor of Old Neighborhoods," *New York Herald Tribune*, March 4, 1961.
29 John Sibley, "'Village' Housing a Complex Issue," *New York Times*, March 23, 1961, p. 35.
30 Jane Jacobs, interview with James Howard Kunstler, *Metropolis*, March 2001.
31 Ibid.
32 Sam Pope Brewer, "Citizens Housing Group Backs 'Village' Urban Renewal Study," *New York Times*, March 28, 1961, p. 33.
33 "Civic Groups Score 'Village' Project," *New York Times*, March 28, 1961, p. 40.
34 Mayor Wagner Papers, as cited in Klemek, "Urbanism as Reform," chap. 4.
35 Walter D. Litell, "Embattled Villagers Defend Home," *New York Herald Tribune*, March 28, 1961.
36 Jacobs, interview with Kent.
37 Jacobs, *Death and Life of Great American Cities*, p. 5.
38 Richard J. H. Johnston, "'Village' Group Wins Court Stay," *New York Times*, March 28, 1961, p. 34.
39 Ibid.
40 John Sibley, "New Housing Idea to Get Test Here," *New York Times*, May 23, 1961.
41 John Sibley, "Planners Hailed on New Approach," *New York Times*, May 25, 1961, p. 37.
42 John Sibley, "Ouster of Davies and Felt Sought," *New York Times*, June 8, 1961.
43 "Wagner Opposes 'Village' Change," *New York Times*, Aug. 18, 1961, p. 23.
44 Charles G. Bennett, "Mayor Abandons 'Village' Project," *New York Times*, Sept. 7, 1961, p. 31.
45 Edith Evans Asbury, "Plan Board Votes 'Village' Project; Crowd in Uproar," *New York Times*, Oct. 19, 1961, p. 1.

Press, 2002).
6 Ibid., p. 64.
7 Luther S. Harris, *Around Washington Square* (Baltimore: Johns Hopkins University Press, 2003), p. 180.
8 Greenwich Village Society for Historic Preservation, www.gvshp.org/.
9 Folpe, *It Happened on Washington Square*, p. 282.
10 "Moses Scores Foes on Washington Square," *New York Times*, June 11, 1940, p. 27.
11 Moses to Charles C. Burlingham, Jan. 17, 1950, La Guardia and Wagner Archives, box 99, LaGuardia Community College/CUNY, as cited in Harris, *Around Washington Square*, p. 244.
12 Jacobs to Hayes, tear-off campaign petition to the Washington Square Park Committee, April 30, 1955, Hayes Papers, box 4, folder 11.
13 Shirley Hayes, "You Can Help Save Washington Square Park," flyer, Hayes Papers, box 3, folder 3.
14 Douglas Martin, "Shirley Hayes, 89; Won Victory over Road," *NewYork Times*, May 11, 2002.
15 Robert Fishman, "Revolt of the Urbs," in Hilary Ballon and Kenneth T. Jackson, eds., *Robert Moses and the Modern City* (New York: W. W. Norton, 2007).
16 "De Sapio Supports Study on Village," *New York Times*, Dec. 20, 1957, p. 29.
17 Jacobs, interview with Kent.
18 *Village Voice*, Jan. 1, 1958.
19 Lewis Mumford, "The Sky Line: The Dead Past and the Dead Present," *NewYorker*, March 23, 1940.
20 "Lewis Mumford, City Planning Expert and Author Urges Washington Square Park Closed to Traffic," press release issued by the Joint Emergency Committee to Close Washington Square to Traffic, March 1958, Hayes Papers, box 5, folder 1.
21 Robert Moses, *Public Works: A Dangerous Trade* (New York: McGraw-Hill, 1970), p. 454.
22 Eleanor Roosevelt, "My Day," *New York Post*, March 23, 1958.
23 Norman Vincent Peale, letter to the editor, *New York Times*, April 17, 1958, p. 30.
24 "Village Seen as Bunker Hill of City," *Villager*, July 3, 1958.
25 Charles Abrams, "Washington Square and the Revolt of the Urbs," *Village Voice*, July 2, 1958.
26 Carol Greitzer, interview with author, Sept. 2007.
27 Jacobs, interview with Kent.
28 Dan Wolf, "The Park," *Village Voice*, Nov. 9, 1955.
29 Dan Wolf, "Those People Down There," *Village Voice*, May 30, 1956.
30 Jacobs, interview with Kent.
31 Jane Jacobs tribute, DVD by Liza Bear, June 2006.
32 "Jane and Ned Jacobs," photographic feature in *Esquire*, July 1965.
33 Clayton Knowles, "Moses Hints at Advance to Rear in Battle of Washington Square," *New York Times*, May 19, 1958, p. 27.
34 Charles G. Bennett, "2-Lane Roadway in 'Village' Gains," *New York Times*, July 17, 1958, p. 29.
35 Charles G. Bennett, "'Village' Protesters Led by De Sapio," *New York Times*, Sept. 19, 1958, p. 1.
36 Jane Jacobs, interview with James Howard Kunstler, *Metropolis*, Sept. 6, 2000.
37 "Crowd Hails Square Ribbon Tying," *Villager*, Nov. 6, 1958.
38 Jane Jacobs, *The Death and Life of Great American Cities* (New York: Random House, 1961), p. 105.
39 Angela Taylor, "Little Ones Get Hurt, Older Ones Are Bored," *New York Times*, Oct. 10, 1966, p. 70.
40 Jacobs to Gilpatric, Rockefeller Foundation, July 1, 1958, Jane Jacobs Papers, MS1995-29, box 13, folder 13, John J. Burns Library, Boston College.
41 "Jane Jacobs," *Asbury Park Press*, April 27, 2007.

4章　グリニッジ・ビレッジの都市再生

1 Jane Jacobs, *The Death and Life of Great American Cities* (New York: Random House, 1961), p. 50.
2 Eric Larrabee, "In Print: Jane Jacobs," *Horizon* 4, no. 6 (July 1962), p. 50.
3 Priscilla Chapman, "Survey of the City's Neighborhoods: The West Village," *New York Harald*

33 Jacobs, "Downtown Is for People."
34 William H. Whyte Jr., "C. D. Jackson Meets Jane Jacobs," preface to the paperback edition of *Exploding Metropolis*.

2章　マスター・ビルダー

1 Brochure published by Socony-Vacuum Oil Inc. (Standard Oil of New York), Robert Moses and the Modern City, exhibit at the Museum of the City of New York, Jan.-May 2007, Hilary Ballon and Kenneth T. Jackson, curators.
2 The Crossings of Metro NYC, Eastern Roads, www.nycroads.com/crossing/triborough/.
3 Robert Caro, *The power Broker: Robert Moses and the Fall of New York* (New York: Knopf, 1974).
4 Ibid., p. 556.
5 Ibid.
6 Ibid., p. 30.
7 Ibid., p. 36.
8 Ibid., p. 41.
9 Caro, *Power Broker*, p. 40.
10 Ibid., p. 41.
11 Ibid., p. 49.
12 Cleveland Rogers, "Robert Moses," *Atlantic Monthly*, Feb. 1939.
13 Raymond Moley, *27 Masters of Politics* (Westport, Conn.: Greenwood Press, 1949); Cleveland Rogers, *Robert Moses: Builder for Democracy* (New York: Holt, 1952), p. 33.
14 Caro, *Power Broker*, p. 183.
15 George DeWan, "How Planner Robert Moses Transformed Long Island for the 20th Century and Beyond," *Newsday*, www.newsday.com/community/guide/lihistory.
16 Ibid.
17 "A Few Rich Golfers Accused of Blocking Plan for State Park," *New York Times*, Jan. 8, 1925, p. 1.
18 Robert Fishman, "Revolt of the Urbs," in Hilary Ballon and Kenneth T. Jackson, eds., *Robert Moses and the Modern City* (New York: W. W. Norton, 2007).
19 Robert Moses, Public Works: *A Dangerous Trade* (New York: McGraw-Hill, 1970).
20 Caro, *Power Broker*, p. 218.
21 Robert Moses, "Hordes from the City," *Saturday Evening Post*, Oct. 31, 1931.
22 Caro, *Power Broker*, p. 602.
23 "Moses and His Parks," *New York Times*, Sept. 13, 1934.
24 Moses, *Public Works*.
25 Ibid., p. 308.
26 Caro, *Power Broker*, p. 849.
27 Hilary Ballon, "Robert Moses and Urban Renewal," in Ballon and Jackson, *Robert Moses and the Modern City*.
28 Ibid.
29 "Robert Moses and the Superblock Solution," part of Robert Moses and the Modern City, exhibit at Columbia University, Jan.-May 2007, Hilary Ballon and Kenneth T. Jackson, curators.
30 Caro, *Power Broker*, p. 159.
31 *Brooklyn Dodgers: The Ghosts of Flatbush*, HBO documentary series, 2007.

3章　ワシントンスクエアパークの闘い

1 Willia Cather, *Coming, Aphrodite!* (New York: Penguin, 1999).
2 Jane Jacobs, interview with Leticia Kent, oral history project for the Greenwich Village Historical Society, Jane Jacobs Papers, MS02-13, John J. Burns Library, Boston College.
3 Jacobs to Wagner and Jack, June 1, 1955, Shirley Hayes Papers, box 4, folder 5, New-York Historical Society.
4 Nick Paumgarten, "The Mannahatta Project," *New Yorker*, Oct. 1, 2007.
5 Emily Kies Folpe, *It Happened on Washington Spuare* (Baltimore: Johns Hopkins University

序章　混乱と秩序

1　Leticia Kent, "Persecution of the City Performed by Its inmates," *Village Voice*, April 18, 1968.
2　Jane Jacobs, deposition on Seward Park High School hearing, April 30, 1968, as cited in Max Allen, ed., *Ideas That Matter* (Toronto: Ginger Press, 1997).
3　L. D. Ashton, "L. M. E. Fight Still On," *Villager*, April 18, 1968.

1章　スクラントン出身の田舎娘

1　Jane Jacobs, interview with James Howard Kunstler, *Metropolis*, March 2000.
2　Jane Jacobs, autobiography for *Architect's Journal*, Nov. 22, 1961, as excerpted in Max Allen, ed., *Ideas That Matter* (Toronto: Ginger Press, 1997), p. 3.
3　Jane Butzner, "Caution: Men Working," *Cue*, May 17, 1940.
4　Jane Jacobs Papers, MS02-13, box 8, John J. Burns Library, Boston College.
5　Jonathan Karp, "Jane Jacobs Doesn't Live Here Anymore," *At Random* (Winter 1993), as excerpted in Allen, *Ideas That Matter*.
6　Ibid.
7　Jacobs, autobiography.
8　Peter Laurence, "Jane Jacobs Before *Death and Life*," *Journal of the Society of Architectural Historians* (March 2007), p. 8.
9　Mark Feeney, "City Sage," *Boston Globe*, Nov. 14, 1993.
10　"Miss Butzner's Story in Iron Age Brought Nationwide Publicity," *Scrantonian*, Sept. 26, 1943.
11　Feeney, "City Sage."
12　Jacobs Papers, MS02-13, box 8, folder 1.
13　Douglas Martin, "Jane Jacobs, Social Critic Who Redefined and Championed Cities, Is Dead at 89," *New York Times*, April 26, 2006, citing interview in *Azure*, 1997.
14　Ibid.
15　Jacobs Papers, MS02-13, box 2, folder 1.
16　"Amerika for the Russians," *Time*, March 4, 1946.
17　Laurence, "Jane Jacobs Before *Death and Life*," p. 10.
18　Jacobs, autobiography, p. 4.
19　Albert Amateau, "Jane Jacobs Comes Back to the Village She Saved," *Villager*, May 12, 2004.
20　Laurence, "Jane Jacobs Before *Death and Life*," p. 10.
21　Paul Goldberger, "Tribute to Jane Jacobs," speech at the Greenwich Village Society for Historic Preservation, Oct. 3, 2006, www.paulgoldberger.com.
22　Doug Sanders, "Urban Icon," *Globe and Mail* (Toronto), Oct. 11, 1997.
23　Alice Alexiou, *Jane Jacobs: Urban Visionary* (New Brunswick, N.J.: Rutgers University Press, 2006), p. 42.
24　Laurence, "Jane Jacobs Before *Death and Life*," p. 12.
25　Lucile Preuss, "Jane Jacobs' Way of Life Fits Her Preaching," *Milwaukee Journal*, July 8, 1962.
26　Jane Jacobs, *The Death and Life of Great American Cities* (New York: Random House, 1961).
27　Jane Jacobs, "The Missing Link in City Redevelopment," talk before the April Conference on Urban Design at Harvard University, as excerpted in Allen, *Ideas That Matter*.
28　Mumford to Jacobs, May 3, 1958, in Allen, *Ideas That Matter*, p. 95.
29　"Urban Designers Stress Need for Public Relations," *Harvard Crimson*, April 11, 1956.
30　"Downtown Is for People," in William H. Whyte Jr., ed., *The Exploding Metropolis* (Berkeley: University of California Press, 1993).
31　Peter Laurence, "The Death and Life of Urban Design: Jane Jacobs, the Rockefeller Foundation, and the New Research in Urbanism, 1955-1965." *Journal of Urban Design* 11, no. 2 (June 2006), pp. 145-72.
32　Albert LaFarge, interview with author, Albert LaFarge Literary Agency, Jan. 31, 2008.

ま

ら

A

さ

た

索引

あ

か

図版クレジット

Bettmann/CORBIS/amanaimages p.060
Getty Images p.008, 205
Grady Clay/courtesy of the Penn Institute for Urban Research/University of Pennsylvania p.276
Jim Jacobs p.037, 102, 150
John J. Burns Library, Boston College p.020, 267
MTA Bridges and Tunnels Special Archive p.214

著者略歴

アンソニー・フリント　Anthony Flint
ミドルバリー大学卒業後、コロンビア大学グラデュエイト・スクール・オブ・ジャーナリズム卒業。
ジャーナリストとして25年間、主にボストングローブ社に勤務し、
都市計画ならびに開発、建築、都市デザイン、住宅、運輸関係を取材。
現在、マサチューセッツ州ケンブリッジのリンカーン土地政策研究所所属。
著書に『This Land: The Battle Over Sprawl and the Future of America』(2006)など。

訳者略歴

渡邉泰彦　わたなべ・やすひこ
慶應義塾大学経済学部卒業、ペンシルバニア大学ウォートンスクールMBA。
東京三菱銀行退任後、三菱地所にて丸の内再開発事業に携わる。
アーバンランド・インスティチュート(ULI)・ジャパン会長、
日本ファシリティマネジメント推進協会副会長などを歴任。
現在、慶應大学ビジネススクール顧問、筑波大学大学院システム情報工学科客員教授など。

ジェイコブズ対モーゼス

ニューヨーク都市計画をめぐる闘い

発行　二〇一一年四月二〇日　第一刷
　　　二〇一一年一一月三〇日　第三刷
訳者　渡邉泰彦
発行者　鹿島光一
発行所　鹿島出版会
〒一〇四-〇〇二八　東京都中央区八重洲二-五-一四
電話〇三-六二〇二-五二〇〇
振替〇〇一六〇-二-一八〇八八三
デザイン　伊勢功治
DTP　エムツークリエイト
印刷・製本　三美印刷

ISBN978-4-306-07289-3　C3052
Printed in Japan

本書の内容に関するご意見・ご感想は左記までお寄せください。
URL:http://www.kajima-publishing.co.jp
e-mail:info@kajima-publishing.co.jp